国家出版基金项目
NATIONAL PUBLICATION FOUNDATION

"十三五"国家重点图书出版规划项目
中国特色畜禽遗传资源保护与利用丛书

荣　　昌　　猪

王金勇　主编

中国农业出版社
北　京

图书在版编目（CIP）数据

荣昌猪/王金勇主编．—北京：中国农业出版社，
2020.1
（中国特色畜禽遗传资源保护与利用丛书）
国家出版基金项目
ISBN 978-7-109-26738-1

Ⅰ．①荣…　Ⅱ．①王…　Ⅲ．①养猪学　Ⅳ．①S828

中国版本图书馆 CIP 数据核字（2020）第 054164 号

内容提要：本书内容包括荣昌猪品种形成过程、品种特征与特性、繁育技术、生长发育过程、胴体与猪肉品质、猪鬃及猪皮特性、营养需要、品种资源保护、本品种选育与新品种培育、产品开发与利用、数字化荣昌猪模型构建与应用及分子遗传学基础。本书内容丰富、基础研究与产业开发并重，具有较高的理论和学术价值，适合作为高等院校、科研单位等部门科技工作者，以及从事猪业生产技术人员的学习参考资料。

中国农业出版社出版
地址：北京市朝阳区麦子店街 18 号楼
邮编：100125
责任编辑：肖　邦　　文字编辑：张庆琼
版式设计：杨　婧　　责任校对：周丽芳
印刷：北京通州皇家印刷厂
版次：2020 年 1 月第 1 版
印次：2020 年 1 月北京第 1 次印刷
发行：新华书店北京发行所
开本：720mm×960mm　1/16
印张：20　　插页：4
字数：354 千字
定价：135.00 元

丛书编委会

本书编写人员

主　编　王金勇

副主编　郭宗义　朱　丹

编　者　（按姓氏笔画排序）

王金勇　龙　熙　白小青　朱　丹　李洪军
邱进杰　张凤鸣　张廷焕　张利娟　陈　磊
陈四清　罗宗刚　赵久刚　郭宗义　黄金秀
蒋　庆　蓝　静

审　稿　刘宗慧

出版说明

我国是世界上畜禽遗传资源最为丰富的国家之一。多样化的地理生态环境、长期的自然选择和人工选育，造就了众多体型外貌各异、经济性状各具特色的畜禽遗传资源。入选《中国畜禽遗传资源志》的地方畜禽品种达 500 多个、自主培育品种达 100 多个，保护、利用好我国畜禽遗传资源是一项宏伟的事业。

国以农为本，农以种为先。习近平总书记高度重视种业的安全与发展问题，曾在多个场合反复强调，“要下决心把民族种业搞上去，抓紧培育具有自主知识产权的优良品种，从源头上保障国家粮食安全”。近年来，我国畜禽遗传资源保护与利用工作加快推进，成效斐然：完成了新中国成立以来第二次全国畜禽遗传资源调查；颁布实施了《中华人民共和国畜牧法》及配套规章；发布了国家级、省级畜禽遗传资源保护名录；资源保护条件能力建设不断提升，支持建设了一大批保种场、保护区和基因库；种质创制推陈出新，培育出一批生产性能优越、市场广泛认可的畜禽新品种和配套系，取得了显著的经济效益和社会效益，为畜牧业发展和农牧民脱贫增收作出了重要贡献。然而，目前我国系统、全面地介绍单一地方畜禽遗传资源的出版物极少，这与我国作为世界畜禽遗传资源大国的地位极不相称，不利于优良地方畜禽遗传资源的合理保护和科学开发利用，也不利于加快推进现代畜禽种业建设。

为普及对畜禽遗传资源保护与开发利用的技术指导，助力做大做强优势特色畜牧产业，抢占种质科技的战略制高点，在农业农村部种业管理司领导下，由全国畜牧总站策划、中国农业出版社出版了这套“中国特色畜禽遗传资源保护与利用丛书”。该丛书立足于全国畜禽遗传资源保护与利用工作的宏观布局，组织以国家畜禽遗传资源委员会专家、各地方畜禽品种保护与利用从业专家为主体的作者队伍，以每个畜禽品种作为独立分册，收集汇编了各品种在管、产、学、研、用等相关行业中积累形成的数据和资料，集中展现了畜禽遗传资源领域最新的科技知识、实践经验、技术进展与成果。该丛书覆盖面广、内容丰富、权威性高、实用性强，既可为加强畜禽遗传资源保护、促进资源开发利用、制定产业发展相关规划等提供科学依据，也可作为广大畜牧从业者、科研教学工作者的作业指导书和参考工具书，学术与实用价值兼备。

丛书编委会

2019 年 12 月

序言

我国是世界畜禽遗传资源大国，具有数量众多、各具特色的畜禽遗传资源。这些丰富的畜禽遗传资源是畜禽育种事业和畜牧业持续健康发展的物质基础，是国家食物安全和经济产业安全的重要保障。

随着经济社会的发展，人们对畜禽遗传资源认识的深入，特色畜禽遗传资源的保护与开发利用日益受到国家重视和全社会关注。切实做好畜禽遗传资源保护与利用，进一步发挥我国特色畜禽遗传资源在育种事业和畜牧业生产中的作用，还需要科学系统的技术支持。

“中国特色畜禽遗传资源保护与利用丛书”是一套系统总结、翔实阐述我国优良畜禽遗传资源的科技著作。丛书选取一批特性突出、研究深入、开发成效明显、对促进地方经济发展意义重大的地方畜禽品种和自主培育品种，以每个品种作为独立分册，系统全面地介绍了品种的历史渊源、特征特性、保种选育、营养需要、饲养管理、疫病防治、利用开发、品牌建设等内容，有些品种还附录了相关标准与技术规范、产业化开发模式等资料。丛书可为大专院校、科研单位和畜牧从业者提供有益学习和参考，对于进一步加强畜禽遗传资源保护，促进资源可持续利用，加快现代畜禽种业建设，助力特色畜牧业发展等都具有重要价值。

中国科学院院士
中国农业大学教授 吴常信

2019年12月

前言

荣昌猪是我国西南型猪种中著名的地方良种猪，是我国三大地方优良猪种之一，推广数量多、分布范围广，影响相当深远。荣昌猪性情温驯、耐粗饲，素来有“好看、好吃、好养”的美誉，以适应性强、杂交配合力好、遗传性能稳定、瘦肉率较高、肉质优良、鬃白质优和毛色独特等优异特性而驰名中外。其肉质和鬃质特性属世界一流，其毛色特征（俗称“熊猫猪”）独一无二，各项生产性能在我国地方猪种中名列前茅，与其他猪种杂交表现出十分明显的杂种优势，杂种后代肉质仍然十分优良。

荣昌猪历史悠久，荣昌猪素有“华夏之宝”的美誉，影响面广。清康熙二十六年（1687 年）编修的《荣昌县志》中就有关于当地白猪的记载，清同治四年（1865 年）编修的《荣昌县志》已将“白猪”列为特产，清光绪二十二年（1896 年）左右，荣昌猪猪鬃正式进入国际市场。20 世纪 30 年代的文献中荣昌猪曾有过隆昌猪、荣昌白猪的名称，40 年代开始一直沿用荣昌猪的名称。1957 年荣昌猪被载入英国出版的《世界家畜品种及名种辞典》，成为国际公认的宝贵猪种资源。1968 年我国向越南出口荣昌猪种猪 40 头，

1989 年向朝鲜政府赠送荣昌猪种猪 6 头。

对荣昌猪分布和特性的调查研究始于 20 世纪 30 年代末。1939 年许振英先生对以荣昌县安富镇为中心，周围 15km 以内的猪的类型、年龄、数量、体重、健康情况及猪种的分布等几十项指标进行了调查。同年，还完成了 81 头荣昌猪中型白猪的屠宰试验，对胴体组成及器官发育规律有了初步认识。20 世纪 50—60 年代，黄谷诚和刘树橙等先后开展了荣昌猪性能观察、系统选育与提高、杂交育种等研究，进一步加深了对荣昌猪特征特性的认识。1972 年荣昌猪正式被纳入“全国育种科研协作计划”，成为全国重点选育的地方猪种之一；1973 年荣昌猪育种科研协作组在产区成立，进一步促进了荣昌猪数量的发展和质量的提高。1984 年在全国首次家畜家禽品种资源保护与利用学术交流会上，荣昌猪被列为全国著名地方良种猪。1985 年，荣昌猪被列为国家一级保护品种；1987 年荣昌县石河、安富、双河、清升、清江、直升、玉伍 7 个乡镇建立了荣昌猪保护区；2000 年荣昌猪被列入第一批《国家畜禽品种保护名录》；2001 年荣昌猪国家级资源场建立；2006 年荣昌猪再次被列入《国家畜禽遗传资源保护名录》；

2008年荣昌猪国家级保护区被设立。

荣昌猪第一次大规模推广始于19世纪90年代。由于荣昌猪具有杂交配合力好、适应性强、肉质优、瘦肉率较高等优良生产特性，到1975年已被推广到四川省98个县和全国的23个省（自治区、直辖市）。1981—1984年，“荣昌猪瘦肉型杂交组合”“‘五改二推’农户养猪成套技术”两项成果由于深受农户欢迎，技术推广面由大足、峨眉、简阳和广汉4县扩大至整个四川省，并拍成科教片在全国推广，为全省乃至全国瘦肉型猪基地建设和大面积推广科学养猪奠定了基础、提供了经验。这对荣昌猪在全国的进一步推广起到了巨大的推动作用，荣昌县也成为全国著名的仔猪繁育和外销基地。1985年荣昌县存栏荣昌猪母猪4.52万头、外销仔猪21万多头；到1997年全县存栏母猪8.17万头、年外销仔猪和冻乳猪达122.8万头。荣昌猪仔猪的生产和外销，带动了饲料兽药等相关产业的发展，使荣昌成为全国著名的仔猪、饲料、兽药及相关原料生产和销售的集散中心，为1998年在荣昌县创立并挂牌“中国重庆畜牧科技城”创造了有利条件，奠定了基础。

由于荣昌猪的推广面大，为了保证荣昌猪的品种质量、规范种猪生产，1980年四川省畜牧食品局下达了“荣昌猪标准化”研究项目，《荣昌猪》（川Q350—1982）地方标准于1982年11月经四川省标准局审议批准，并从1982年12月31日起正式实施；1987年《荣昌猪》（GB 7223—1987）国家标准颁布实施；2008年经修订，新的《荣昌猪》国家标准（GB/T 7223—2008）颁布。

1961年，黄谷诚先生主持了“荣昌猪导入杂交效果观察”研究项目，经3年研究发现，导入25%外血对荣昌猪原有的早熟、易肥、耐粗饲料等优良性能影响不大，并能促进幼猪的生长、增大催肥期的生长潜力、改变原有荣昌猪前胸狭窄和背腰软弱的缺点。从1980年开始，四川省养猪研究所龙世发等开始以荣昌猪为基本育种素材，采取纯选与杂交相结合，先纯选2个世代后再导入25%的丹系长白猪血液，经过5个世代的群体继代选育，于1995年育成了国内第一个低外血含量（25%）的瘦肉型猪专门化母系——新荣昌猪Ⅰ系，该成果获1996年度四川省科学技术进步奖一等奖，1997年新荣昌猪Ⅰ系获中国新技术新产品博览会金奖。

为了适应养猪产业向规模化发展的趋势，克服原有瘦肉型猪种（配套系）生产类型单一、抗逆境能力差、繁殖性能较低及肌肉品质差等缺点，重庆市畜牧科学院王金勇等从1998年开始进行荣昌猪配套系的培育，课题组经过9年努力，在利用荣昌猪优良基因资源基础上培育出了渝荣Ⅰ号猪配套系，并于2007年6月获新品种证书，当年该项成果作价1 500万元转让与重庆市长江农工商控股（集团）有限公司；该成果获2008年度重庆市科学技术进步奖一等奖。为了进一步促进荣昌猪资源保护和品种创新，促进养猪业增产、提质和增效，重庆市畜牧科学院刘作华等从2007年开始进行荣昌猪品种资源开发关键技术研究与产业化示范（科技部部市会商项目）的研究，围绕荣昌猪资源保护利用存在的关键技术问题，开展了遗传资源保存方法研究和技术创新，对优势和特色性状基因进行发掘，采用传统育种技术、分子育种技术和信息技术相结合的方式培育新品种（系），对荣昌猪及其新品种（系）的关键利用技术进行了系统研究，形成了从资源保护、种质创新、新品种培育、标准化养殖到加工利用完整的全产业链技术支撑体系，将荣昌猪资源优势变为品种优势和经济优势，为我国地方猪种开发利用提供了新经验和新模式，形成的成果“荣昌猪品种资源保护与开发利用”获2015年度国家科学技术进步奖二等奖。

荣昌猪的推广和发展与科研机构对荣昌猪优良基因进行不断挖掘和性能品质持续改良息息相关。1934年四川省家畜保育所成立，将荣昌白猪作为四川省重点推广猪种。1943年春，中央畜牧实验所由广西桂林迁至荣昌，开展了荣昌猪的品种调查和杂交试验；1951年，川东种畜场（后经历四川省种猪试验站、四川省养猪研究所、重庆市养猪科学研究院、重庆市畜牧科学院一系列机构变迁）成立，专门从事荣昌猪的保种选育、开发利用等研究工作。

荣昌猪响亮的品牌亦是政产学研通力合作打造的结果。2009年，农业部正式将荣昌定为国家现代畜牧业示范区核心区，9月荣昌向国家商标局提交“荣昌猪”地理标志商标申请，11月通过初审并公告。2011年，重庆农畜产品交易所荣昌交易中心在中国（荣昌）畜牧产品交易市场开业，进行生猪等的远期交易。2015年，在中国农产品区域公用品牌价值评估中，“荣昌猪”品牌评估价值以25.09亿元夺取我国地方猪品牌价值榜首。2018 年 2 月 28 日，国务院正式发文，批准荣昌高新技术产业开发区升级为国家高新技术产业开发区，至此，重庆市荣昌区成为全国首个以农牧为特色的国家级高新区。

经济与文化息息相关，荣昌猪的发展孕育了荣昌的猪文化，猪文化又促进了荣昌猪的养殖推广。早在 1939 年，荣昌县就举办了首届养猪比赛会，参赛猪只 160 只。1988 年，荣昌县举办了中华人民共和国成立以后的第一届“荣昌猪赛猪会”，后于 1998 年和 2005 年又分别举办了第二、三届“中国荣昌猪赛猪会”。2007 年，重庆荣昌首届“年猪节”在路孔（已更名为万灵）古镇举办，该届年猪节以“杀世界名猪，庆吉祥猪年”为主题，活动期间先后举行了全部参照古人杀年猪传统的祭祀活动、庖丁杀年猪竞技表演、“一刀准”游客互动活动。这些活动充分展示了荣昌猪作为“世界名猪”的文化魅力。为了使荣昌猪文化更上一层楼，荣昌开展了猪影视文化建设，2013 年制作完成了 52 集动画《大侦探熊猫猪》。为了让城市留下荣昌猪的形象，在城市雕塑中植入荣昌猪，专门建设了荣峰河猪文化长廊和猪文化广场等。

为了让荣昌猪文化走向世界，国家邮政局于2007年1月5日发行丁亥年生肖（猪）邮票（荣昌猪个性化邮票），在荣昌县莲花广场举行邮票首发式。荣昌猪文化不仅促进了荣昌生猪产业的发展，同时作为荣昌一块响亮的名片，对荣昌地方经济的发展也起到了有力的推动作用。

80多年来，一代又一代畜牧科技工作者围绕荣昌猪的品种特性、资源保护、繁殖与育种、生长发育、胴体和猪肉品质、饲料与营养、疫病防治、产品加工等方面开展了许多研究，留下了大量文献。由于这些文献时间跨度长、涉及学科多，资料分布非常分散，想全面系统地了解荣昌猪就成为一件非常困难的事情。为了让读者更方便、更全面地了解荣昌猪的特性、发展历史和科研成果，编者组织重庆市畜牧科学院有关人员，收集了有关荣昌猪的公开发表文献，整理了多位科技工作者多年的科研数据、未发表的研究报告，在综合梳理的基础上，编写了本书。本书共十三章，其中第一、二章由郭宗义和王金勇编写，第三章由罗宗刚编写，第四章由郭宗义编写，第五章由郭宗义、王金勇和李洪军编写，第六章由郭宗义编写，第七章由黄金秀编写，第八章由朱丹、邱进杰和蒋庆编写，第九、十章由陈四清和张利娟编写，第十一章由白小青编写，第十二章由张凤鸣和王金勇编写，第十三章由蓝静、陈磊、龙熙、张廷焕和赵久刚编写。

本书内容涉及面广，但因时间仓促，编者的水平有限，不妥之处敬请读者批评指正。

王金勇

2019年8月

目录

第一章
荣昌猪品种形成

第一节　产区自然生态条件

荣昌猪原产于重庆市荣昌区（原四川省荣昌县）和四川省隆昌市（原四川省隆昌县）。

一、地形地貌

荣昌猪产区属浅丘地区，海拔 315～500m，产区境内溪河纵横，灌溉便利，流域面积1 054km^2。中心产区面积约1 080km^2，共有耕地 1.73 万 hm^2，其中水田占 71%，退耕还林面积达 1.0 万 hm^2。

二、气候条件

荣昌猪产区属亚热带季风性湿润气候，年平均降水量1 099mm，平均相对湿度 82%，年平均气温 17.8℃，年总积温6 482℃，无霜期 327d，年极端最高温度 42.0℃，年极端最低温度－3.4℃，月极端最高温度 39.9℃（1972 年），月极端最低温度－3.4℃（1975 年），历年日平均气温稳定通过 12℃为 265d，年平均日照时数1 282h。

三、主要农作物

荣昌猪产区农作物一年两熟或三熟，农产品丰富，以水稻为主，其次为高粱、甘薯、小麦、大麦、豆类和油菜。制米、酿酒、推粉、榨油等农副产品加工极为普遍，米糠、碎米、酒糟、麦麸、粉渣和饼类等副产品丰富。甘薯藤、牛皮菜、各种蔬菜脚叶等青绿饲料可常年轮流供应。优越的农作物资源和丰富的农副产品加工下脚料为荣昌猪的形成和发展提供了可靠的物质保障，也为养猪生产的发展提供了良好的自然环境。

第二节　品种来源、分布及数量变化

一、品种来源

20世纪30年代开始，余得仁、许振英、黄谷诚、蓝家灿、田学诗、黄石声等老前辈开始探究荣昌猪的来源，关于荣昌猪的起源，没有一个统一的说法，至今有“移民带入说”和“本地起源说”两种观点。“移民带入说”最先由余得仁以推理的方式得出，无任何文字记载和口头证据；许振英、黄谷诚等根据史志记载和产区走访调查，推测出荣昌猪起源于本地，亦即“本地起源说”。

（一）移民带入说

以余得仁为代表的学者主张的“移民带入说”始于20世纪30年代，他们认为：明末清初，战乱很多，当时因为战事的影响，国家就鼓励其他地方的人到四川去安家，这是一次长达100年的人员迁徙流动，荣昌当地的居民大多数是湖南永州和广东客家人，湖南永州是古时候白猪的重要产地，而当今荣昌猪的外形和永州白猪的外形在体形上、外貌上都没有明显的差异，唯独荣昌猪的头部有比较明显的变化，可以认为荣昌白猪和湖南永州的白猪有着千丝万缕的联系，所以认为荣昌猪由移民带入。余得仁以推理的方式得出：“据此证明，荣隆两地白猪之祖先，必系发源于湖南白猪也。”《中国猪品种志》（1986年）沿用了此观点。

（二）本地起源说

以许振英、黄谷诚为代表的“本地起源说”是荣昌猪起源的另一观点。据他们考证：清政府正式下令“招民”时间是1649年，即清顺治六年。又查阅荣昌由湖北、湖南迁来的肖、郭、谢等族族谱，肖氏族谱记载：“于康熙二年（1663年）自湖北麻城至永川黄瓜山，康熙四年（1665年）迁荣昌鸦山地方”；郭氏族谱则载明，于康熙三十六年（1697年）自湖南永州府迁棠城之北骑龙穴；又如谢氏族谱称，于康熙十六年（1677年）迁荣。访县中敖、喻、杨、彭、罗、汤等大族，据称他们的族谱中均无带来白猪之记载。清代康熙、雍正、乾隆、嘉庆时期均有移民来川，其中以康熙年间来川者为最多，这一时期亦与创修《荣昌县志》时间相接近，所以移民是否带来白猪，不可能成为一项未知事项，否则在志中定有记叙，一如志中所记“麻谷粘来自云南”然。另据光绪十年（1884 年）修订的《荣昌县志》记载，亦有明穆宗隆庆元年（1567 年）拨四里①地建置隆昌；根据荣昌猪发展分析当时隆昌县城以东之地（即荣昌拨的四里地）已成为白猪的产区。

清康熙二十六年（1687 年）编修的《荣昌县志》中说荣昌全县猪种仅“白豕”一类，并无其他猪种，而湖南、湖北和广东移民在清康熙四年后才迁徙到荣昌，移民带入几头白猪要在这么短的时间内将本地品种更换掉基本不可能。另据清雍正六年（1728 年）《荣昌县志》记载，养猪业已有相当的规模和水平。到清光绪十年（1884 年）增修的《荣昌县志》在记载“白豕”时有诗云：“健如刚鬃色如银，乌鬼乌金谩比伦，自是太平多瑞物，糟糠风味亦嘉珍”，表明当时的荣昌白猪已具有体格健壮、体表白色如银、鬃毛刚韧、耐粗饲、饲喂糟糠也可获得优质猪肉的特性。“屠工碑”的发现（2003 年）将已知的荣昌屠工帮会历史追溯到乾隆四十年（1775 年），可见当时荣昌屠行之兴盛，养猪业的规模和水平。许振英在 20 世纪 40 年代撰文认为荣昌猪起源于荣昌及隆昌东部，他在 1938 年所作的《一年来对与养猪业之研究报告》中记录：“白猪鬃之出口，历史数十年，最初系由荣昌之广帮商人收集，直接运粤，回头生意则以洋广杂货为主。”这样看来，当时的荣昌已经成为一个生产白猪的地方。后来黄石声等根据发掘出的古昌州遗址、昌州建置变迁史料，走访了移民后代，并考证其族谱记载，认为荣昌猪起源于古昌州，起源时间在 1567 年以前。张桂香等（2003）对全国地方猪种进行遗传距离测定，结果表明荣昌猪与湖南、湖北、广东、广西地区的地方猪遗传距离更远，而与西南地区猪种距离更近。近年来的生化遗传学和分子生物学研究证据也说明荣昌猪与西南地区猪种的遗传距离更近，也支持荣昌猪的本地起源说。

二、分布

1986 年出版的《中国猪品种志》记载：荣昌猪原产地周边的永川、泸县、泸州市中区、合江、纳溪、大足、铜梁、江津、璧山、宜宾等地为荣昌猪主要

① 里为非法定计量单位，1 里＝500m。——编者注

分布区。荣昌猪除分布在重庆、四川的许多区、市、县外，已推广到云南、贵州、西藏、湖北等多个省份。近年来，随着瘦肉型猪的迅速推广，荣昌猪的总体数量有减少的趋势，分布区域也随之逐渐在减少。

三、数量变化

仅产地荣昌县而言，清宣统二年（1910 年），全县饲养猪31 250头。民国二十五年（1936年），全县饲养量增加到105 000头。民国二十九年至民国三十三年（1940—1944年）平均饲养量为116 000头，其中荣昌母猪达8 000多头。民国三十六年（1947年）下降到48 000头。新中国成立后，荣昌猪的饲养有了很大的发展，1949年末存栏总数为81 320头，其中母猪10 467头；1954年末存栏总数为182 357头，其中母猪27 550头；1958 年末存栏总数为235 116头，其中母猪30 499头；1964年末存栏总数为187 011头，其中母猪37 937头；1 978年末存栏总数为253 348头，其中母猪37 792头；1 985年末存栏总数达到了428 441头，其中母猪45 220头，年产仔猪587 600头，外销仔猪210 110头；据 1986 年出版的《中国猪品种志》记载，产区有种母猪 15 万头左右；据《四川家畜家禽品种志》记载，1987 年荣昌猪的数量为 15 万头；重庆市于 1997 年统计的荣昌猪数量为 16 万余头；2001 年底，主产区荣昌县存栏荣昌猪能繁母猪 10.2 万头，荣昌公猪存栏 401 头，用于荣昌猪的纯种繁育生产，与 20 世纪 70 年代相比，数量上没有增加，据原重庆市荣昌县畜牧站统计，每头公猪年配种母猪数 371 头，在人工授精站，公猪的初配年龄为 5 月龄，一般利用 4～6 年。母猪部分用于纯种繁育，大部分用于与长白猪或约克夏猪进行二元杂交生产商品猪。2011 年出版的《中国畜禽遗传资源志·猪志》记载，2006 年调查重庆市各区县存栏荣昌猪能繁母猪 20.6 万头，公猪 220 头；2018 年 3 月，经调查，荣昌区境内有荣昌公猪 114 头，血缘 31 个，荣昌母猪43 837头。

主要参考文献

国家畜禽遗传资源委员会，2011. 中国畜禽遗传资源志·猪志 [M]. 北京：中国农业出版社.
余得仁，1936. 荣隆白猪来历之探讨 [J]. 四川建设，7（24）.
袁树声，1937. 四川荣昌猪 [J]. 四川农业，3（1）.
张桂香，王志刚，孙飞舟，等，2003. 56 个中国地方猪种微卫星基因座的遗传多样性 [J]. 遗传学报（3）：225-233.

第二章
荣昌猪品种特征特性

第一节　体型外貌

一、毛色特征

荣昌猪的毛色在全世界猪种中都比较独特，毛色与熊猫毛色相似，俗称“熊猫猪”，全身被毛除两眼周围或头部有大小不等的黑斑外，其余均为白色；少数在尾根及体躯出现黑斑或全白。按毛色特征分为“铁嘴”“单边罩”“金架眼”“小黑眼”“大黑眼”“小黑头”“大黑头”“飞花”“两头黑”“洋眼”10 种毛色。

荣昌猪的毛色类型中小黑眼与大黑眼是以眼周至耳根之间的中间线为界限来划分的，小黑头与大黑头是以耳根和耳背为界限来划分的，其主要毛色类型划分见表 2-1，示意见图 2-1。

表 2-1　荣昌猪毛色类型

毛色分类	描　述
单边罩	单眼周黑色（单眼黑），其余白色
金架眼	仅眼周黑色，其余白色
小黑眼	窄于眼周至耳根中线范围黑色，其余白色
大黑眼	宽于或等于眼周至耳根中线且不到耳根范围黑色，其余白色
小黑头	眼周扩展至耳根黑色，其余白色
大黑头	眼周扩展至耳背黑色，其余白色
飞花	眼周黑，中躯独立黑斑，其余白色
两头黑	眼周、尾根部黑，其余白色
铁嘴	眼周、鼻端黑，其余白色
洋眼（全白）	全身白色，无黑毛或黑斑

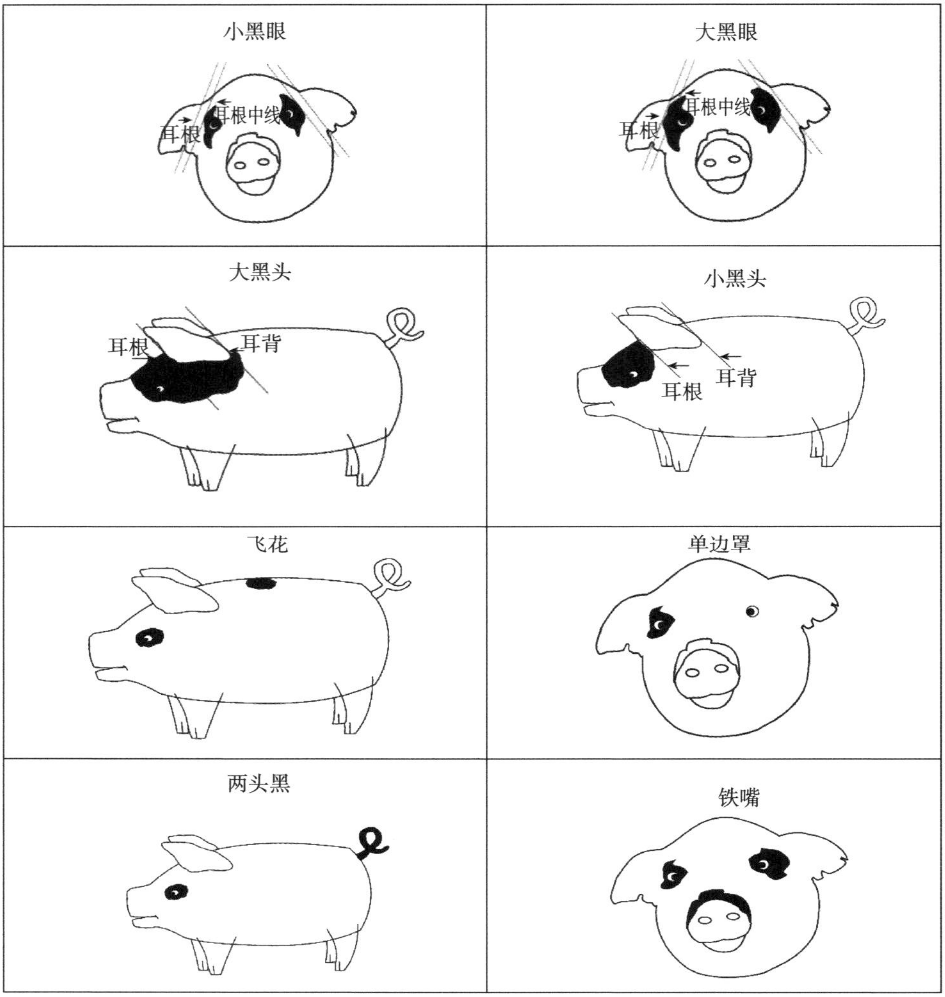

图 2-1　荣昌猪毛色类型区分示意

二、体型特征

与国内其他地方猪体型相比，荣昌猪属中等体型。荣昌猪品种内曾经有大型和小型之分。小型类群又被称为萝卜猪，早熟易肥，但由于骨骼纤细、中躯及四肢较短、腹部下垂、适应性不强，在生产中也逐步被淘汰，已难见到。目前养猪生产中存在的均为大型类群，按额的宽窄、嘴的长短、面的直凹分为三种头型，分别为狮子头（额宽、嘴短、面凹、多皱纹）、赞子（犬）脑壳（额窄、嘴长、面直、皱纹极少）和二方头（介于二者之间，额较狮子头略窄、嘴长短适中、面部皱纹较少）。其中以二方头型数量最多，狮子头型数量最少。

1. 头颈部　荣昌猪头大小适中，额顶有旋毛，形似菊花，鼻长适中，耳根大而坚韧有力，耳小而薄且下垂于眼上。瞳仁一般为黑色，亦有橙红、棕色、灰蓝色者。

2. 肩胛部　肩胛向上凸，年龄较大的猪肩部皮肤易结痂，俗称“盔甲”。

3. 背腰部　腰微下凹，自颈部开始至整个背腰部均有明显的鬃毛，鬃毛粗长刚韧。

4. 腹部　腹大而深，稍下垂，母猪在妊娠后期有的可垂及地面。乳头一般 12 个，最多有 18 个，乳头有粗细之分，细者称为“米奶”，粗者称为“炮筒奶”。

5. 臀部　斜尻，尾短下垂。

6. 肢蹄部　四肢较短，细致、坚实，少有卧系，偶有五爪或飞趾。

三、体尺体重

荣昌猪成年猪的体尺体重在不同时期不同、饲养条件下差异较大（表 2-2）。主要原因是过去以饲喂青粗饲料为主，现在以饲喂精饲料为主；农村以饲喂青粗饲料为主，规模猪场以饲喂精饲料为主。

表 2-2　荣昌猪成年猪体重和体尺

年份	饲养条件	性别	头数（头）	体重（kg）	体长（cm）	胸围（cm）	体高（cm）
1986	保种场	公	16	158.0±6.25	147.0±3.92	124.7±2.87	79.7±1.93
		母	30	144.2±3.26	141.8±1.15	123.0±1.50	69.6±0.54
	农村散养	公	4	98.1±15.99	119.5±12.33	103.3±10.11	67.4±5.99
		母	1 310	86.8±1.44	123.5±0.57	104.3±0.61	59.9±0.29
2006	保种场	公	6	170.6±9.14	148.4±3.72	130.3±3.47	76.0±1.27
		母	29	160.7±2.56	148.4±1.23	134.0±1.49	70.6±0.74
	农村散养	公	22	99.8±4.80	124.6±1.92	109.6±1.83	68.7±3.00
		母	80	125.0±2.45	135.5±0.98	116.1±0.96	66.8±0.77
2015	农村散养	母	6 122	—	139.30±15.89	121.05±15.38	67.03±6.81

注：1. 1986 年数据引自 1986 年版《中国猪品种志》。

2. 2006 年数据来源于农业部种猪质检中心（重庆）按照《畜禽遗传资源调查技术手册》对荣昌猪保种场和保护区的荣昌猪的测定数据。

3. 2015 年数据来源于荣昌区畜牧兽医局对辖区内农户饲养荣昌猪的测定数据。

4. 2006 年以前是以月龄为时间节点进行称测体尺体重，体重多用公式计算来估测，2006 年数据是以陈伟生 2005 年主编的《畜禽遗传资源调查技术手册》为依据进行测量。

从1986年到2006年的21年时间，农村散养和保种场的荣昌猪在体长、体高、胸围等体尺上均没有明显变化；农村散养公猪体重没变化，农村散养母猪体重提高38.2kg，保种场公猪体重提高12.6kg、母猪体重提高16.5kg。分析原因是农村散养公猪一直以本交配种方式没有改变，饲养管理方法也没有变化；而农村散养的母猪和保种选育场的公母猪的饲养条件发生了很大变化，青饲料减少，精饲料喂量明显增加，导致体尺没有明显变化而体重明显提高。

从荣昌区畜牧兽医局2015年调查农村散养的6 122头散养成年荣昌猪的体尺来看，比2006年农村散养的荣昌母猪的体长稍长、体高更高、胸围更大，这可能与广大养猪户长期选育有关。

第二节　生产性能

一、繁殖性状

对公猪性行为观察发现，荣昌公猪最早在8日龄即出现爬跨行为，最早出现性欲为36日龄。对公猪睾丸切片观察发现，30日龄曲精细管中开始出现初级精母细胞，40日龄有次级精母细胞，57日龄在附睾中首次发现精子。62日龄初次采获含有精子的精液，采精量达21.3mL。荣昌公猪4月龄时的射精量达86mL，精子密度达0.83亿个/mL，总精子数达60亿以上，活率为71.5%，畸形率为4.43%，已达到配种公猪的精液品质要求，证明荣昌公猪在4月龄时已达到性成熟，5～6月龄时可开始配种。在农村中，一般采用本交或人工授精方式配种，使用年限为1～2年；在保种选育场内，公猪6月龄以后才开始初配，一般采用本交与人工授精相结合的配种方式，使用年限为2～5年。

母猪初情期平均为85.7日龄（71～113日龄），发情周期20.5d（17～25d），发情持续期4.4d（3～7d）。产后再发情时间多在断奶后3～10d。在农村饲养条件下，一般母猪4～5月龄初配，但以7～8月龄体重50～60kg为适宜。繁殖利用年限以6～7岁为宜，农村中多在10岁（优秀个体达15岁）后淘汰；在保种选育场内，母猪多采用7～8月龄初配，利用年限5～7年。

《中国猪品种志》记载，1976年调查，农村散养的母猪第一胎产仔数（6.71±0.09）头，三胎及三胎以上窝产仔数（10.21±0.08）头；重庆市种猪场荣昌猪保种核心群母猪第一胎产仔数（8.56±0.23）头，三胎及三胎以上窝产仔数（11.7±0.27）头。

荣昌县畜牧局2006年对在农村饲养条件下的122头繁殖母猪及重庆市种猪场荣昌猪保种核心群的79头母猪的繁殖成绩统计结果是：农村散养母猪第一胎产仔数（7.35±0.21）头、60日龄窝重（78.21±33.46）kg；三胎及三胎以上窝产仔数（11.08±0.17）头、42日龄断奶窝重（121.59±38.1）kg、60日龄成活数（10.21±1.45）头。重庆市种猪场荣昌母猪第一胎产仔数（8.56±2.3）头、初生个体重（0.77±0.01）kg、初生窝重（6.21±0.20）kg、42日龄断奶个体重（10.03±0.21）kg、60日龄成活数（7.64±0.16）头、60日龄窝重（76.62±2.18）kg；三胎及三胎以上窝产仔数（11.7±0.23）头、初生个体重（0.85±0.01）kg、初生窝重（9.12±0.20）kg、断奶个体重（11.85±0.24）kg、60日龄成活数（9.66±0.17）头、60日龄窝重（113.82±2.78）kg。

从前后相差30年的调查结果（表2-3）来看，农村散养的母猪产仔数有所提高，荣昌猪保种场核心群的产仔数没有什么变化，可能与农村推广重复配种技术有关。

表2-3 荣昌猪母猪产仔数（头）

年份	第一胎窝产仔数		三胎及三胎以上窝产仔数	
	农村散养	保种场	农村散养	保种场
1976	6.71±0.09	8.56±0.23	10.21±0.08	11.7±0.27
2006	7.35±0.21	8.56±2.3	11.08±0.17	11.7±0.23

二、生长发育性状

在较差的饲养条件下，饲养1年左右，体重能达到75～80kg；在较好饲养条件下，体重可达100～125kg。采用不限量饲养方式，在不同营养水平下，荣昌猪的增重差异较大。2006年，农业部种猪质量监督检验测试中心（重庆）测定了12头荣昌猪的育肥性能，在前期每千克饲料含可消化能11.7MJ、可消化粗蛋白质13.0%，后期每千克饲料含可消化能10.87MJ、可消化粗蛋白质11.5%的营养水平条件下，体重20～90kg阶段日增重为（542±29）g，料重比（3.48±0.21）：1。

三、胴体性状

2006年，农业部种猪质量监督检验测试中心（重庆）测定了12头荣昌猪的胴体性能。在前期每千克饲料含可消化能 11.7MJ、可消化粗蛋白质 13.0%，后期每千克饲料含可消化能 10.87MJ、可消化粗蛋白质 11.5%的营养水平条件下，其胴体性能见表 2-4。

表 2-4　荣昌猪胴体性能

年份	宰前活重（kg）	胴体重（kg）	屠宰率（%）	6~7 肋皮厚（mm）	胴体直长（cm）	平均背膘厚（mm）	眼肌面积（cm^2）	瘦肉率（%）	后腿比例（%）	脂率（%）
1986	86.64	—	71.27	5.8	—	37	19.06	40.90	28.76	38.43
2006	84.6±0.66	62.4±0.35	73.8±0.7	5.9±0.22	84.2±0.53	39.6±0.95	19.83±0.43	41.8±0.39	25.4±0.34	—

注：1986 年数据引自 1986 年版《中国猪品种志》。

四、肉质性状

据农业部种猪质量监督检验测试中心（重庆）2006 年测定，荣昌猪在体重为（87.7±3.8）kg 时屠宰，其肉质性状指标见表 2-5、表 2-6。

表 2-5　荣昌猪肉质性状

肉色评分（分）	pH_1	pH_{24}	肌肉剪切力（kg）	肌内脂肪含量（%）	肌纤维密度（个/mm^2）	滴水损失（%）	失水率（%）	大理石纹评分（分）	干物质（%）	肌纤维直径（μm）
3.8±0.2	6.23±0.14	5.60±0.04	3.52±0.71	3.12±0.54	215±38	2.54±0.15	16.58±2.36	1.8±0.2	27.49±0.92	72.67±7.03

表 2-6　荣昌猪肌肉氨基酸含量（%）

氨基酸	含量	氨基酸	含量
天冬氨酸	7.76±0.32	丝氨酸	3.27±0.12
谷氨酸	12.02±0.51	甘氨酸	3.82±0.13
组氨酸	4.11±0.16	精氨酸	5.54±0.24
苏氨酸	3.74±0.17	丙氨酸	4.67±0.18
脯氨酸	3.22±0.15	半胱氨酸	0.95±0.02
酪氨酸	3.12±0.10	缬氨酸	4.39±0.19
蛋氨酸	2.58±0.11	赖氨酸	7.39±0.31
异亮氨酸	4.09±0.17	亮氨酸	6.63±0.27
苯丙氨酸	3.53±0.13		

第三节　生理生化指标

荣昌猪的生理生化指标因年龄阶段、环境条件不同而差异较大。

一、生理指标

荣昌猪不同生理阶段、不同环境条件下的生理指标有差异。廖均华等于1979年测定了荣昌猪的呼吸、脉搏、体温（表2-7）。重庆市畜牧科学院张凤鸣等于2008年2月测定的结果：30头成年荣昌母猪的平均肛温37.9℃，脉搏62次/min、呼吸频率21次/min。

表2-7　荣昌猪呼吸频率、脉搏、体温测定均值及范围值

项目	后备公猪	成年公猪	成年母猪	均值
测定头次（头）	1 152	72	617	613.6
测定期舍温（℃）	14.5～30.0	21.5～29.0	7.5～14.0	7.5～30.0
呼吸频率（次/min）	22.62 （12～42）	16.28 （12～24）	12.85 （9～30）	17.25 （10～42）
脉搏（次/min）	78.58 （57～105）	64.57 （56～86）	87.48 （55～118）	76.88 （55～109）
体温（℃）	38.72 （38.0～40.2）	38.02 （37.5～39.7）	37.90 （36.8～39.5）	38.21 （26.8～40.2）

注：括号内数据是范围值，表2-8与此相同。

彭哲生等于1986年对荣昌猪心电图进行了监测：8～11周龄荣昌猪PR间期平均为0.45s，心率平均为133次/min，心律为窦性心律。P波：绝大部分为正向波，形态大部分是钝形波，少数为尖峰波，振幅为0.068mV，时限为0.033s。T波：大部分为钝圆形，且方向与QRS波群的主波一致，振幅为0.14mV，时限为0.047s。PQ间期时限为0.083s。QT间期时限为0.196s。ST段时限为0.088s。心电轴都在0°～90°。

二、血液生理、免疫与生化指标

荣昌猪的生理生化指标在不同年代都有学者进行测定，测定的方法手段和指标不尽相同，各类猪的生理阶段、生长环境、饲养管理条件也不尽相同，其结果不尽一致，但都在正常范围内（表 2-8、表 2-9）。

表 2-8　荣昌猪血液生理与免疫指标测定均值及范围值（一）

测定指标		生长猪	母猪	公猪	均值
红细胞数（$\times 10^6$ 个）		6.32 (3.80～10.20)	4.71 (3.72～5.96)	4.50 (3.15～5.19)	5.18 (3.15～10.20)
白细胞数（万个）		1.96 (0.91～2.82)	1.76 (1.17～2.09)	1.72 (1.22～2.30)	1.81 (0.91～2.82)
每 100mL 血液的血红蛋白含量（g）		10.01 (7.80～12.60)	9.00 (8.00～11.80)	10.86 (8.50～12.50)	9.96 (7.80～12.60)
血沉速度（mm/h）		3.92 (0～31)	7.56 (2～36)	6.83 (0.5～16)	6.10 (0～36)
每 100mL 血液的红细胞脆性（%）	开始溶血	0.74	0.54	0.54	(0.32～0.74)
	完全溶血	0.32	0.34	0.34	
白细胞分类（%）	淋巴细胞	63.72 (32～82)	62.63 (34～86)	61.35 (41～75)	62.56 (32～86)
	中性粒细胞	31.72 (5～47)	30.59 (8～45)	32.31 (14～37)	31.54 (5～47)
	嗜酸性粒细胞	4.23 (0～28)	6.10 (0～20)	5.57 (0～17)	5.3 (0～28)
	嗜碱性粒细胞	0.05 (0～1)	0.11 (0～1)	0.22 (0～1)	0.13 (0～1)
	单核细胞	0.20 (0～3)	0.5 (0～6)	0.39 (0～2)	0.36 (0～6)

资料来源：原四川省养猪研究所廖均华等（1979—1980 年）对 104 头生长猪（公母各 50%）、30 头母猪和 23 头公猪的血液分析。

表 2-9　荣昌猪生理免疫与生化指标（二）

红细胞			血红蛋白		白蛋白浓度（g/L）	白细胞总数（个/L）	蛋白浓度（g/L）
总数（个/L）	压积（%）	体积（L）	含量（g）	浓度（g/L）			
4.79×10^{12}	16.7	57.2×10^{-9}	19.3×10^{-12}	151	41.2	20.98×10^{9}	101.23

资料来源：重庆市畜牧科学院张凤鸣等于 2008 年 2 月对 30 头成年荣昌猪测定的结果。

第四节　优异特性

（一）独特的毛色特征

荣昌猪具有世界独一无二的毛色特征，与熊猫毛色相似，俗称“熊猫猪”，全身被毛除两眼四周或头部有大小不等的黑斑外，其余均为白色；少数在尾根及体躯出现黑斑或全白。

（二）杂交配合力好

用长白、大约克夏、杜洛克、汉普夏、巴克夏等外种猪作为父本与荣昌猪进行二元、三元杂交，杂交后代均具有明显的杂种优势，杂种猪比荣昌猪的日增重高16%～25%，饲料消耗降低17%～22%，屠宰率提高3%～5%，胴体瘦肉率达50%以上，肉质亦较外种猪亲本有明显改善。

（三）适应性强

荣昌猪曾被推广到云南、贵州、青海、西藏、陕西、湖北、安徽、浙江、北京、天津、辽宁等20多个省份，均表现出较好的适应性。如浙江宁波市妙山良种场饲养的荣昌经产母猪，880窝平均产仔数12.0头，60日龄断奶成活数10.6头，断奶窝重115.5kg。在浙江宁波、湖北宜昌、陕西安康等地区，荣昌猪被选作杂交亲本之一。

（四）抗逆性强

1. 耐粗饲　荣昌猪适口性好，产区农作物丰富，青绿饲料种类多数量多，各种青绿饲料、青贮饲料、糟渣类饲料都可用作荣昌猪饲料。耐粗饲与盲肠的发育程度有关，据测定，7月龄荣昌猪大肠占整个肠道重量的60%左右。

2. 耐高温、高湿、高寒、高海拔　荣昌猪产区属于高温、高湿地区，荣昌猪皮厚隔温，冬季被毛的真毛长、绒毛密，基础代谢率较低，耐饥饿能力强，长期大量引入云南、贵州、青海、西藏等高寒、高海拔地区也能正常生长繁殖。荣昌猪和长白猪同时从平原（海拔500m以下）运到西藏（海拔3 400m以上），与当地藏猪比较，在生理生化指标方面，荣昌猪红细胞数、血红蛋白与γ-球蛋白含量都比长白猪增加得多，达到或接近藏猪；血糖含量明显升高，等于甚至超过藏猪。

（五）鬃质优良

荣昌猪的猪鬃长11～15cm（最长达20cm），每头产鬃200～300g，净毛率90%。荣昌猪的猪鬃是世界上最好的白色猪鬃，以洁白光泽、刚韧质优享誉国内外。从清光绪十七年（1891 年）开始至新中国成立后的较长一段时期，荣昌白猪鬃均行销欧美各国，而价格也高于其他地区黑猪鬃，猪鬃价格最贵时，一头猪的鬃毛即可售价 10 余元，甚至超过猪本身的肉价。

（六）繁殖性能优秀

1. 公猪　公猪性早熟，睾丸增重较快，出生后 15d 即出现“非性感应性爬跨”，“性感应性爬跨”发生于阴茎出鞘射出精液阶段，表现为见到发情母猪就哼叫、追赶、口流白沫，部分公猪频繁排尿，随后接触母猪头部、外阴部、体侧，最后爬上交配。小公猪 36 日龄出现性反射爬跨，62 日龄能采取含有精子的精液，77 日龄能配种使母猪受孕。在农村饲养条件下 4～5 月龄开始初配，使用年限为 1～2 年；在保种选育场内 6 月龄以后才开始初配，使用年限为2～5 年。

2. 母猪　性成熟早，性激素分泌早而浓度高，初情期平均为 80.06（71～105）日龄，在农村一般 4～5 月龄初配。发情非常明显，易于配种。发情时采食量下降很快甚至出现停食，外阴特征变化明显，发情行为明显，发情鉴别容易，受胎率高。母性好、护仔性强，母猪躺卧前会将幼仔拨开，很少压死踩伤仔猪，不需额外照顾。产后疾患少、泌乳力强，哺乳期母猪掉膘很快，断奶后很快发情，配种后很快恢复膘情。繁殖利用年限长，一般可利用 7～10 年，据调查，荣昌母猪在农村最长饲养时间为 16 年。

（七）猪肉品质优良

荣昌猪肉以味香质嫩著称，肉色鲜红，无 PSE 肉（肉质软，肉色淡和渗出液多）和 DFD 肉（肉质硬，肉色深和干燥），猪肉颜色多为 3 分和 4 分（5 分比色卡），肌肉系水力强、大理石纹适中（多数为 3 分和 4 分），肉丝致密，肌肉干物质和脂肪含量比改良品种高，蛋白质含量相对略低。

主要参考文献

重庆市畜禽遗传资源志编写组，2013. 重庆市畜禽遗传资源志［M］. 重庆：重庆出版社．
胡邦惠，1941. 四川猪鬃之研究［J］. 经济汇报（7）．
彭哲生，冷永宓，王金洛，等，1986. 荣昌猪正常心电图研究初报［J］. 中兽医医药杂志（1）：16-18.

王国兴，1936. 调查隆昌猪种及重庆猪鬃牛羊皮毛贸易状况调查书［J］. 畜牧兽医月刊（9）.
王凯，李昌宝，1998. 荣昌猪在青海的适应性观察［J］. 畜牧与兽医（1）：12-13.
王林云，2011. 中国地方名猪研究集锦［M］. 北京：中国农业大学出版社.
谢开明，1934. 隆昌猪之饲育概况［J］. 四川农学院院刊（10）.
袁树声，1937. 四川荣昌猪［J］.《四川农业》（1）.
《中国家畜家禽品种志》编委会，《中国猪品种志》编写组，1986. 中国猪品种志［M］. 上海：上海科学技术出版社.

第三章
荣昌猪的繁殖

第一节 生殖生理

一、公猪生殖生理

（一）公猪生殖器官的发育

荣昌公猪睾丸及附睾发育随公猪体重和年龄而变化。罗文秀等对早期荣昌公猪睾丸的发育进行研究，结果表明睾丸重量和体积在 1～28 日龄逐渐增加，睾丸的重量和体积在 14、21 日龄显著高于初生时的重量和体积，28 日龄时极显著地高于初生时的重量和体积（表 3-1）。睾丸指数（睾丸重与体重之比）从 18 日龄起上升，50 日龄（体重 5.69kg，睾丸重 6.12g）开始迅速上升，120 日龄（体重 16.7kg，睾丸重 39.15g）达到高峰。附睾发育与睾丸发育平行进行，但略缓慢。附睾指数（附睾重与体重之比）的变化是 60 日龄（体重 9.32kg，附睾重 2.53g）开始迅速上升，120～150 日龄（体重 16.17～24.42kg，附睾重 11.46～16.08g）达到高峰（肖永祚等，1980a）。

表 3-1 荣昌公猪睾丸的重量与体积发育

项目	1 日龄	7 日龄	14 日龄	21 日龄	28 日龄
重量（g）	0.456±0.112	0.532±0.143	1.455±0.189	1.647±0.214	3.976±0.412
体积（cm^3）	0.718±0.114	0.819±0.147	1.880±0.215	2.400±0.217	12.720±2.104

罗文秀等对荣昌公猪早期睾丸组织学开展研究发现，1 日龄和 7 日龄仔猪睾丸的曲细精管直径小，几乎无管腔，管腔基膜外有肌样上皮细胞围绕，基膜

上分布有呈单层排列的精原细胞，其细胞为圆形，核圆形深染，部分胞质淡染；14日龄与21日龄的曲细精管直径增大，有较小的管腔，精原细胞数量明显增多，可见少量的核为三角形或盾形淡染的支持细胞；28日龄睾丸的曲细精管直径与管腔明显增大（$P<0.01$）（表3-2）；30日龄时，曲细精管中开始出现初级精母细胞；40日龄时，有次级精母细胞；57日龄时，附睾内首次出现精子（占观察头数的80%），附睾中精子数量开始很少，初情期后不断增加（肖永祚等，1980a）；80日龄时，公猪附睾中精子密度达到成年猪附睾中精子的密度（表3-3）。

表3-2　1～28日龄荣昌公猪曲细精管直径与细胞数量

项目	1日龄	7日龄	14日龄	21日龄	28日龄
曲细精管直径（μm）	143.53±12.44	152.82±14.89	163.48±16.55	189.73±25.01	302.94±22.5
精原细胞（个）	69.60±7.50	72.70±8.10	73.30±6.30	71.10±9.40	58.80±9.20
间质细胞（个）	118.10±13.10	106.90±16.50	65.10±9.80	73.70±11.80	40.10±6.90

表3-3　不同阶段荣昌公猪附睾中精子密度

阶段	58日龄	70日龄	80日龄	90日龄	4月龄	5月龄	6月龄	1岁以上
头数	1	2	2	2	1	2	2	1
体重（kg）	10.15	10.78	11.18	11.05	17.1	22.92	26.8	144.5
平均密度（亿个/mL）	1.85	3.27	30.56	47.55	42.4	36.93	20.55	21.75

（二）性行为

荣昌公猪性早熟、性行为发生早、发展快，是我国早熟性猪种中偏早熟的猪种。陈先达等对22头荣昌公猪的性行为进行观察，结果发现荣昌公猪最早在8日龄出现戏耍性爬跨，最晚在15日龄出现爬跨，平均为10.11日龄，但这个阶段多属于戏耍性相互爬跨，公猪对发情母猪没有表现追逐和爬跨。随日龄的增加，爬跨日渐频繁，爬跨的时间也越来越长。荣昌公猪最早在36日龄出现性反射爬跨，最晚50日龄，平均41.9日龄出现主动嗅、爬跨发情母猪；45日龄公猪有分泌物滴出，但没有检测到精子；46日龄阴茎包皮鞘开始分离；48日龄初次采得不含精子的精液；62日龄首次采集到含有精子的精液。4月龄荣昌公猪已进入性成熟，已经达到配种公猪对精液品质的要求（杨良惠，

1994)，5～6 月龄可以开始配种。

荣昌公猪神经类型灵敏、活泼、对假母猪台反应快，易于采精调教。荣昌公猪对假母猪台建立性反射的训练次数和持续时间：对 35 头 100 日龄以上的公猪进行调教，平均训练（1.83±1.54）次，能够成功建立采精的条件反射。其中 1 次训练成功的荣昌公猪为 21 头，占总数的 60%；2 次训练成功的为 9 头，占 25.71%；经 3 次及其以上训练成功的为 5 头，占 14.29%。从采精训练开始到采出精液平均时间为 44.55min（最短 2.45min、最长 389min）。30min 内能采出精液的为 23 头，占总数的 65.71%；经 2h 训练能采出精液的为 10 头，占 28.57%；4～6h 才能采出精液的只有 2 头，占 5.71%（陈先达等，1988）。

（三）精液量和质量

荣昌公猪精液量常因年龄、营养水平、季节、身体健康状况以及采精间隔的不同而异。106～120 日龄精液量达 44mL，精子总数 77 亿个（密度 1.75 亿个/mL），活力 0.95，以后持续上升。至 153～168 日龄可达 57.3mL，精子总数 103.14 亿个，活力 0.95，以后基本保持稳定。4 月龄荣昌公猪已进入性成熟，精液量可达到 86mL，精子总数达 60 亿以上（精子密度达 0.83 亿个/mL），活力为 0.715，畸形率为 4.43%，已经达到配种公猪对精液品质的要求（杨良惠，1994）。成年公猪射精量为 210mL，精子密度为 0.8 亿个/mL。

（四）适宜的利用时间

荣昌猪性成熟早，公猪在 4 月龄、体重 25kg 左右即能开展配种，但交配过早影响幼猪的正常发育，公猪使用年限短。荣昌公猪适宜于体重60～70kg 或 5～6 月龄开始配种。

二、母猪生殖生理

（一）生殖器官发育

1. 卵巢　荣昌母猪性器官发育很早，根据原四川省养猪研究所资料整理得到初生到 8 月龄每月测定体重和卵巢重数据，并计算出相对生长系数（表 3-4）；根据卵巢重与体重之比值得卵巢指数（图 3-1）。卵巢发育：从初生到 150 日龄卵巢都是成倍地增长，到 180 日龄后重量相对稳定，而在 240 日龄（8 月龄）的绝对重量反而低于 210 日龄（7 月龄），这可能与卵泡的形成时间有关。从图 3-1 中也可以看出，150 日龄前卵巢指数呈上升趋势，而到 180 日龄后卵巢指数开始下降。

表 3-4　荣昌母猪体重与卵巢重及相对生长系数

日龄	体重（kg）	卵巢重（g）	相对生长系数
初生	0.75±0.15	0.018 7±0.025 0	1.000 0
30	4.40±0.94	0.033 4±0.014 6	1.786 1
60	12.76±0.73	0.106 0±0.008 3	3.173 7
90	25.65±6.97	0.493 0±0.019 2	4.650 9
120	34.83±3.92	2.275 0±0.065 3	4.614 6
150	38.00±2.78	3.887 5±0.102 3	1.708 8
180	51.73±4.50	5.287 5±0.102 2	1.360 1
210	58.48±3.71	5.626 3±0.841 8	1.064 1
240	71.67±0.31	5.183 3±0.888 6	0.921 3

注：相对生长是指动物个别部分 Y 与整体 X 相对生长间的相互关系。母猪的性器官（如卵巢）与母猪体重的生长是协调和相关的，卵巢相对生长速度反映了猪个别部分（卵巢重）与整体（猪体重）的生长关系。根据相对生长公式：$Y=bX^a$（Y：卵巢重量；X：体重；b：初成长系数，是将 X 部分设为 1 时的 Y 值，为常数；a：卵巢和体重的相对生长系数）和两次测定（第一次测定：$Y_1=bX_1^a$，得 $\lg Y_1=\lg b+a\lg X_1$；第二次测定：$Y_2=bX_2^a$，得 $\lg Y_2=\lg b+a\lg X_2$），解方程组，得卵巢的相对生长系数 $a=\dfrac{\lg Y_2-\lg Y_1}{\lg X_2-\lg X_1}$。当 $a=1$ 时，卵巢与体重的生长速度相等；当 $a>1$ 时，卵巢的生长速度超出体重的生长速度；当 $a<1$ 时，卵巢的生长速度低于体重的生长速度。

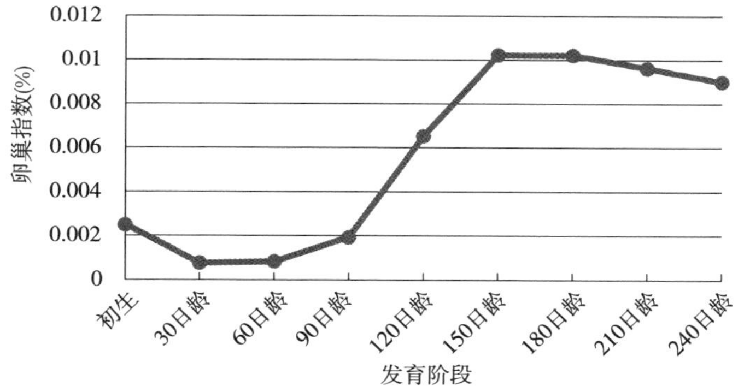

图 3-1　荣昌母猪卵巢指数年龄变化

根据陈先达等（资料来源：荣昌母猪繁殖生理特性研究，四川省种猪试验站，档案号 18，1984—1986 年收集整理，未发表数据）对 3～7 月龄荣昌后备母猪卵巢的观测结果，在 90 日龄的荣昌母猪的卵巢中发现 3 头母猪分别有 3 个、7 个、8 个红体，并且分别有 14 个、17 个、17 个接近成熟的卵泡。说明荣昌母猪在 90 日龄前就已经排卵；5 月龄后所有的母猪均观察到了红体，说明均已经排卵，并且头均红体数 13.75 个（表 3-5）。

表 3-5　荣昌母猪卵泡发育及排卵情况

月龄	母猪数（头）	检出数（头）	总红体数（个）	接近成熟的卵泡数（个）
3	4	3	18	48
4	4	3	26	19
5	4	4	44	10
6	4	4	58	10
7	4	4	63	39

2. 子宫角　荣昌猪子宫角在 6 月龄前发育较为迅速。陈先达等对不同月龄后备母猪各 4 头的测定资料显示，母猪的子宫角重量在 6 月龄前增重都比较快，7 月龄重量达到 278g，趋于稳定（表 3-6）。7 月龄左右荣昌母猪子宫发育基本成熟，7 月龄后个体发育成熟，未配种的个体两侧子宫角的总重量趋于稳定在 200～300g。

表 3-6　荣昌母猪子宫角发育情况（g）

项目	初生	1 月龄	2 月龄	3 月龄	4 月龄	5 月龄	6 月龄	7 月龄	8 月龄
子宫角重量均值	0.101	0.652	2.612	7.486	41.4	111.18	161.85	278.94	217.43
标准差	0.058	0.308	0.989	3.607	24.02	42.88	48.90	122.06	56.54

（二）初情期

初情期是指母猪第一次发情或排卵的日龄，初情期的早晚受到品种、营养水平、饲养管理、环境、公猪刺激等因素的影响。较早的研究表明荣昌母猪初情期平均为 85.7（71～113）日龄，与太湖猪 85.2 日龄接近，而一般的国外引入猪种的初情期为 7～8 月龄。

荣昌猪初情期早、性成熟早，性成熟期能正常受胎、分娩，但无论是排卵数量、产仔数及产后仔猪的存活率等均不理想，随着饲养管理和营养条件变化以及繁殖效率的要求的提高，荣昌猪的初情期有延后的趋势，朱丹等对 31 头荣昌后备猪的初情期进行测试，发现荣昌母猪在平均体重 26kg、106.1 日龄时才出现初情期（表 3-7）。

表 3-7　荣昌后备母猪情期日龄与体重

项目	第一情期	第二情期	第三情期	第四情期
日龄（d）	106.1±18.7	134.9±24.8	156.7±28.1	177.0±27.9
体重（kg）	26.0±10.2	38.0±9.7	45.0±10.4	52.5±10.8

（三）发情周期与排卵

母猪发情周期可分成以下几个阶段：

①间情期　占据发情周期的大多数时间（14～16d）。在这个阶段里，卵巢结构主要由黄体组成，并分泌孕酮阻断垂体分泌促卵泡激素（FSH）和促黄体素（LH），使卵泡暂时停止发育。如果成功受孕，孕酮可使子宫内膜增厚，利于胚胎着床；如果没有受孕，受到前列腺素 $F_{2\alpha}$影响，黄体开始退化，孕酮水平下降，解除对促性腺激素分泌的封闭，发情周期继续。

②发情前期　紧随间情期，这一时期会出现较大的或主要的卵泡（>4mm）生长和成熟，主要依靠促性腺激素（以 FSH 为主）分泌增多。这个阶段刚发生时，卵巢中大约有 50 个小卵泡存在，其中只有 10～20 个达到排卵前的尺寸（>12mm）。这些主要的卵泡对于 FSH 和 LH 的释放发挥着负反馈调节作用，使得一些小卵泡得不到足够刺激而停止发育（卵泡闭塞）。这样的调节需要有其他的激素——雌二醇和抑制素参与，这些都来自卵母细胞本身。

③发情期　发情期一般延续 3～7d，并于卵泡达到足够的成熟程度时开始表现。在这一时期，卵细胞分泌的雌激素水平达到一个高峰，对下丘脑激素分泌起到正反馈作用，使其开始生成促性腺激素释放激素（GnRH）和释放 LH（排卵前达到高峰）而引起排卵。依靠同样的机理，雌激素分泌到达一个峰值时，母猪表现出典型的发情表征，发情仅指母猪可以接受配种的阶段，占据发情期的大多数时间（53～59h），并非全部。通常来说，荣昌猪后备母猪排卵高峰出现在发情后 36～48h，成年母猪排卵高峰出现在发情后 24～36h。因此准确判定发情时间非常关键，决定着配种是否成功。有些外部表现有利于母猪发情判定

（比如阴户红肿、神经质等），在所有这些表现中，最具代表性的是静立反射（母猪压背而静立不动，特别是在有公猪存在时表现得更明显）。

④发情后期　位于发情期之后，这一时期卵泡开始变成黄体，发情后期持续期为 1～2d。

荣昌母猪断奶后采用小圈饲养，均会出现较为明显的发情表现。发情周期是指母猪此次发情开始到下次发情开始所间隔的天数，发情持续时间是指发情期所持续的时间，以母猪是否接受公猪爬跨为判定标准。

四川省种猪试验站 1984—1986 年“荣昌猪繁殖特性研究”项目数据（未发表）显示：荣昌猪发情周期为 20.5d（17～25d），发情持续时间平均 4.4d（3～7d）。

另据四川省养猪研究所观察表明：经产母猪发情周期为 20.6d，发情持续时间为 4.61d；青年母猪发情周期为 20.0d（18～22d），发情持续时间为 3.55d（3～5d）。

再据重庆市畜牧科学院 2012—2015 年对 583 窝荣昌母猪配种记录统计结果显示：荣昌母猪断奶后有 93.4%会在 1 周内发情，85.7%的母猪会在断奶后 3～5d 发情。发情周期一般为 21d；分娩后出现第一次发情最早的为 5d，最晚的为 71d，平均 55.75d；发情持续时间最短 36h，最长 125h，平均 77.7h；配种时间在发情开始后 21～52h，平均 30.6h。

荣昌母猪发情周期基本信息见图 3-2。

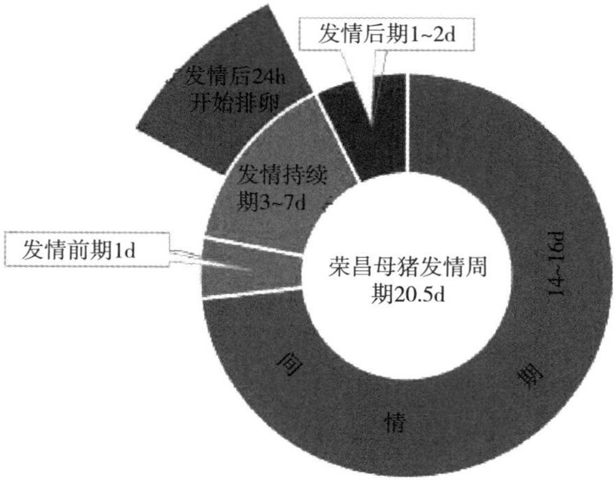

图 3-2　荣昌母猪发情周期

（四）后备母猪的初配年龄

母猪的初配年龄主要是按性成熟来确定，荣昌猪属于性早熟品种，其初配年龄一般在母猪第二、三个发情期，年龄约 5 月龄、体重为 40kg 左右时。交配过早会影响母猪自身发育。

第二节　发情鉴定、母猪排卵与适时配种

一、发情鉴定

荣昌母猪的发情症状极为明显，发情开始时，有的吵闹，有的表现呆立不动、异常安静，如同圈内有两头以上的母猪时，则有爬跨其他猪背作交配状，一般食欲减少，阴唇色粉红；发情开始后 10h 左右阴户变厚重，色红或略紫而干燥，以手压其背或十字部，母猪不安，但用手牵其尾，则又异常安静；当其外阴户厚重较大而略突出、湿润而且阴户尖端色褪为粉红而略白时，手压其背或十字部，母猪呆立不动，此时愿接受公猪交配；此后外阴户厚重逐渐消失，色较深呈粉红色，但仍湿润，这时食欲逐渐恢复，行动正常，外阴逐渐恢复原状，发情结束。

掌握母猪发情症状来确定适时配种时间是极为重要的，即当母猪发情高潮刚减退，开始表现安静并采食，抚摸其腰部或尾根下部时，两耳直立、静立不动；阴户充血减退，下端向内收缩，阴唇尖向上呈鱼钩状，黏膜稍呈白色，分泌物黏度加大且下垂成丝状，母猪接近公猪时，有强烈求偶表现，即为配种适宜期，此时一般在母猪发情开始后的 36～48h。因此可以根据母猪出现静立反射的时间，并结合发情症状来判断母猪处于哪个发情阶段。

1. 发情前期　荣昌经产母猪发情的前 1d 会出现轻微外阴肿胀、追逐爬跨其他母猪以及食欲减退的情况，与后备猪相比外阴肿胀和颜色变化不明显。此时母猪表现烦躁不安，公猪试情无静立反射，不接受公猪爬跨。

2. 发情中期　荣昌经产母猪开始发情的第二至第三天外阴肿胀减退，部分母猪会流出黏稠液体。此时母猪表现呆立，活动和采食量下降，对外界刺激反应弱。公猪试情时表现静立，接受公猪爬跨。

3. 发情后期　荣昌后备母猪开始发情的第四天外阴部肿胀逐渐消退直至全部消失，此时母猪采食量开始恢复，公猪试情无静立反射，不接受公猪爬跨。

二、母猪排卵

（一）荣昌母猪排卵规律

母猪初情期排卵数平均 10.33 枚，第二、三情期排卵 13.5～14 枚，第四情期的排卵数平均为 18.5 枚。荣昌母猪第二胎排卵数平均为 22 枚，3 胎以上成年母猪排卵数平均为 28.09 枚。

（二）排卵时间

母猪排卵时间同发情出现的时间存在着紧密的联系。排卵一般是发生在发情开始后的第二天，从发情出现开始，母猪自然排卵的时间平均为 31h。但公猪的刺激可使排卵提前约 4h，排卵的持续时间为 3.8～6h。

三、适时配种

公猪精子在母猪生殖道内具有受精能力的时间为 24～42h，卵子在母猪生殖道内具有受精能力的时间很短，仅为 8～12h，而精子、卵子在母猪生殖道运行及精子获能尚需一定时间，所以荣昌经产母猪配种以发情后 24～30h 为宜，隔 24h 重复交配 1 次。后备母猪发情持续时间比经产母猪短，而群众总结的经验是老配早、小配晚、不老不小配中间，一般都会取得较好的配种效果和较高的产仔数，但主要是因为荣昌青年母猪初次发情期相当长，阴唇红肿、性兴奋可长达数天甚至数十天才进入发情期。养猪场可采用 2～3 次重复配种的方式，如上午喂前配种 1 次，下午喂养前再配 1 次，下午首配，第二天再复配。从母猪发情症状表现来看，当母猪发情高潮初减，开始安静，采食，抚摩腰部或尾根下部母猪静立不动、两耳直立，接近公猪时有高度求偶表现；此时阴户充血刚退，下端向内收缩，唇尖向上，黏膜稍现白色，分泌物黏度加大，下垂成丝，即为配种适期。

第三节　妊娠与胎儿生长发育

一、受精与着床

猪精细胞进入子宫后，储存在子宫内隐窝中形成若干个精子储存库。精子不断地从这些储存库中释放，以保证受精部位总是不断有具备受精能力的精子出现。猪受精发生于输卵管的壶腹至壶峡接合部，配种后 96h 左右，受精卵沿着输卵管向两侧子宫角移动，附植在子宫角的黏膜上，在它周围逐渐形成胎盘。受精后 11～12d 的附植最容易发生胚胎死亡，胎盘形成过程需要 14d。

二、胎儿生长发育

猪胚胎期的生长发育和生后期一样，受到品种、环境和营养条件的制约。荣昌猪的胚胎成活率较高，母体通过胎盘向胎儿供给营养，前期的生长是缓慢的，后期胎儿生长快，1～90d 胎儿重量只有 550g，而后 20d 增长迅速。

母猪每个发情期排卵 20 枚左右，卵子的受精率在 90%左右，但产仔数仅为 9～12 头，这就是胚胎死亡，胚胎死亡率为 30%～40%。胚胎死亡可发生在任何时期，母猪受孕后 9～23d，受精卵处于游离状态，胚胎缺乏保护物，环境（包括子宫内环境）的干扰抑制胚泡的附植。此阶段胚胎主要从母猪子宫液中吸收营养，维持自身的发育。由于胚胎相对生长发育加快，子宫营养液中的营养物质有限，又由于子宫内环境变化，此时最易造成胚胎死亡。另外，受孕后 70d 左右，由于胎儿生长加快，胎盘机能影响营养通过胎盘，易致胚胎死亡。

三、妊娠诊断

妊娠诊断的方法有多种，但几乎没有一种妊娠诊断技术达到 100%的准确率。有些方法准确率相对较高，但设备昂贵、体积大，需要一定的操作环境和操作技术，在一般猪场中的实用性不是很强。但多种方法同时使用、相互印证，即使使用几种比较简易的方法也能达到很高的准确率。当然，在妊娠诊断过程中，技术人员的技术水平和经验十分重要。以下是常用的几种母猪妊娠诊断方法。

（一）返情检查法

妊娠诊断最普通的方法是根据配种后 17～24d 母猪是否恢复发情进行判断。观察母猪在公猪在场时的表现，尤其是当公、母猪直接发生身体接触时的行为表现，有利于发情检查。一般将配种后的母猪与空怀待配母猪饲养在同一栋猪舍中，在对空怀母猪进行查情时，同时每天对配种后17～24d的母猪进行返情检查，如不返情，可认为母猪已经受孕。这种检查方法的准确性在不同猪场有较大的差异，猪场母猪繁殖状况越好，通过返情检查进行妊娠诊断的准确性越高；但当猪场管理混乱、饲料中含有霉菌毒素、炎热、母猪营养不良时，则母猪持续乏情或假妊娠率会增高，这种情况下，通过返情检查进行妊娠诊断会有部分母猪出现假阳性诊断结果。因此通过返情检查进行妊娠诊断的准确性高时可达92%，低时会低于40%。在配种后38～45d进行第二次返情检查，如母猪仍不返情，则其诊断的准确性会进一步提高。在配种后17～24d进行返情检查是猪场中较为实用的方法之一。

（二）A型超声波检查法

A型超声仪利用超声波来检查充满积液的子宫，声波从妊娠的子宫反射回来，并被转换成声音信号或示波器屏幕上的图像，或通过二极管形成亮线。其原理是根据超声波回声来检查妊娠，是一种早期妊娠检查的普遍且实用的方法，一般可与返情检查结合使用。在配种后30～75d进行妊娠检查，此方法总体准确度高于95%。不同型号的A型超声仪的灵敏度和特异性间存在差异。从配种后75d到分娩阶段的假阴性和不能确定的比例增加，这主要是由于尿囊液和胎儿生长的变化。但对这种妊娠诊断仪器的应用并没有多大影响，因为配种75d以后，从腹部隆起的状况和胎动就可以看出是否妊娠。膀胱积液、子宫积脓和子宫内膜水肿容易造成假阳性诊断结果。因此用A型超声波进行妊娠诊断，母猪群的健康状况同样也会影响到诊断的准确性。另外，应注意这种诊断仪的应用对象，将一些用于大家畜的诊断仪应用于猪时，可能会使所有的被测对象都呈阳性。

（三）外部观察法

外部观察法是根据母猪配种后的外观和行为的变化进行妊娠诊断。这种方法只能作为其他诊断方法的辅助手段，以便印证其他方法诊断的结果。而且外部观察法诊断一般在配种后4周以上才能进行。

1. 食欲与膘情　母猪妊娠后，需要为胎儿后期快速发育储备营养，往往食欲会明显增加。另外，妊娠期在孕激素的作用下，妊娠前期的同化作用增强，而基础代谢较低，因此妊娠后的母猪即使饲喂用以维持的饲料量，膘情也会增加。

2. 外观　处于妊娠代谢状态下的母猪同化作用增强，膘情增加，其外观的营养状况会有明显改善，被毛顺滑，皮肤滋润。受孕激素的作用，外生殖器的血液循环明显减弱，外阴苍白、皱缩，阴门裂线变短且弯曲。因此如果出现上述变化，则可作为母猪受孕的依据。但某些饲料成分会影响这种变化，饲喂被镰孢霉污染的饲料，妊娠母猪外阴的干缩状况并不明显，甚至有些妊娠母猪的外阴还有轻度肿胀。某些品种的猪妊娠时，外阴部的变化也不明显。随着胎儿的增大，母猪的腹围会增大，通常在妊娠 60d 左右时，腹部隆起已经较为明显，妊娠 75d 以后部分母猪可看到胎动，随着临产期的接近，胎动会越来越明显。

3. 行为　荣昌母猪妊娠后，性情会变得温和，行动小心，与其他母猪群养时，会小心避开其他母猪。

外部观察法进行早期妊娠诊断的可靠性显然不高，但日常观察经验的积累会提高判断的准确性。因此生产过程中对母猪外观行为变化的观察，有助于及时发现未孕母猪，缩短母猪非繁殖期。

四、妊娠期母猪的变化

（一）妊娠期营养需要特点

母猪妊娠后代谢旺盛，饲料利用率提高，蛋白质的合成增强，青年母猪自身的生长加快。妊娠前期胎儿发育缓慢，母猪自身增重较快。妊娠后期胎儿发育快、营养需要多，而母猪消化系统受到挤压，采食量增加不多，母猪增重减慢，母猪的增重主要表现在胚胎的发育。若妊娠期母猪营养不良，胎儿发育不好；营养过剩，腹腔沉积脂肪过多，容易发生死胎或产出弱仔。

（二）代谢活动增强

母猪妊娠后因内分泌活动增强，机体的物质和能量代谢率显著增高。试验证明，母猪妊娠的第三个月代谢率较妊娠前提高 25%，而至第四个月可提高 30%以上。妊娠母猪代谢率较高，致使同化作用增强，即使在饲养水平相同条件下，妊娠母猪体内的营养积蓄也比妊娠前多。

（三）体重增加

母猪妊娠后体重的增加十分显著，据四川省养猪研究所与四川农业大学共同研究结果，荣昌母猪整个妊娠期的正常增重为26～30kg，妊娠前期体重增加较慢；产前1个月体重增加较快，胎儿的体重约65%在此期间增加。

（四）胎儿增重

在母猪妊娠过程中，胎儿的生长发育是不平衡的。妊娠第一个月胎儿发育缓慢，第二个月逐渐加快，第三个月显著加快，第四个月最快。因此在饲养管理上，对妊娠后期的母猪应特别注意蛋白质和矿物质的供给。当母猪采食的饲料蛋白质和矿物质不足时，将会动用自身组织的储备以供胎儿发育的需要，从而导致母猪体重下降、骨组织疏松以及体况下降等。

（五）子宫、胎膜和胎水增重

母猪在妊娠期间子宫、胎膜和胎水增长十分迅速。随着胎儿的发育，子宫的肌肉纤维不断增生，结缔组织和血管相应扩大，从而使子宫的形态和重量发生变化。与此同时，胎膜和胎水的重量也明显增加。未妊娠的母猪其子宫重约0.2kg，而妊娠末期的母猪子宫重可达2.9kg，胎膜和胎水重分别达2.1kg和1.4kg。

第四节　分娩与哺乳

一、临产症状

临产前，母猪腹部大而下垂，卧下时可从腹壁看出胎动，有食欲减退、卧立不安等现象和行为。产前15～20d，母猪的乳房由后向前膨大、变红并逐渐下垂。产前4～5d乳房膨胀明显，呈黄瓜状。产前3～5d，乳头变硬、竖立、变红、发亮、呈“八”字形张开；阴唇开始肿胀松弛，有的母猪尾根两侧塌陷。产前3d左右，中部的2对乳头可以挤出少量清亮液体。产前1d，有的母猪发生漏乳，也可挤出数滴初乳。当最后1对乳头能够挤出乳汁时，母猪将在4～6h分娩。

二、分娩时间

当母猪躁动一定时间后，侧卧并发生间歇性努责时，说明母猪有阵阵腹痛，即将产仔，若再经一段时间羊水从阴道流出，则随即产仔。荣昌母猪从开始闹栏到胎衣排出全过程需要 16.06h（资料来源：荣昌猪精液品质测定及性行为观察，四川省种猪试验站，档案号 16，1979—1983 年收集整理，未发表数据）。

肖驰等（1993）对 131 头 2 胎荣昌母猪分娩时间进行了统计分析：荣昌猪分娩主要在晚间进行，分娩时段：约 61%在 0：00～4：00，20%在 12：00～17：00，18.3%在 18：00～23：00。分娩时间为 2～9h，其中 88.14%的猪分娩时间在 5h 以内，11.86%的猪分娩时间为 6～9h。窝总产仔数对分娩时间有明显影响，胎儿大小对其影响极弱，荣昌猪分娩时间超过 5h 者，产中死亡数大大增加，仔猪整个初生期活力也随着分娩时间的延长而降低。猪场中如果产中死亡比例超过 6%，则标志着分娩时间延长。

三、哺乳行为

荣昌猪性情温驯，动作轻微，母性强，泌乳期躺卧动作十分小心，一般会用嘴和下腹部将仔猪推向一边再慢慢卧下，很少踩踏仔猪致伤、致死。在农村条件下，仔猪育成率达到 90%以上。在 60d 的哺乳期内，荣昌猪每天平均放乳次数为 23.30 次，拱乳时间为 1.86min/次，放乳时间每次为 11.58s，放乳间隔时间平均为 59.20min。

据四川省养猪研究所统计，荣昌母猪分娩后的头 3d，一昼夜哺乳 35 次，以后次数逐渐减少，常乳期平均每昼夜 27.8 次。产后的头 3d 哺乳间隔时间为 41.3min，常乳期平均每次哺乳间隔 52.4min。荣昌母猪哺乳持续时间平均 163.5s，其中拱乳时间 134s、静止时间 14.3s、吮乳时间 15.2s。

四、泌乳力

泌乳力是衡量母猪生产性能的重要指标。荣昌猪在 60d 的泌乳期内，在高营养条件下（日供消化能 38.46MJ），总泌乳量 286.5kg；在中等营养条件下（日供消化能 28.42MJ），总泌乳量为 195.0kg；在低营养条件下（日供消化能 21.74MJ），总泌乳量为 182.8kg。母猪在分娩后 15d 左右，泌乳量达到高峰期，比其他猪种泌乳高峰期提前约10d，荣昌猪高产奶期可维持到产后约30d。荣昌母猪泌乳性能好，泌乳量比较稳定，仔猪20日龄窝重为（30.94±0.66）kg。

五、乳汁成分

荣昌猪泌乳性能好、母性强、哺育率高，也可体现在乳汁质量高上面。周雪等对荣昌初产和经产母猪的乳汁成分进行了分析（表3-8），无论是初乳还是常乳，蛋白水平均高于其他品种猪的乳汁。猪乳的主要成分和泌乳量对仔猪的存活率和生长发育有密切的关系，其中乳蛋白、乳糖和乳脂是最重要的成分，各营养成分的含量直接影响仔猪的生产性能。

表3-8 荣昌猪乳汁成分

指标	初产母猪		经产母猪	
	初乳	常乳	初乳	常乳
每100g乳汁中的乳蛋白（g）	19.37±0.84	5.59±0.14	12.50±3.94	5.71±0.46
每100g乳汁中的乳脂（g）	2.43±2.03	6.42±0.25	2.13±1.79	6.19±0.77
乳糖（%）	2.12±0.31	3.89±0.26	3.50±0.58	3.69±0.47
每100g乳汁中的钙（mg）	290.00±320.49	1 703.33±788.06	586.67±110.15	1 633.33±152.75

主要参考文献

陈先达，黄谷诚，廖均华，等，1988. 荣昌公猪性行为及采精行为观察［J］. 养猪（4）：35-36.

罗文秀，2011. 荣昌猪发育早期的睾丸组织学结构研究［J］. 兽医导刊（S1）：238-239.

肖驰，周淑兰，1993. 荣昌猪分娩时间的研究［J］. 四川畜牧兽医（2）：30-31.

周雪，付利芝，杨柳，等，2015. 荣昌猪初乳和常乳主要成分及钙含量分析［J］. 中国畜牧杂志，51（23）：76-78.

肖永祚，罗安治，濮家鹏，等，1980a. 荣昌、内江公猪性成熟年龄研究初报［J］. 四川农业科技（5）：21-26.

肖永祚，濮家鹏，罗安治，等，1980b. 荣昌猪、内江猪、雅南（南河）猪泌乳力测定［J］. 四川农业科技（1）：38-43.

杨良惠，1994. 荣昌猪品种特征与饲养技术［M］. 成都：四川科学技术出版社.

朱丹，王金勇，张亮，等，2017. 荣昌猪后备母猪发情规律的研究［J］. 猪业科学，34（11）：134-135.

第四章
荣昌猪生长发育

荣昌猪在不同生理阶段的生长发育速度不尽相同，在不同的饲料营养水平及环境条件下生长发育速度也不同，不同性别的荣昌猪在不同阶段的生长发育速度也不同。总体来说，荣昌猪生长发育较慢，因此目前很少有人将纯种荣昌猪去势育肥，一般都将荣昌小公猪和不能做种用的小母猪在断奶前后直接作为烤乳猪的原材料销售。

第一节　仔猪的生长发育

从荣昌猪的整个生理阶段来看，荣昌哺乳仔猪阶段的生长发育相对较快，仔猪性别不同，生长发育规律不同。20 日龄时，仔公猪的体重体尺指标数值都高于仔母猪，到 30 日龄以后，仔母猪的生长发育明显比仔公猪快，体重、体尺多数指标数值都高于仔公猪；仔公猪 20～60 日龄日增重约 160g，仔母猪 20～60 日龄日增重约 210g。仔公猪体重自初生到 30 日龄内均较仔母猪大，30 日龄后则比仔母猪小，根据相对生长来看，仔公猪在 20 日龄以后其生长速度已小于仔母猪，这也说明了荣昌公猪性成熟期早，一般仔公猪在 20 日龄左右即有爬跨现象，至 40 日龄以后，爬跨行为严重，而且阴茎已能伸出包皮，并且可以射出精液。

一、体重的变化

荣昌猪初生重较小，平均初生重在 1kg 以下，这在外种猪初生重中都算弱仔。尽管荣昌猪初生重小，但是多数都能存活，到 20 日龄时的体重大约 3kg，大约是外种猪 20 日龄体重的 1/2；60 日龄体重约 10kg，只有外种猪 60

日龄体重的1/3左右。表4-1是黄谷诚等于1956年观察17窝仔猪、育成175头的测定资料。

表4-1　1～60日龄仔猪增重

项目	初生	10	20	30	40	50	60
平均体重（kg）	0.84	2.178	3.44	4.439	5.894	7.77	9.74
每10d绝对增重（kg）	—	1.338	1.262	0.999	1.455	1.884	1.966
每10d相对增重（%）	—	153.3	57.9	29	32.8	32	25.3

二、体尺的变化

荣昌猪在初生时胸围大于体长，30日龄时两者几乎相等，其后体长的生长大于胸围，两者差距逐渐加大，这说明荣昌猪属于肉脂兼用型品种。

黄谷诚等于1956年选择10头正常的仔猪从20日龄起测量体尺体重情况，具体见表4-2。

表4-2　哺乳期仔猪体重体尺

日龄	性别	体重(kg)	体长(cm)	胸围(cm)	腹围(cm)	体高(cm)	背高(cm)	肘高(cm)	胸宽(cm)	胸深(cm)	管围(cm)
初生		0.875	21.11	22.33	24.06	14.28	—	—	—	—	—
20	公	4.448	40.3	36.5	40.8	23.4	23.9	12.9	10.4	11.9	7.6
	母	3.961	38.3	35.3	39.3	23.0	22.9	12.8	10.1	11.3	7.3
30	公	5.328	45.0	39.5	45.4	25.8	24.9	13.5	10.8	13.5	8.2
	母	5.75	45.3	38.3	45.3	25.0	24.6	13.0	11.2	12.8	8.0
40	公	7.125	50.1	43.1	51.2	28.6	28.5	15.3	11.1	14.5	8.4
	母	7.625	51.0	43.3	53.0	27.7	28.7	15.1	11.2	14.5	8.4
50	公	8.875	55.3	46.4	55.8	30.3	30.6	16.1	12.6	15.6	9.1
	母	10.0	56.0	46.3	57.3	30.0	30.8	16.1	12.7	15.6	8.9
60	公	10.992	60.3	49.7	59.6	32.1	32.6	17.5	13.6	16.7	9.6
	母	12.583	59.9	49.8	61.1	32.1	32.9	17.7	13.9	16.3	9.4

第二节　后备猪的生长发育

荣昌后备猪的生长发育与饲料营养水平等环境条件密切相关，在条件好的情况下，生长发育更快。在同等条件下，从体重来看，后备公猪均比后备母猪小；从体尺来看，后备公猪除体高、背高、十字部高及胸宽较后备母猪大以外，其他各部均较后备母猪小；从相对增重来看，1～5 月龄后备母猪生长速度大于后备公猪，在 5 月龄后则后备母猪的生长速度小于后备公猪。荣昌后备公猪和后备母猪的生长发育速度差异比仔猪阶段更加明显，随着月龄的增加，后备公猪的生长发育速度与后备母猪相比越来越慢，相对增重逐渐明显减少，这可能是受公猪性爬跨、母猪发情等性行为的影响较大。后备公猪年龄越大，性爬跨越明显，生长发育越慢，特别是 5 月龄后，其生长发育明显变缓；而后备母猪虽然在发情时相互爬跨，这对生长发育有一定的影响，但是发情期结束后有一定的代偿性生长，相对于后备公猪来说，生长发育速度更快，详见表 4-3、表 4-4。

表 4-3　不同月龄后备公、母猪体尺（cm）

月龄	性别	头数	体长	胸围	腹围	管围	体高	背高	肘高	胸宽	胸深	髋结节间宽	坐骨结节间宽
2	公	3	61.5	51.8	61.0	10.0	33.2	34.0	18.0	14.3	17.3	10.3	5.7
	母	7	62.9	52.6	63.4	9.9	33.9	34.5	18.0	14.5	17.7	11.2	5.8
3	公	3	65.7	53.2	63.7	10.8	36.7	36.4	20.8	14.3	18.6	11.2	6.3
	母	7	67.8	54.2	66.4	10.0	36.8	36.9	20.0	13.1	19.0	11.9	6.0
4	公	3	70.7	58.0	71.5	11.5	40.5	40.8	22.5	15.2	20.0	12.2	6.9
	母	6	72.8	58.3	75.2	11.1	39.4	39.7	21.5	14.8	20.8	13.1	6.4
5	公	3	74.0	60.0	73.0	12.0	42.3	41.3	22.7	15.2	21.5	12.5	7.5
	母	6	77.7	64.2	86.7	12.8	42.0	45.3	23.8	16.8	23.0	15.4	7.8
6	公	3	77.3	63.7	—	—	44.0	—	—	16.0	22.3	13.8	—
	母	6	83.0	69.8	89.7	13.4	44.2	47.7	23.8	17.6	24.4	15.8	7.8

表 4-4　不同月龄荣昌后备公、母猪体重

性别	指标	月龄						
		初生	1	2	3	4	5	6
公	平均体重（kg）	1.083	5.541	11.308	16.0	20.4	22.8	27.3
	全月总增重（kg）		4.458	5.767	4.692	4.3	2.5	4.5
	相对增重（%）		134.6	68.4	34.4	23.7	11.6	18.0
母	平均体重（kg）	0.900	5.75	13.554	15.536	20.96	27.792	32.792
	全月总增重（kg）		4.85	3.804	1.982	5.424	6.832	5.0
	相对增重（%）		145.9	80.9	13.6	29.7	28.0	16.5

第三节　育肥猪的生长发育

在未推广用外种猪杂交改良地方猪以前，荣昌猪都是纯繁，不能做种用的纯种荣昌猪被去势后进行育肥，当时饲料和环境条件较差，以青饲料为主，荣昌猪育肥猪的生长速度慢、饲养周期较长、饲料转化率低。相对而言，荣昌猪早期饲料转化率较高，随月龄增大而降低。因而在饲养上应狠抓早期增重快、生长强度大、饲料转化率高的特点，给予合理饲养，以充分发挥早期增重潜力。

荣昌猪在较高营养水平下，胃的绝对重量与屠前活体重之比均小于低营养水平，相反，小肠的绝对重量与屠前活体重之比、小肠长度又都大于低营养水平。因为日粮中各种营养物质的浓度大，可供消化、吸收的物质就多，猪体为了适应这一环境条件，除了加强消化、吸收的功能外，还延长大肠的长度，增加食糜通过肠道的时间，以充分保证各种营养物质的更好吸收。而胃除了行使消化的功能外，还起着容纳食物的作用。在等量营养情况下，营养浓度大的日粮体积比低营养浓度日粮小，胃经常承受机械压力（刺激）也小，因而表现出胃的容积和重量较低水平的日粮小和轻。

荣昌猪在较高营养水平条件下，采取快速育肥法，日增重可以达到500g、料重比3.5∶1左右，6月龄体重达90kg是可能的。廖均华等研究结果表明荣昌猪在较高营养水平、采用快速育肥的条件下，屠宰率、屠体长、膘厚分别为69.4%、78.5cm和4.03cm，均比在中低营养水平下高，眼肌面积比中低营养水平低。

据农业部种猪质量监督检验测试中心（重庆）2006年测定，12头荣昌猪在前期代谢能11.7MJ/kg、粗蛋白质13.0%，后期代谢能10.9MJ/kg、粗蛋白质11.5%的营养水平下，20～90kg体重阶段日增重为（542±29）g，料重比为（3.48±0.21）∶1，见表4-5。

表4-5　荣昌猪育肥猪生长发育情况

头数	20～60kg阶段					60～90kg阶段				全期	
	始重（kg）	末重（kg）	饲养日（d）	日增重（g）	料重比	始重（kg）	末重（kg）	饲养日（d）	日增重（g）	日增重（g）	料重比
12	21.45±3.94	65.04±9.63	105.75±4.92	411.81±63.86	(3.49±0.28)∶1	65.04±9.63	87.73±3.76	34±17.66	674.02±143.83	542±28.99	(3.48±0.21)∶1

重庆市畜牧科学院的科技人员对201头荣昌猪育肥试验资料进行了统计分析，不同月龄生长发育见表4-6。

表4-6 荣昌猪育肥猪生长发育

项目	均值	标准差	变异系数	项目	均值	标准差	变异系数
初生体重	0.86kg	0.18kg	20.93%	6月龄体长	97.60cm	4.60cm	4.71%
60日龄体重	13.49kg	2.63kg	19.50%	6月龄体高	47.60cm	2.20cm	4.62%
4月龄体重	35.10kg	4.56kg	13.00%	6月龄胸围	81.00cm	3.60cm	4.44%
4月龄体长	81.40cm	5.60cm	6.88%	6月龄腹围	102.40cm	4.90cm	4.79%
4月龄体高	38.80cm	2.50cm	6.44%	6月龄臀围	55.30cm	3.40cm	6.15%
4月龄胸围	65.90cm	4.30cm	6.53%	6月龄体长指数	1.20	0.05	4.17%
4月龄腹围	83.30cm	5.50cm	6.60%	6月龄肩部膘厚	4.74cm	0.49cm	10.30%
4月龄臀围	46.60cm	3.90cm	8.37%	6月龄腰部膘厚	2.34cm	0.46cm	19.70%
4月龄体长指数	1.23	0.05	4.07%	6月龄荐部膘厚	2.63cm	0.39cm	14.80%

第四节 头骨的生长发育

荣昌猪头骨发育早，且在初生至1月龄时有一定程度的补偿增长，成年公猪的头骨重量，无论是绝对值还是相对增长率均高于成年母猪1倍左右。荣昌猪头骨重的相对生长，1月龄后呈递次下降趋势，在头骨的各部位的增长中，顶骨和额骨增长倍数最低，说明头骨是全身最早成熟的部位，顶骨又是头骨中最早成熟的部位。荣昌猪头骨各部位高度增长最大，宽度增长最小，长度的增长除泪骨下缘、下颌骨和口腔三者外，其余各部位介于高度与宽度增长之间。四川省种猪试验站廖均华等取生长发育正常的初生、1、2、4、6、8、10、12月龄8个阶段的荣昌猪去势猪头各6个，成年公、母猪头各2个，制成头骨标本，进行了一些研究。

一、头骨重

荣昌猪头骨重的绝对值随月龄增长而依次上升，去势猪12月龄时为初生时的63.38倍，成年公、母猪分别为初生时的185.94、97.06倍。但生长期各阶段的生长系数则是随月龄增加而依次下降，成年公、母猪分别为103%和59%。

二、头骨的长、宽、高

荣昌猪头骨长、宽、高的生长速度远低于头骨重的生长速度。在头骨长、宽、高增长倍数中，高最大，长次之，宽最小。头骨长与体长之比，初生时为

1∶3.11，4～12月龄期间两者比值变化极微，成年公、母猪分别为1∶4.69和1∶5.02。荣昌猪的头骨高与头骨长的比例较为稳定，除初生仔猪长度稍大，两者之比例约为1∶1.6外，1～2月龄时为1∶1.4，4～12月龄时均为1∶1.3，成年公、母猪均为1∶1.2。

三、顶额骨和鼻骨长的增长与鼻额角的变化

荣昌猪鼻骨长的生长速度约为顶额骨的2倍，初生时前者长为2.39cm，后者为5.07cm，至12月龄两者分别为10.53cm、10.48cm，成年公猪分别为12.96cm、14.00cm，成年母猪分别为10.78cm、12.12cm。初生仔猪的鼻面后1/3到顶额交界处向外突出，顶面保持水平位，两侧圆凸无明显顶嵴，外侧部与枕骨鳞部中间的后突起构成卵圆形，鼻倾角16°左右，2～4月龄增大约6°，以后随月龄增加，鼻额面的圆凸渐平。4月龄后，鼻面的后半部和顶额面随枕嵴增高而加大倾斜度，鼻倾角又逐渐变小，至12月龄下降到14°左右。额骨宽的生长速度小于头骨宽。

四、泪骨的形状和大小

荣昌猪泪骨的形状：在初生时眶颌缘间直径与上下缘间直径约呈1∶3的狭长方形，随月龄增加因长度生长速度大于宽度，至12月龄两者之比降为1∶1.6。成年公、母猪的泪骨因与邻骨连接处骨化而界限不清，就泪骨前方由上缘间相连部位所形成的嵴与眶缘、额嵴构成的形状看近似三角形。生长猪的泪骨在前上方还伸出一锐角（或窄带）形的枝。

第五节　内脏器官的生长发育

荣昌猪内脏器官的生长发育与饲养和环境条件密切相关。饲料影响消化器官的生长发育，饲料条件越差，对消化器官的刺激越大，消化器官反而发育越快；而环境气候条件影响呼吸器官的生长发育，环境条件越差，对呼吸器官的刺激越大，呼吸器官生长发育越差。1980—1981年，廖均华等研究了荣昌猪内脏器官的生长发育，内脏器官的早熟序列是：舌、肾与小肠、心脏、肝脏、肺脏、膀胱、胰脏、脾脏、胃、大肠。食管中熟，胃偏晚熟，大肠最晚熟，其余各器官为不同程度的早熟。

表 4-7　荣昌猪内脏器官发育情况（kg）

日龄	舌	食管	胃	小肠	大肠	心脏	肝脏	脾脏	胰脏	肺脏	膀胱	肾脏	内脏合计
初生	0.013±0.0014	0.001±0.000 2	0.005±0.000 7	0.024±0.005 3	0.007±0.001 6	0.007±0.001	0.026±0.004 4	0.001±0.000 3	0.002±0.000 4	0.018±0.004 1	0.002±0.000 3	0.009 8±0.002	0.115 8
30	0.024±0.002 7	0.003±0.000 6	0.034±0.004 6	0.183±0.332	0.062±0.117	0.021±0.002 9	0.116±0.018	0.01±0.002 4	0.001±0.002	0.068±0.010	0.004±0.001	0.030±0.005	0.564
60	0.044±0.007	0.013±0.003	0.144±0.015	0.528±0.084	0.239±0.051	0.056±0.005	0.348±0.042	0.019±0.003	0.029±0.006	0.164±0.022	0.010±0.002	0.085±0.011	0.679
120	0.091±0.011	0.033±0.006	0.377±0.033	0.858±0.125	0.756±0.083	0.108±0.013	0.789±0.063	0.053±0.014	0.057±0.01	0.452±0.125	0.033±0.008	0.150±0.030	3.757
180	0.140±0.027	0.053±0.018	0.595±0.605	0.161±0.333	1.594±0.200	0.186±0.021	1.283±0.171	0.066±0.012	0.10±0.013	0.742±0.166	0.064±0.015	0.248±0.034	6.232
240	0.239±0.037	0.098±0.011	0.892±0.106	1.335±0.139	2.433±0.261	0.298±0.021	1.577±0.12	0.126±0.038	0.159±0.062	1.141±0.393	0.101±0.038	0.378±0.08	8.777
300	0.270±0.30	0.100±0.120	0.992±0.142	1.336±0.27	2.558±0.44	0.312±0.04	1.599±0.23	0.128±0.028	0.167±0.05	1.237±0.240	0.112±0.030	0.387±0.076	9.199
360	0.293±0.051	0.115±0.020	1.064±0.115	1.340±0.196	3.039±0.672	0.341±0.043	1.616±0.149	0.132±0.028	0.173±0.042	1.40±0.184	0.120±0.015	0.409±0.05	10.042

主要参考文献

廖均华，黄谷诚，陈先达，等，1985. 荣昌猪头骨研究——头骨的生长发育特点［J］. 中国畜牧杂志（5）：13-15.

王林云，2011. 中国地方名猪研究集锦［M］. 北京：中国农业大学出版社 .

第五章
荣昌猪胴体和猪肉品质

第一节　育肥猪胴体品质

为了给荣昌猪种猪标准制定和商品猪生产提供依据，四川省种猪试验站蒋柏青等于1981年在四川省种猪试验站闭锁猪群春产仔猪中选择出生时间前后不超过10d、个体重基本接近、发育良好、体质健壮的48头断奶仔猪，按随机抽签法分为6组，在中等营养水平适当限制饲料条件下进行饲养试验，分别在宰前体重65kg、70kg、75kg、80kg、85kg、90kg进行屠宰，试验结果（表5-1）表明：以屠宰体重为65kg、70kg、75kg时胴体品质中的肌肉含量较高，脂肪含量较低。

表5-1　不同体重荣昌猪的胴体品质

项目	65kg	70kg	75kg	80kg	85kg	90kg
头数	8	8	8	8	8	8
宰前体重（kg）	65.43±1.56	70.05±3.06	75.01±1.83	79.96±0.92	84.85±1.78	90.33±2.15
屠宰率（%）	67.6±1.09	68.4±1.13	68.3±1.26	68.9±1.39	70.4±0.91	70.0±1.05
眼肌面积（cm^2）	17.56±2.32	15.73±1.85	17.36±3.34	17.30±1.62	18.83±2.32	18.36±1.71
腿臀比例（%）	29.6±0.77	29.7±1.20	28.5±1.06	28.7±1.17	28.9±1.06	28.1±0.80
皮率（%）	12.0±1.00	13.0±0.77	12.4±1.98	12.7±2.13	11.9±1.12	12.5±1.55
骨率（%）	8.8±0.76	9.4±0.40	8.8±0.76	8.9±0.66	8.2±0.72	8.5±0.48
瘦肉率（%）	47.5±1.30	47.9±1.67	47.6±2.52	46.4±2.53	45.1±2.47	46.1±1.83
脂肪率（%）	31.7±2.02	29.7±2.01	31.2±4.83	31.9±4.13	34.8±3.34	32.9±1.36

综合荣昌猪生长育肥试验和屠宰测定结果，从日增重、屠宰率、饲料利用

率和胴体品质等综合指标来权衡，荣昌猪适宜屠宰期以宰前体重65～75kg为最合适。

龙世发等（1991）对201头荣昌猪育肥试验资料进行了统计分析，其结果见表5-2。

表5-2　荣昌猪胴体品质（平均宰前体重80kg）

指标	数值	指标	数值
宰前体重（kg）	79.15±4.62	眼肌面积（cm^2）	17.20±2.21
宰前体长（cm）	117.10±3.84	后腿重（kg）	7.83±0.43
宰前体高（cm）	57.00±2.25	后腿比例（%）	27.48±1.08
宰前胸围（cm）	100.60±4.48	肋骨数（根）	13.82±0.38
屠宰率（%）	69.39±1.60	脂肪率（%）	32.30±3.76
胴体长（cm）	78.50±2.43	板油重（kg）	2.61±0.47
瘦肉率（%）	45.93±3.30	花油重（kg）	2.09±0.42
6～7肋膘厚（cm）	3.53±0.60	肉：脂	1.43：1

据农业部种猪质量监督检验测试中心（重庆）2006年测定，12头荣昌猪在前期代谢能11.7MJ/kg、粗蛋白质13.0%，后期代谢能10.9MJ/kg、粗蛋白质11.5%的营养水平下，测定结束体重为（87.7±3.8）kg时，其胴体性状指标见表5-3。

表5-3　荣昌猪胴体品质

结束体重（kg）	宰前体重（kg）	胴体重（kg）	屠宰率（%）	6～7肋皮厚（mm）	胴体直长（cm）	平均背膘厚（mm）	眼肌面积（cm^2）	胴体瘦肉率（%）	后腿比例（%）
87.7±3.8	84.6±2.1	62.4±1.0	73.8±2.2	5.9±0.7	84.2±1.69	39.6±3.0	19.83±1.35	41.98±1.23	25.48±1.09

注：结束体重是饲养试验结束时的体重；宰前体重是试验结束称重后不再给猪饲喂饲料只给充足饮水第二天屠宰前的体重。

第二节　肉切块品质评价

在地方猪肉质研究专家张伟力教授的指导下，重庆市畜牧科学院科技工作者于2014年3月对荣昌猪肉切块进行品质评价。屠宰猪取材于国家级荣昌猪保种场（重庆市荣昌县安富镇）110kg去势母猪（图5-1），电击手工屠宰，屠宰环境温度为12℃，风速2m/s，水温64℃。胴体（图5-2）劈半（图5-3）后取标准切块，评述如下。

图5-1　荣昌猪育肥猪

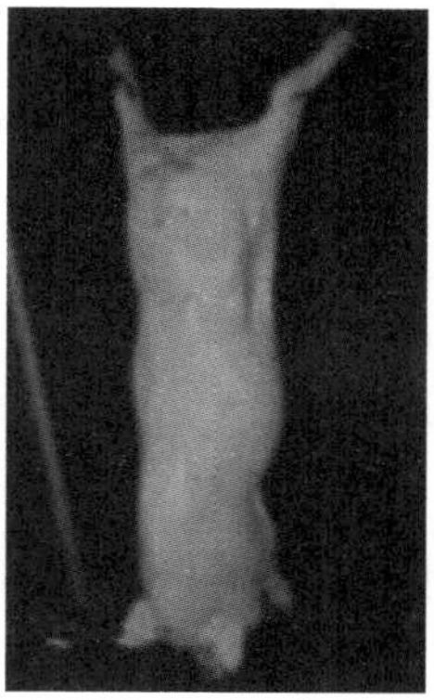

图5-2　全胴体

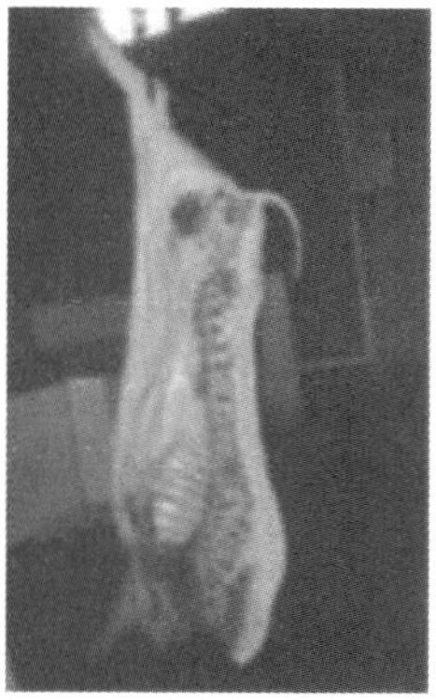

图5-3　半胴体

一、前肩切块

前肩切块肥满丰润，充实厚重，造型大气，成色华丽。大理石纹细密交错隐入深层肌束内，更使切块肥中有瘦、瘦中有肥、肥瘦难分，从而形成大体积的雪花肉切块。其中颈项雪花肉（图5-4）部分尤为肥美鲜嫩，为中式炭火烧烤和西式露天烧烤的极品食材。前肩分割的背阔肌雪花肉（图5-5）色泽深沉而艳丽，清晰致密的大理石纹表示其含有超高的肌内脂肪含量和较低的剪切力，有肥嫩多汁的外部特征。将其切片做成水煮肉片或涮火锅肉片（图5-6）则鲜嫩无比，其生鲜肉片为玫瑰红色，煮熟后为浅棕色，色如卡布奇诺咖啡，鲜如阿拉斯加蟹腿。

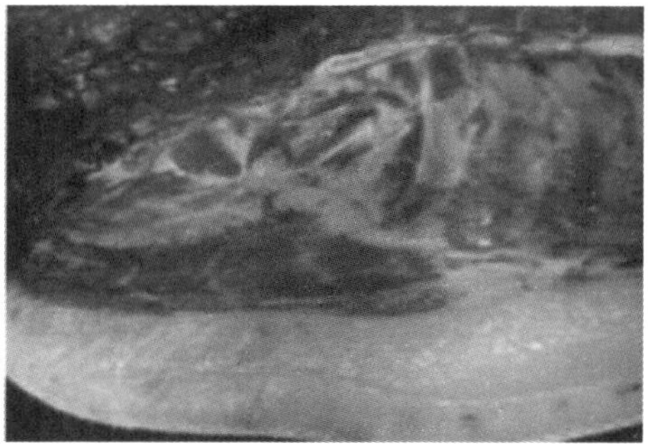

图5-4　颈项雪花肉

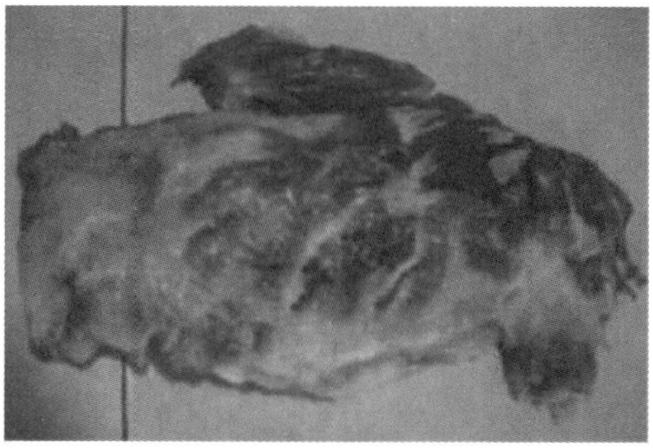

图5-5　前肩背阔肌雪花肉切块

图 5-6 前肩雪花肉火锅肉片

二、眼肌 T 骨大排切块

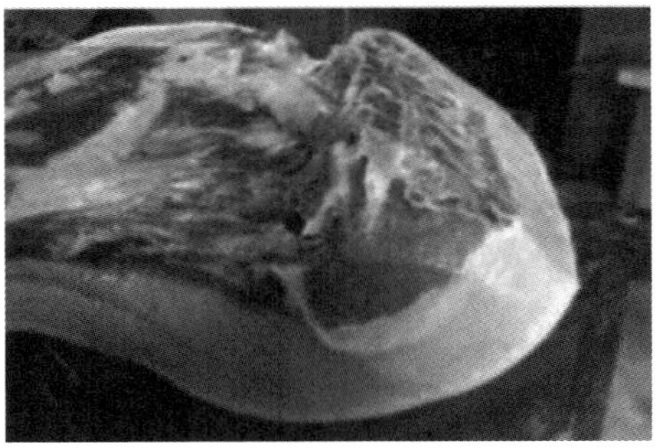

图 5-7 大排切块

眼肌 T 骨大排切块（图 5-7）造型丰满而不失秀美，P2 点处（最后肋距离背中线 6.5cm）眼肌宽与长之比值约 0.6，眼肌厚与肉厚之比值也为 0.6 左右。细巧的 T 骨与眼肌切面形成一个刚柔并济的几何图案，从而可以为该商品切块的视觉品相奠定良好基础。此切块切开 10s 左右肉面有一定程度的彩虹闪烁，绚丽斑斓，半分钟内即逝去，切面干爽挺拔，手感弹性十足，是极品肉的典型特点之一。切块中大理石纹细致均匀，如银白色渔网撒向满天红霞，有形有色。背膘略带轻度粉色，与洁白皮层形成鲜明视觉特点，眼肌以氧化型肌红蛋白为主、呈大红色，整个切块呈现出“粉膘白皮大红肉”的特点。此特点与福建官庄花猪十分相似，往往出现在传统的舍饲品种中。以商业开发价值而论，此切块既可作为西式大排嫩煎，也可用于各种中餐大排的菜肴。

三、小排切块

小排切块（图 5-8）色调嫩雅清淡，大理石纹绚丽多姿，可见丰富的肌束间脂肪，断面大理石纹短、细、密（图 5-9）。骨髓着色偏浅（图 5-10），红骨髓小梁密度不大，无脂肪沉积，无空腔，为清一色的饱满嫩髓，充分体现了西南型舍饲品种的骨髓特点。此种小排煲汤风味高雅清淡，汤色清澈明快，烹饪时挥发性芳香物质极易渗出，若加入香菇、竹笋、花椒等配料，则更有川味。

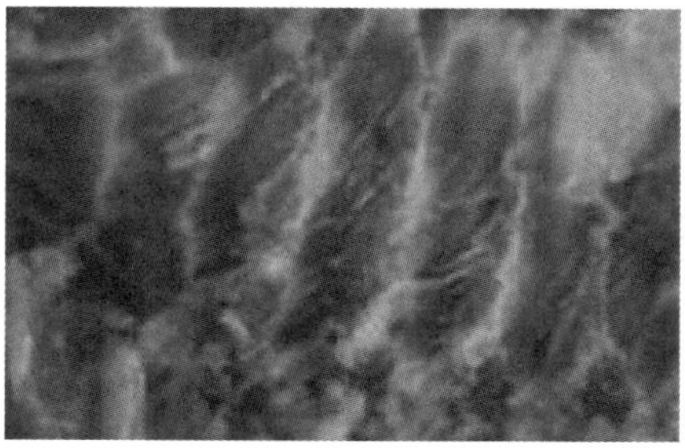

图 5-8　小排切块

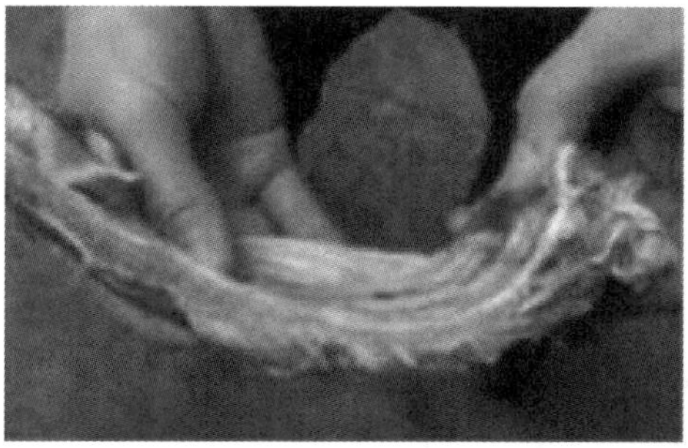

图 5-9　小排断面雪花肉

图 5-10　小排骨髓

四、五花肉切块

五花肉切块（图 5-11）丰满厚实，7 层结构（三瘦三肥一皮）排列分明、井然有序，3 层瘦肉由里而外、由上而下、由深而浅，虽然颜色、厚度各不相同，但是小肌束间脂肪和大理石纹都很丰富。3 层浅嫩的粉色肥膘厚薄不一，但是饱满充实而又剔透玲珑，极度充盈的脂肪颗粒大小不均，却搭配得像马赛克一般紧密而又错落有致。这是最佳的回锅肉原料。正是因为脂肪颗粒和小肌束的大小不均才能产生肉中脂肪和风味物质在烹饪时的缓释效果，在不断地回锅翻炒的厨艺过程中，肉中的芳香和滋味从小肌束和脂肪颗粒中缓慢而连续地释放出来，与豆瓣酱、豆豉、青蒜、青椒、红椒、糖、葱、姜片发生多元化的美拉德反应，这就是荣昌猪肉做成的回锅肉（图 5-12）的魅力所在，它可以多次回锅，不断产生诱人的香味。

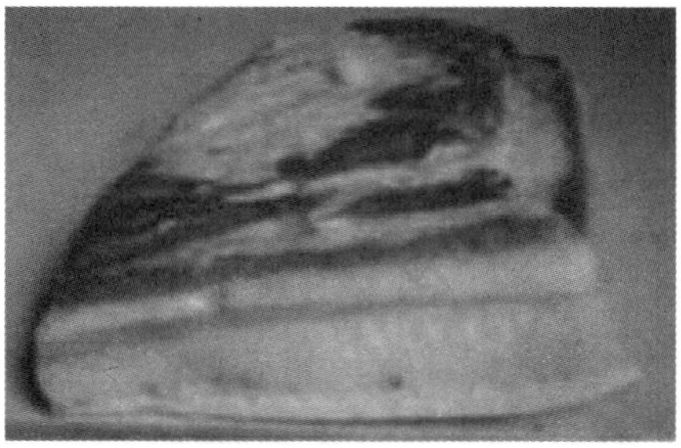

图 5-11　五花肉切块

图 5-12　回锅肉

五、股四头肌切块

红紫色的肉色、干爽的肉面、细致的纹理、游刃有余的弹性体现了股四头肌切块（图 5-13）的商品价值。此切块非瘦肉型猪胴体中的瘦肉，是以嫩、瘦、鲜、细为特点的纯瘦肉，几乎没有大理石纹和可见脂肪，是瘦肉消费者的最爱，也符合现代流行的“要吃肉，肥中瘦”的新潮流。其商品小切块最受新潮食客欢迎。

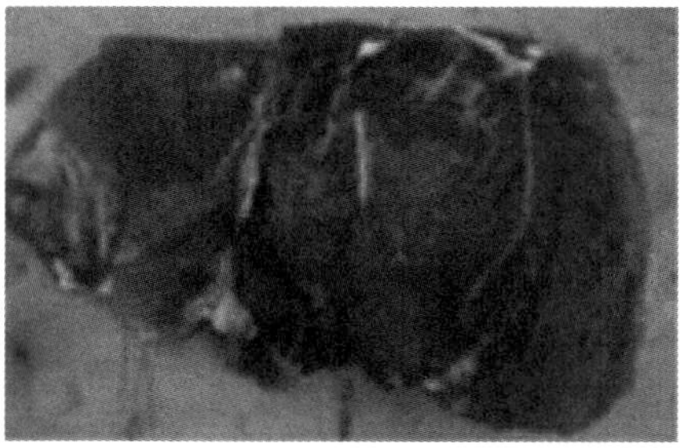

图 5-13　股四头肌切块

六、股二头肌切块

荣昌猪后躯丰满，腿臀肥厚，股二头肌饱满硕大（图 5-14），可为地方猪种之佼佼者。其瘦肉产量与质量都较高。切面红肌纤维与小肌束间脂肪组织的致密交混有别于瘦肉型猪白肌纤维的单纯性平行排列。肌内脂肪达6%～8%是后腿极品肉。此种腿肉在烹饪时，肌糖原、肌内脂肪、肌浆中的硫胺素和蛋白质共同参与美拉德反应，产生1 000多种风味物质，其中大部分是挥发性的。所以荣昌猪的腿肉涮则鲜美、烤则芳香、煮则香味绕梁三日、炒则令四邻陶醉。

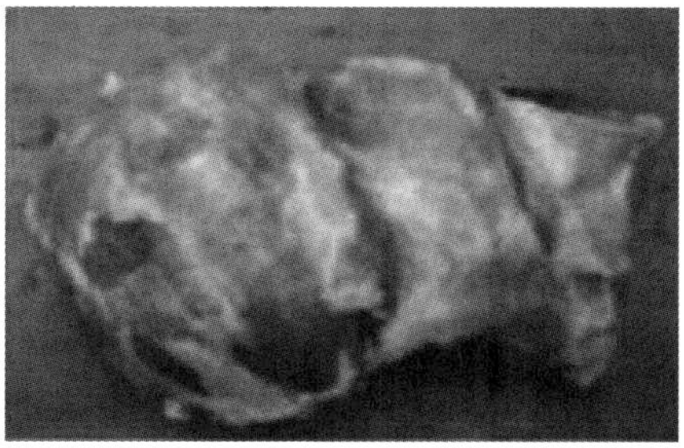

图 5-14　股二头肌切块

七、尾切块

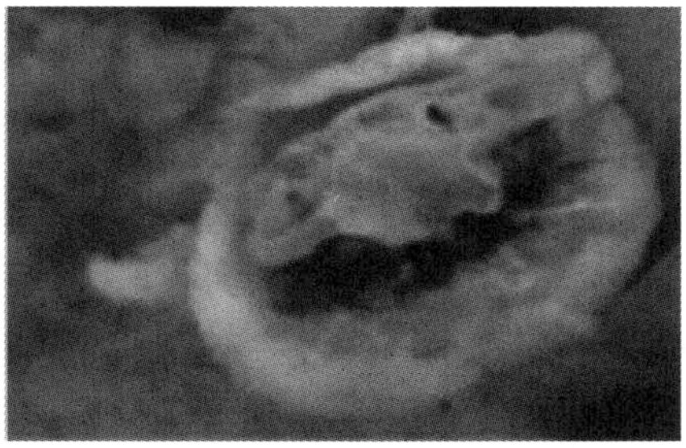

图 5-15　尾切块

尾切块（图 5-15）是典型的白色地方品种的特点，与瘦肉型猪尾切块的区别较大。本切块以直径较大、皮厚起胶、口感酥软黏滞、风味浓重为特点；西方白色瘦肉猪尾切块直径较小、皮较薄不易起胶、口感爽滑脆嫩。我国地方猪种中还有浦东白猪和白香猪都能产出白色猪尾切块。本切块较大，可与细巧的白香猪尾切块相区别。此外，本切块与浦东白猪的尾切块大小和肉皮厚度较为近似，但细看有所不同。浦东白猪尾部毛孔和肉皮纹理偏向粗犷豪放，是典型的太湖猪特点；荣昌猪尾部则略带几分圆滑细腻，是西南型猪的基本特色之一。本切块造型优美，断面上尾椎骨切面清纯，无髓无腔，美如玉石，瘦肉伸展如红梅开瓣迎春，肥膘环抱如水晶陪衬背景，外围皮层瑞雪一般洁白并形成桶状包围，握在手中犹如一个法兰西酒杯。

第三节　常规肉质指标

荣昌猪肉质优良。1984 年，廖均华等选择体重 80kg 的荣昌公猪、母猪、去势公猪、去势母猪各 10 头，测定其肉质，结果见表 5-4。

表 5-4 不同类别荣昌猪肉质性状

猪类别	肉色						pH		失水率（%）	大理石纹评分（分）	熟肉率（%）	储存损失（%）				肌纤维直径（μm）
	色级比例（%）					评分均值（分）	pH_1	pH_{24}				24h	48h	72h	96h	
	1	2	3	4	5											
公猪			40	60		3.75±0.11	6.23±0.1	5.64±0.04	31.47±0.56	3.10±0.24	58.96±0.52	3.49±0.52	6.48±0.56	9.59±0.60	11.33±0.86	70.69±1.02
母猪			70	30		3.25±0.19	6.65±0.05	5.77±0.04	29.10±1.40	3.60±0.12	59.85±1.52	2.96±0.33	5.67±0.49	8.50±0.62	10.43±0.76	65.26±0.89
去势公猪			65	35		3.35±0.11	6.67±0.04	5.91±0.07	27.13±1.40	2.85±0.08	62.64±1.09	2.99±0.31	5.72±0.45	9.34±0.67	11.61±0.54	59.70±0.88
去势母猪			45	55		3.45±0.14	6.61±0.05	5.68±0.04	27.55±1.03	3.35±0.13	63.49±1.05	2.84±0.39	5.36±0.57	8.12±0.65	10.24±0.67	62.19±0.90

资料来源：廖均华等（1986）。

第四节　肉品质特性

国家科技支撑计划《荣昌猪品种资源开发关键技术研究与产业化示范》项目中，李洪军等对荣昌猪猪肉品质特性进行了系统的研究：选择来源、日龄及体重相近（约 8kg），健康、去势的荣昌猪公猪 56 头预试，至体重 10kg 左右时，选取正式试验猪 48 头，其中 6 头在试验当天屠宰，其余猪按体重随机分为 6 个重复，每个重复 7 头，饲养于 1 栏中。参照国家标准《荣昌猪》（GB 7223—87），分别配制 10～20kg、20～50kg、50～80kg 及 80～100kg 4 个体重阶段的玉米-豆粕-小麦麸型饲粮。自由采食和饮水，按常规饲养和免疫程序进行管理。分别于 10kg、20kg、35kg、50kg、80kg 和 100kg 体重时，每个重复各屠宰 1 头，并取样以备分析。

一、常规营养成分

宰后迅速取右侧新鲜热胴体 6～12 肋间背最长肌进行分析，结果（图 5-16）显示：干物质含量在 10～20kg 体重阶段的变化不大，而后随体重增加不断提高；粗蛋白质含量先随体重增加不断提高，至体重 50kg 时达一峰值，之后又不断下降；粗脂肪含量随体重增大不断上升，其中体重 50kg 后上升幅度增大；粗灰分含量则随体重增加呈不断下降趋势，其中体重 80kg 后下降幅度最大。

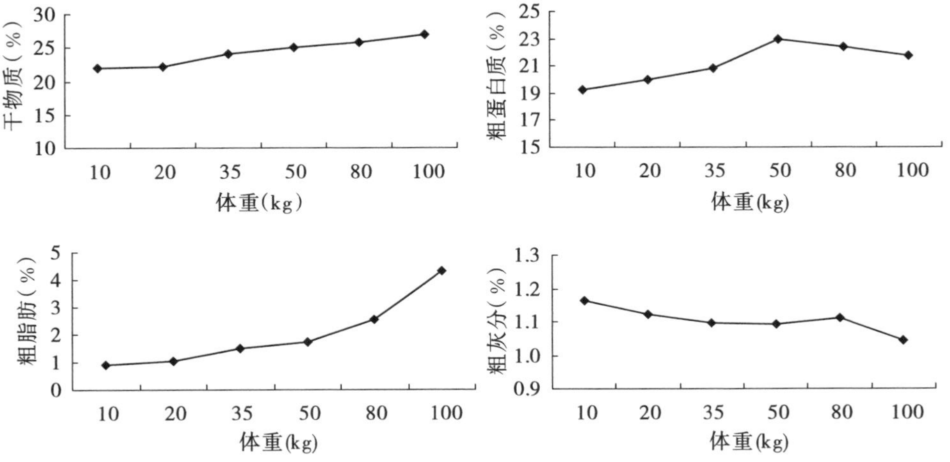

图 5-16　不同体重荣昌猪猪肉的常规养分含量

二、氨基酸

宰后迅速取右侧新鲜热胴体4～5肋间背最长肌进行17种氨基酸分析（表5-5）。在所观测的17种氨基酸中，谷氨酸的含量最高，为3.60%～4.50%，占总氨基酸含量的15%以上；天冬氨酸和赖氨酸的含量也较高，为2.00%～2.50%，占总氨基酸含量的8.80%～9.60%；最低的是半胱氨酸，仅为0.24%～0.59%，占总氨基酸含量的0.97%～2.20%。肉中总氨基酸含量随体重增加呈不断上升趋势，其中100kg体重时的总氨基酸含量显著高于10kg体重时。天冬氨酸、谷氨酸、组氨酸、苏氨酸、丙氨酸、半胱氨酸、酪氨酸、缬氨酸、蛋氨酸、赖氨酸也随体重增加不断上升，而丝氨酸、甘氨酸、精氨酸、脯氨酸含量则在所观测的生长阶段未见显著变化，但有上升趋势。异亮氨酸、亮氨酸和苯丙氨酸含量在10～20kg体重阶段显著提高，随后呈缓慢上升趋势。可见，各种氨基酸含量随体重的变化规律不尽相同。

人体所必需的几种氨基酸在猪肉中含量不一，其中最高的是赖氨酸，最低的是蛋氨酸（图5-17）。

表5-5 不同体重荣昌猪背最长肌氨基酸含量（%）

肌肉氨基酸	猪体重（kg）				
	10	20	50	80	100
天冬氨酸	2.12±0.19	2.34±0.11	2.44±0.19	2.45±0.70	2.47±0.35
丝氨酸	0.91±0.08	0.98±0.05	1.02±0.09	1.04±0.09	1.01±0.12
谷氨酸	3.63±0.30	3.89±0.19	4.00±0.31	4.09±0.36	4.44±0.57
甘氨酸	1.04±0.07	1.08±0.04	1.10±0.06	1.12±0.09	1.11±0.02
组氨酸	0.99±0.12	1.18±0.06	1.26±0.11	1.35±0.10	1.35±0.15
精氨酸	1.82±0.16	1.82±0.08	1.85±0.14	1.92±0.16	1.86±0.22
苏氨酸	1.08±0.09	1.16±0.05	1.20±0.10	1.24±0.10	1.26±0.14
丙氨酸	1.31±0.10	1.40±0.06	1.44±0.11	1.50±0.12	1.56±0.17
脯氨酸	0.95±0.07	0.98±0.03	1.00±0.06	1.04±0.09	1.01±0.12
半胱氨酸	0.24±0.01	0.24±0.03	0.27±0.04	0.51±0.08	0.59±0.03
酪氨酸	0.83±0.04	0.89±0.06	0.94±0.08	0.99±0.08	0.96±0.11
缬氨酸	1.17±0.16	1.24±0.31	1.37±0.10	1.42±0.11	1.40±0.20
蛋氨酸	0.63±0.13	0.75±0.04	0.78±0.06	0.80±0.07	0.89±0.10
赖氨酸	2.02±0.18	2.21±0.16	2.32±0.18	2.40±0.20	2.42±0.32

（续）

肌肉氨基酸	猪体重（kg）				
	10	20	50	80	100
异亮氨酸	1.18±0.11	1.31±0.06	1.36±0.11	1.40±0.12	1.37±0.20
亮氨酸	1.94±0.17	2.11±0.09	2.18±0.17	2.25±0.20	2.18±0.33
苯丙氨酸	0.97±0.09	1.05±0.05	1.09±0.08	1.13±0.09	1.10±0.14
总计	22.83±1.97	24.63±2.74	25.62±2.23	26.65±2.58	26.98±2.41

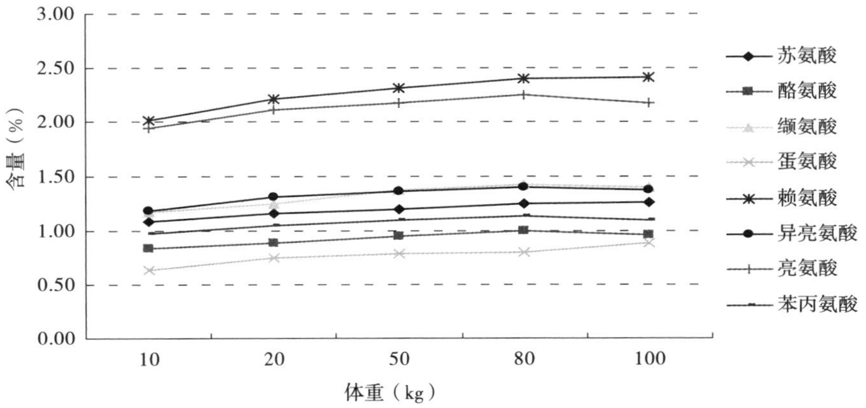

图 5-17　不同体重荣昌猪背最长肌中几种人体必需氨基酸含量

三、脂肪酸

宰后迅速取右侧新鲜热胴体 1～3 肋间背最长肌进行脂肪酸组成分析（表 5-6），肉中各脂肪酸组成随体重的变化规律因脂肪酸成分不同而异。饱和脂肪酸（SFA）含量先随体重增加而提高；多不饱和脂肪酸（PUFA）含量随体重增加显著下降；单不饱和脂肪酸（MUFA）含量随体重增加而显著提高。

表 5-6　不同体重荣昌猪猪肉中肌内脂肪酸组成（%）

项目		20kg	50kg	80kg	110kg
SFA	C14：0	1.63±0.09[a]	1.54±0.11[a]	1.69±0.11[a]	1.81±0.11[a]
	C16：0	23.27±0.95[a]	23.85±1.52[a]	24.54±1.38[a]	25.58±1.17[a]
	C18：0	14.16±0.52[a]	14.02±0.36[a]	13.62±0.42[a]	13.45±0.47[a]
	C20：0	0.22±0.03[a]	0.19±0.02[a]	0.27±0.03[a]	0.25±0.02[a]
	其他	0.27±0.08	0.46±0.17	0.27±0.16	0.24±0.09
	合计	39.55±1.24[a]	40.06±1.07[a]	40.39±0.93[a]	41.33±2.07[a]

（续）

项目		20kg	50kg	80kg	110kg
MUFA	C16：1	2.53±0.17[a]	3.03±0.14[b]	3.09±0.17[b]	3.17±0.13[b]
	C18：1	33.25±0.79[a]	34.29±0.95[ab]	36.71±0.88[b]	41.4±1.19[c]
	C20：1	0.77±0.05[a]	0.85±0.06[a]	0.83±0.09[a]	0.92±0.09[a]
	其他	0.03±0.01	0.09±0.03	0.05±0.02	0.06±0.03
	合计	36.58±1.10[a]	38.26±1.02[ab]	40.68±0.88[b]	45.55±1.46[c]
PUFA	C18：2	17.14±0.94[a]	15.37±0.51[ab]	13.09±1.12[b]	9.19±0.62[c]
	C18：3	0.33±0.02[ab]	0.30±0.05[ab]	0.37±0.04[a]	0.22±0.05[b]
	C20：2	0.49±0.07[a]	0.42±0.07[a]	0.47±0.09[a]	0.37±0.08[a]
	C20：3	0.24±0.04[a]	0.29±0.07[a]	0.30±0.04[a]	0.23±0.04[a]
	C20：4	5.23±0.16[a]	4.71±0.20[ab]	4.33±0.19[b]	2.76±0.39[c]
	其他	0.44±0.07	0.59±0.13	0.37±0.06	0.35±0.08
	合计	23.87±1.44[a]	21.68±0.97[ab]	18.93±0.68[b]	13.12±0.71[c]

注：同行肩标中字母不同表示差异显著（$P<0.05$）。

四、鲜味物质

取右侧 1～2 腰椎背最长肌鲜样 10g 左右 3 份，液氮冷冻，－70℃冰箱保存，用以分析肌苷和肌苷酸含量（图 5-18）。荣昌猪的肌苷酸含量先随体重增加有上升趋势，至体重 50kg 达峰值，之后有所下降；而肌苷含量则先随体重增加不断下降：至体重 50kg 最低，随后不断上升。

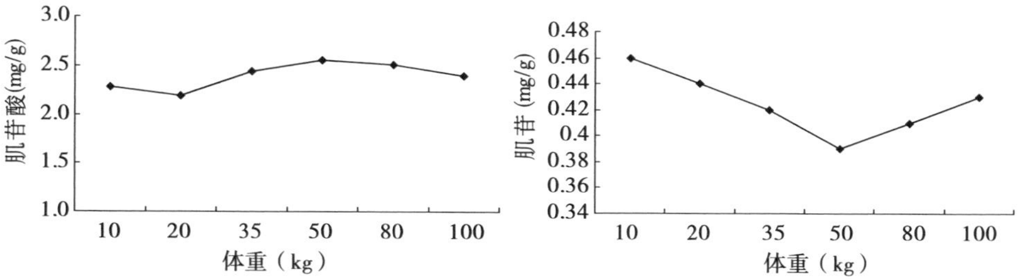

图 5-18　不同体重荣昌猪背最长肌中肌苷酸和肌苷含量

五、胶原蛋白

取右侧 2～3 腰椎背最长肌鲜样，－20℃冰箱保存，用以分析总胶原蛋白和可溶性胶原蛋白含量（图 5-19）。肉中总胶原蛋白含量在 35～100kg 体重阶段未见显著变化；而可溶性胶原蛋白含量则随体重增加呈不断下降趋势，其中体重 100kg 时的含量显著低于体重 35kg 时，约低 34.90%。

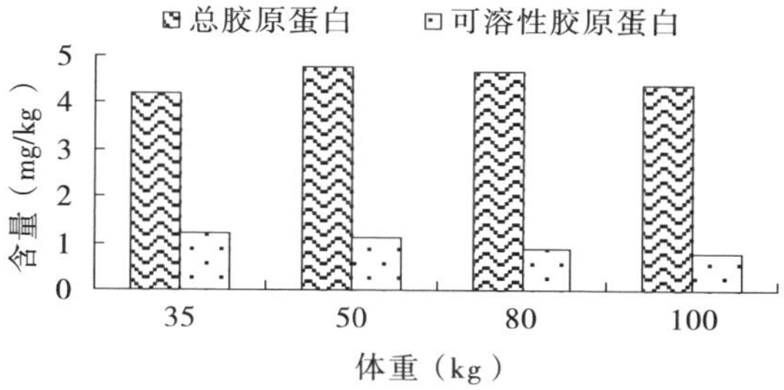

图 5-19　不同体重荣昌猪猪肉中总胶原蛋白和可溶性胶原蛋白含量

六、肉色

宰后取左侧胸腰接合处的背最长肌用以分析肉色（表 5-7，比色卡及色差计）。肉色评分不受体重显著影响。*L* 值随体重增加显著下降，20kg 体重阶段后变化不大。*a* 值先随体重增加显著提高，至 35kg 体重时达到峰值并维持到 80kg 体重时，而后又显著提高。*b* 值随体重增加不断下降，至 35kg 体重时达较低水平并维持到 80kg 体重时，之后显著上升。可见，荣昌猪肉色的发育规律因观测指标而异。

宰后迅速取新鲜热胴体左侧 6～7 肋间背最长肌及左侧半腱肌的中心部位，送实验室立即用于肌红蛋白含量（UVIKON923 紫外分光光度计）分析（表 5-7）。荣昌猪肌肉中肌红蛋白含量的变化规律因肌肉部位而异。对于背最长肌，荣昌猪的肌红蛋白含量先随体重增加显著提高，至 20kg 体重时达一峰值，而后下降并保持相对稳定；而对于半腱肌，肌红蛋白含量随体重增加不断提高，而且，相同体重下半腱肌的肌红蛋白含量均显著高于背最长肌。肌红蛋白含量与肉色的相关性分析（表 5-8）可见：肌红蛋白与 *L* 值存在较强的负相关，*L* 值与 *a* 值呈一定负相关，而与 *b* 值均呈一定正相关。

表 5-7　不同体重荣昌猪肌肉颜色的发育性变化

猪体重（kg）	比色卡肉色评分（分）	色差计记分			肌红蛋白含量（mg/g）	
		L 值	*a* 值	*b* 值	背最长肌	半腱肌
10	3.50	48.9^{a}	12.1^{d}	7.04^{a}	0.96^{c}	1.71^{d}

（续）

猪体重（kg）	比色卡肉色评分（分）	色差计记分			肌红蛋白含量（mg/g）	
		L 值	*a* 值	*b* 值	背最长肌	半腱肌
20	3.75	42.7[bc]	14.4[c]	6.62[a]	1.31[a]	1.81[d]
35	3.71	43.6[b]	17.1[b]	5.56[c]	1.12[b]	2.63[c]
50	3.54	43.2[bc]	16.7[b]	5.75[bc]	1.14[b]	2.91[bc]
80	3.67	41.6[c]	16.7[b]	5.49[c]	1.14[b]	3.31[b]
100	3.50	42.5[bc]	18.3[a]	6.49[ab]	1.23[ab]	4.24[a]
集合标准误	0.12	0.61	0.40	0.27	0.05	0.17
P 值	0.502 7	<0.000 1	<0.000 1	0.000 3	0.001 5	<0.000 1

注：同列不同字母肩标者表示差异显著（$P<0.05$）。*L* 值是肉的亮度，*L* 越低，肉色越好；*a* 值是红度，红度越高，肉色越好；*b* 值是黄度，黄度越低，肉色越好。下表同。

表 5-8　荣昌猪肌肉的肌红蛋白与肉色的相关性分析

指标	肌红蛋白	肉色评分	*L* 值	*a* 值	*b* 值
肌红蛋白	1.000 0	0.481 3	−0.790 5**	0.471 3	−0.101 4
肉色评分		1.000 0	−0.467 4	0.044 9	−0.390 2
L 值			1.000 0	−0.796 1**	0.641 2*
a 值				1.000 0	−0.668 4*
b 值					1.000 0

注：*代表 $P<0.50$；**代表 $P<0.10$。

七、失水率

宰后取左侧胸腰接合处的背最长肌用以分析失水率（图 5-20）。荣昌猪猪肉的失水率随体重增加而下降，尤其是在 50～80kg 体重阶段下降最为明显，而后保持在较低水平。

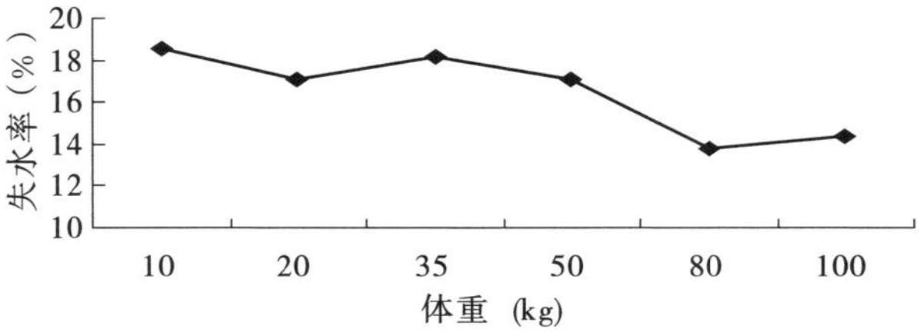

图 5-20　不同体重荣昌猪猪肉的失水率

八、硬度

荣昌猪不同体重阶段的肉块硬度值差异不是很明显，不同方向肌纤维的硬度差异性显著，硬度值最大的是横向肌纤维，其次切向肌纤维，最小的是纵向肌纤维（表 5-9）。横向肌纤维的硬度大对于承受外界机械压力、保护内部器官具有重大意义。在肌纤维纵向方向的硬度小，承受的压力小，肌肉容易压缩，肌肉容易收缩和舒张。肌纤维切向方向的硬度介于前两者之间，说明胴体的肌肉多为扁平状结构，肌肉块以扁平状附于胴体，是和胴体的圆筒状结构相适应的。

表 5-9　荣昌猪不同体重、部位和肌纤维方向新鲜肉的硬度（N/mm^2）

部位	肌纤维方向	体重（kg）			
		10	20	50	90
背最长肌前段	横向	712.21±364.48	410.82±170.92	349.70±58.90	271.20±84.90
	切向	370.52±231.70	278.85±148.60	229.47±90.18	206.73±60.73
	纵向	209.46±78.86	159.93±53.89	154.21±73.34	176.34±41.68
背最长肌后段	横向	822.80±665.05	715.97±309.93	508.52±137.10	588.88±191.24
	切向	356.89±229.18	348.69±180.72	295.05±45.58	351.23±230.51
	纵向	176.00±96.16	262.83±124.64	196.12±35.52	270.25±172.65
冈下肌	横向	548.43±227.93	563.85±144.04	931.25±233.19	468.60±148.79
	切向	260.26±39.70	296.71±96.97	331.01±84.36	354.96±85.45
	纵向	166.76±19.98	156.59±50.88	219.97±60.29	244.92±84.96
半腱肌	横向	1 335.25±678.31	664.31±214.10	1 110.21±331.32	787.03±180.28
	切向	1 009.76±464.75	295.77±68.21	356.84±148.24	523.06±164.44
	纵向	519.46±263.37	152.98±77.10	144.59±65.09	310.36±144.08
腹壁肌	横向	175.90±85.41	90.68±40.42	153.95±39.83	104.58±49.02
	切向	104.17±40.94	62.80±24.33	110.97±17.97	78.35±28.25
	纵向	64.39±27.36	49.26±21.63	90.35±3.68	57.47±15.42

九、黏着性

荣昌猪猪肉不同肌纤维方向的黏着性差异性不显著（表 5-10）。黏着性与肌纤维的方向分布走向无关，各个方向的黏合不需区分肌纤维方向。黏着性大小理论上是反映肉的黏结力大小，理论值是负值，绝对值越大，黏着性越高。

表 5-10　荣昌猪不同体重、部位和肌纤维方向新鲜肉的黏着性（g·s）

部位	肌纤维方向	体重（kg）			
		10	20	50	90
背最长肌前段	横向	−43.56±16.55	−60.44±23.16	−44.10±27.76	−37.58±10.59
	切向	−28.91±16.05	−57.27±14.21	−35.62±30.73	−31.17±12.26
	纵向	−25.05±8.74	−33.94±20.50	−57.55±55.01	−26.53±20.12
背最长肌后段	横向	−28.48±6.16	−85.18±39.87	−69.60±48.30	−67.86±16.09
	切向	−39.41±14.56	−55.64±40.55	−51.01±20.72	−38.79±15.22
	纵向	−23.42±11.64	−28.64±6.43	−44.50±17.87	−54.83±36.79
冈下肌	横向	−43.07±21.43	−65.96±46.03	−70.80±43.90	−59.37±25.41
	切向	−34.80±18.67	−62.02±32.78	−41.55±25.49	−46.46±11.59
	纵向	−23.77±17.76	−51.40±32.83	−50.36±21.36	−34.21±19.49
半腱肌	横向	−48.97±3.44	−84.59±28.21	−81.02±16.78	−64.28±9.80
	切向	−28.38±15.46	−48.47±28.61	−67.76±33.78	−60.97±13.18
	纵向	−34.51±15.51	−43.11±22.39	−34.91±12.59	−70.95±13.19
腹壁肌	横向	−48.65±6.61	−52.88±30.38	−122.41±39.59	−26.24±16.71
	切向	−33.07±25.85	−53.03±12.01	−69.12±27.43	−16.20±3.41
	纵向	−17.50±11.01	−36.71±20.40	−67.30±30.43	−6.07±4.74

十、弹性

荣昌猪背最长肌前段、背最长肌后段、冈下肌和半腱肌四个部位肌肉的弹性在不同体重之间、不同肌纤维方向之间差异均不显著。不同体重荣昌猪腹壁肌的弹性存在显著性差异，从弹性大小的排序上看 90kg 体重时最小，腹壁肌里含有大量的脂肪，推测肌肉弹性大小与脂肪含量多少有关。荣昌猪腹壁肌的弹性在不同体重、不同肌纤维方向之间均存在显著性差异，腹壁肌横向肌纤维的弹性最大，纵向肌纤维弹性最小（表 5-11）。

表 5-11　荣昌猪不同体重、部位和肌纤维方向新鲜肉的弹性（%）

部位	肌纤维方向	体重（kg）			
		10	20	50	90
背最长肌前段	横向	72.20±2.93	67.78±5.30	64.40±16.28	73.08±9.11
	切向	65.10±6.27	73.20±7.55	65.15±11.73	66.68±5.81
	纵向	64.85±8.72	59.90±8.98	60.55±15.23	68.30±3.47

（续）

部位	肌纤维方向	体重（kg）			
		10	20	50	90
背最长肌后段	横向	69.63±9.31	74.45±11.11	66.75±9.03	72.28±3.25
	切向	69.13±6.85	65.25±12.94	67.33±13.01	67.03±8.26
	纵向	72.53±17.45	68.70±11.11	74.98±7.57	68.05±8.04
冈下肌	横向	71.38±3.07	66.85±11.34	74.20±8.15	76.25±6.05
	切向	68.05±3.47	70.38±6.15	73.73±5.85	76.65±2.76
	纵向	63.48±12.21	72.75±15.12	74.23±9.37	74.18±7.22
半腱肌	横向	74.35±1.53	80.30±2.97	70.48±6.03	67.83±6.62
	切向	68.15±4.65	74.20±10.29	71.45±7.09	74.80±5.89
	纵向	68.35±7.84	81.00±8.06	77.03±3.11	69.25±6.54
腹壁肌	横向	73.75±6.90	71.78±14.81	76.15±11.49	63.68±12.57
	切向	68.33±5.85	75.20±8.66	74.13±5.53	56.53±6.06
	纵向	64.55±6.85	68.68±13.67	68.53±10.54	48.18±14.18

十一、凝聚性

荣昌猪背最长肌前段、背最长肌后段、冈下肌和半腱肌四个部位肌肉的凝聚性在不同体重之间、不同肌纤维方向之间差异均不显著。荣昌猪腹壁肌的凝聚性与体重相关，50kg 体重以下腹壁肌肉质凝聚性高，90kg 体重较低。腹壁肌不同方向肌纤维凝聚性存在着显著性差异，腹壁肌横向肌纤维的凝聚性最大，纵向肌纤维的凝聚性最小（表 5-12）。

表 5-12　荣昌猪不同体重、部位和肌纤维方向新鲜肉的凝聚性（%）

部位	肌纤维方向	体重（kg）			
		10	20	50	90
背最长肌前段	横向	59.60±7.54	50.18±0.80	49.03±13.75	59.55±6.87
	切向	58.80±7.97	56.10±7.22	52.48±4.52	57.55±3.50
	纵向	58.85±7.98	39.25±8.95	44.80±17.22	49.88±5.23
背最长肌后段	横向	57.38±6.40	56.43±6.84	50.50±5.72	53.48±1.43
	切向	60.83±7.46	55.93±14.71	54.98±15.45	58.88±5.87
	纵向	58.68±14.67	58.95±7.16	59.40±6.79	51.93±9.59

（续）

部位	肌纤维方向	体重（kg）			
		10	20	50	90
冈下肌	横向	59.03±5.91	61.00±5.68	55.45±16.32	64.43±2.92
	切向	58.98±3.52	61.68±5.82	59.30±6.25	63.48±3.68
	纵向	53.55±20.09	60.63±8.33	60.60±5.06	67.03±3.46
半腱肌	横向	56.30±4.78	62.25±1.72	50.58±12.61	54.30±7.81
	切向	52.58±5.60	56.90±11.12	57.28±4.41	60.30±3.52
	纵向	55.98±8.45	65.90±3.88	65.63±6.78	58.00±9.04
腹壁肌	横向	62.25±5.04	63.28±7.06	58.70±13.46	51.83±8.96
	切向	61.80±7.53	61.93±7.06	53.88±7.68	51.90±6.29
	纵向	57.15±6.48	58.70±13.84	45.18±8.51	45.03±10.88

十二、恢复力

荣昌猪不同体重、不同肉块和不同肌纤维方向的肉样恢复力见表5-13。荣昌猪不同体重、不同部位恢复力存在显著性或极显著性差异。恢复力最小的是腹壁肌，最大的是半腱肌、冈下肌。说明脂肪含量越多的肉块（腹壁肌）恢复力越差，红肌肉（半腱肌、冈下肌）的恢复力最好，白肌肉（背最长肌）的恢复力次之。不同方向肌纤维之间的恢复力存在着显著性差异，横向肌纤维的恢复力最大，切向肌纤维次之，纵向肌纤维最小。

表5-13 荣昌猪不同体重、部位和肌纤维方向新鲜肉的恢复力（%）

部位	肌纤维方向	体重（kg）			
		10	20	50	90
背最长肌前段	横向	28.23±8.03	18.88±3.79	17.70±6.44	22.05±5.07
	切向	23.98±7.23	17.70±3.35	17.68±5.14	20.30±3.83
	纵向	22.00±3.32	13.23±4.34	11.88±2.16	19.60±3.31
背最长肌后段	横向	28.50±4.58	23.18±4.62	21.78±3.35	24.35±2.48
	切向	23.80±6.05	19.95±3.61	19.08±4.00	25.40±7.77
	纵向	24.40±6.62	21.80±6.44	19.98±3.10	19.10±5.34
冈下肌	横向	30.13±10.05	26.78±2.87	27.45±2.33	29.05±5.11
	切向	27.28±5.61	22.43±1.48	19.95±2.97	27.95±1.69
	纵向	26.28±4.81	17.73±2.68	18.93±3.32	25.38±5.70

（续）

部位	肌纤维方向	体重（kg）			
		10	20	50	90
半腱肌	横向	31.50±2.45	27.53±2.56	27.38±6.80	28.85±5.27
	切向	31.50±2.86	23.20±6.03	19.30±4.95	29.10±3.38
	纵向	25.98±6.25	22.38±4.62	20.13±6.94	24.78±7.15
腹壁肌	横向	23.60±3.72	14.25±3.63	8.78±2.71	13.08±3.87
	切向	23.30±5.33	12.43±3.85	10.20±5.93	13.15±2.11
	纵向	23.40±6.86	12.13±5.98	7.75±4.26	11.25±4.08

第五节　宰后肉品质变化规律

国家科技支撑计划《荣昌猪品种资源开发关键技术研究与产业化示范》项目中，李洪军等对室温储存条件下荣昌猪宰后猪肉品质随时间增加而发生的变化规律、冷冻对荣昌猪猪肉品质的影响进行了研究，概述如下：

一、屠宰后猪肉品质的变化规律

猪屠宰后，在自然存放条件下，猪肉出现由新鲜──→尸僵──→自溶──→轻度腐败──→重度腐败的变化。荣昌猪屠宰后取背最长肌前段、背最长肌后段、冈下肌、半腱肌和腹壁肌在15～20℃条件下保存，分别在0h、19h、40h、63h、87h取样，先后5次测定硬度、黏着性、弹性、凝聚性和恢复力，研究其变化规律。

（一）硬度的变化

随着保存时间的延长，荣昌猪肉的硬度变化总趋势是下降（图5-21至图5-25）。5个部位肉质从新鲜到腐败的过程中，以横向肌纤维的硬度下降最大，切向肌纤维次之，纵向肌纤维变化不大。新鲜肉3个不同肌纤维方向的硬度值相差较大，到87h肉硬度值相差较小。

将不同肌纤维方向的3个硬度值平均，以不同新鲜度为横坐标，硬度为纵坐标，作5个部位肉块的硬度值综合描述图（图5-26）。图5-26表明半腱肌的硬度值在19h最高，说明肉块正好处于尸僵状态，硬度值达到最大。冈下肌的硬度值在40h最大，表明冈下肌的腐败要推后一些，即冈下肌不容易腐败。背最长肌前段和后段硬度值都低于半腱肌和冈下肌，且均处于下降趋势，表明背最长肌（白肌肉）不发生尸僵。腹壁肌无论是新鲜、陈旧，还是腐败，其硬度值变化不大。

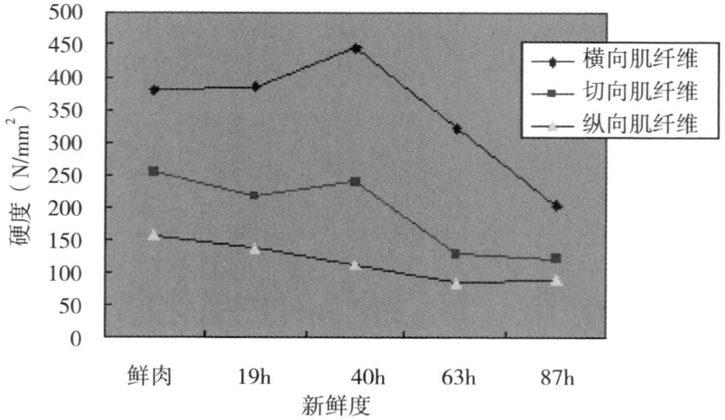

图 5-21　不同新鲜度的背最长肌前段硬度

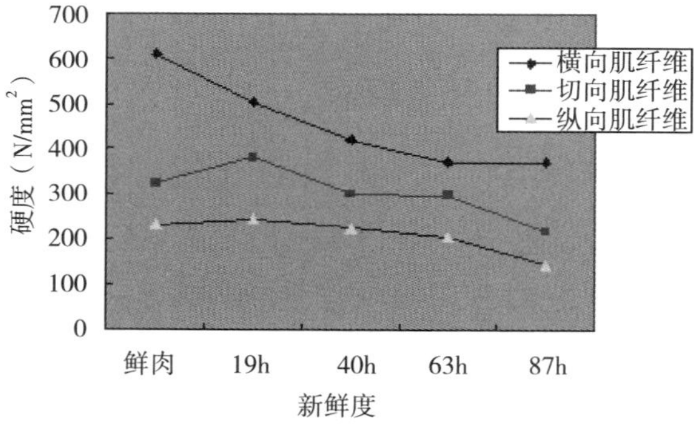

图 5-22　不同新鲜度的背最长肌后段硬度

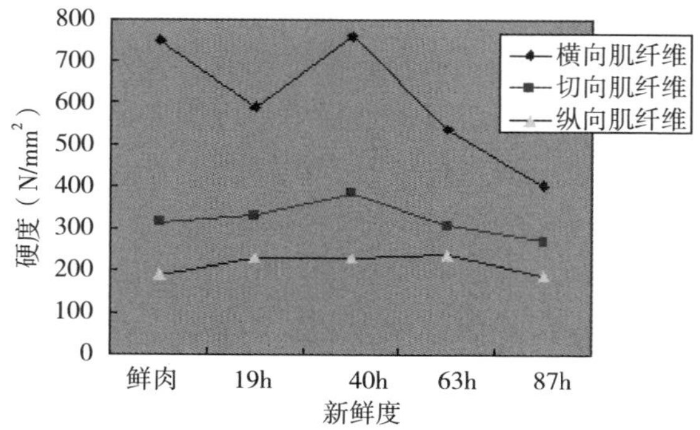

图 5-23　不同新鲜度的冈下肌硬度

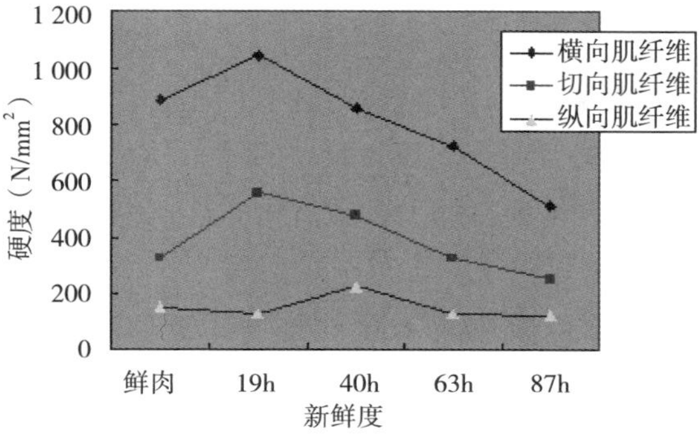

图 5-24　不同新鲜度的半腱肌硬度

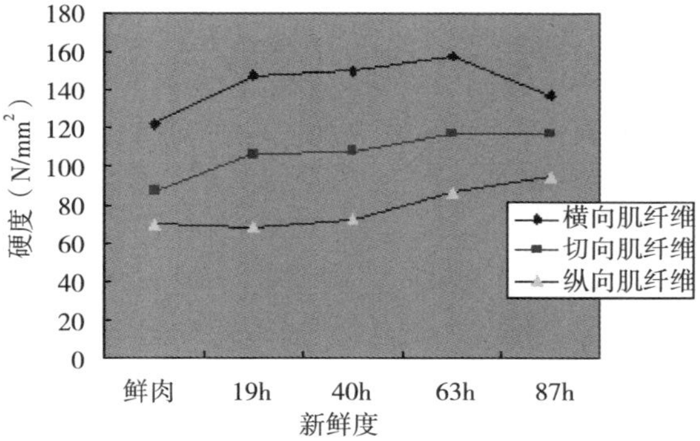

图 5-25　不同新鲜度的腹壁肌硬度

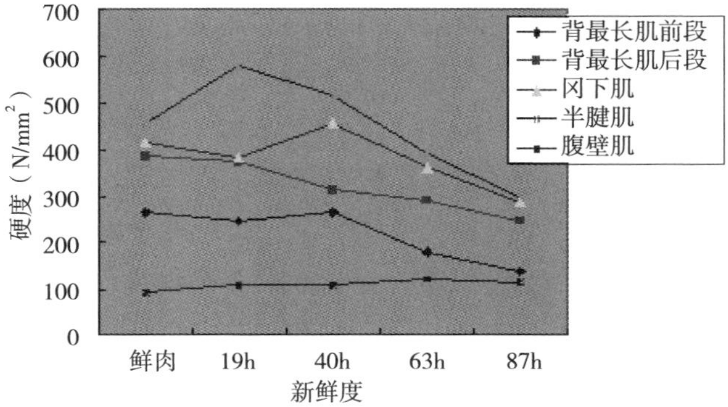

图 5-26　不同新鲜度的不同部位肉块硬度

总的来看，荣昌猪肉块的硬度值与其部位有关，也与肉的新鲜程度有关，发生尸僵时硬度值变得最大。

（二）黏着性的变化

荣昌猪5个部位猪肉的黏着性有相似的变化规律，新鲜肉的黏着性比较大，保存19h时肉的黏着性变小，40h时肉的黏着性最小，63h时肉的黏着性又变大，87h时肉的黏着性明显加大，荣昌猪肉从新鲜到腐败过程的黏着性曲线变化特征呈倒U形曲线（图5-27至图5-31）。

图5-32是将每个部位肉块的不同方向肌纤维黏着性值求和平均后，得到的5个部位肉块不同新鲜度的黏着性。从图5-32中明显地看出，新鲜状态下5个部位肉块的黏着性相差不大（曲线的起始点数据相差不大）；在87h时肉黏着性相差较大，黏着性增加最大的是半腱肌，最小的是背最长肌后段。

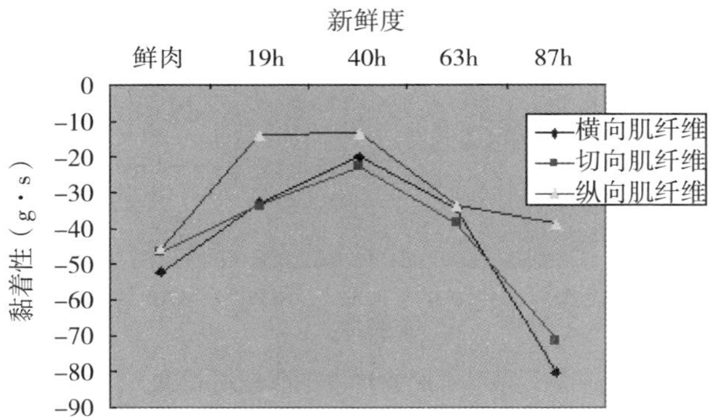

图5-27　不同新鲜度的背最长肌前段黏着性

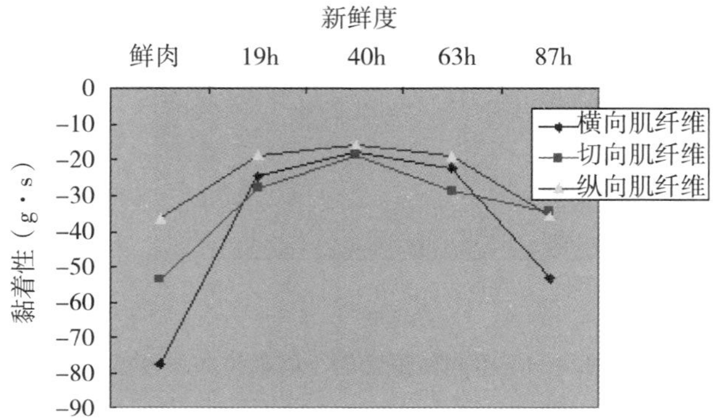

图5-28　不同新鲜度的背最长肌后段黏着性

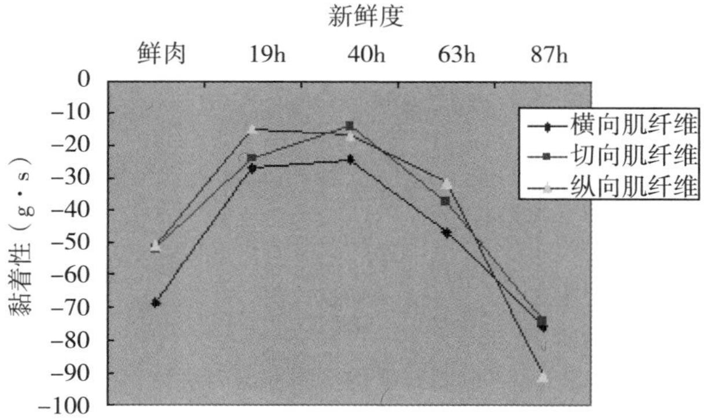

图 5-29　不同新鲜度的冈下肌黏着性

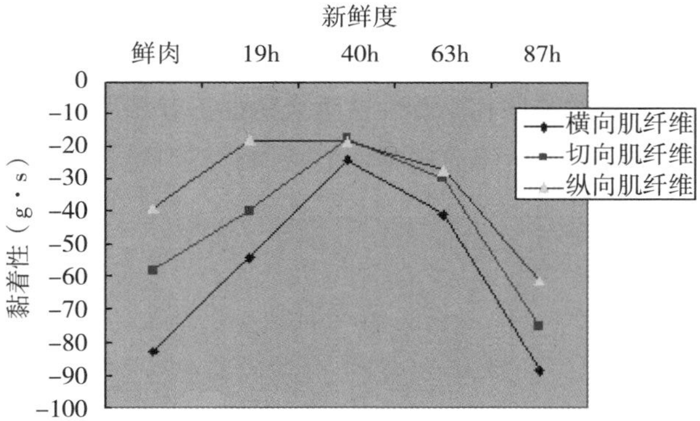

图 5-30　不同新鲜度的半腱肌黏着性

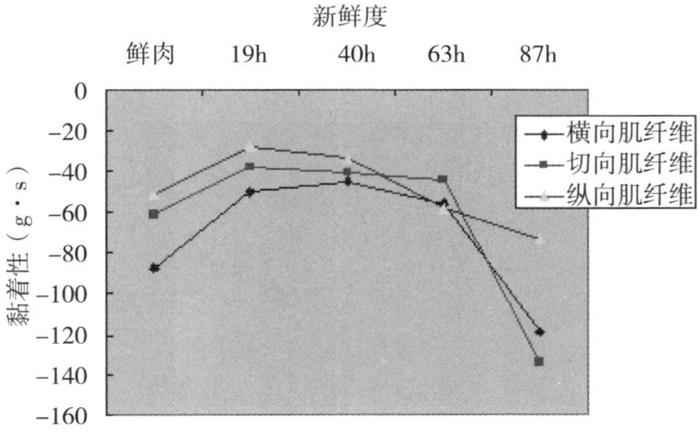

图 5-31　不同新鲜度的腹壁肌黏着性

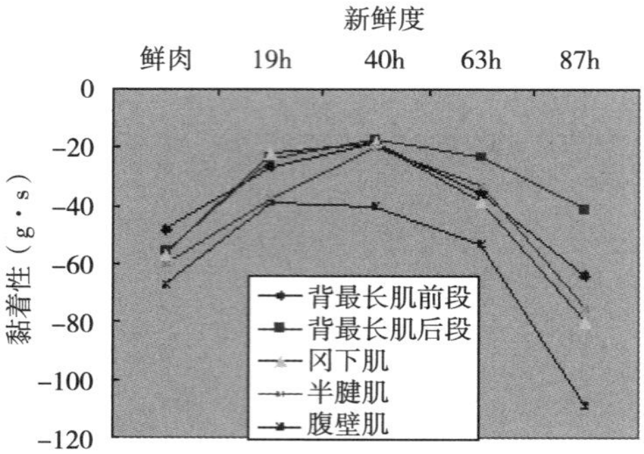

图 5-32　不同新鲜度的不同部位肉块黏着性

（三）弹性的变化

荣昌猪 5 个部位肉的弹性有相似的变化规律，新鲜肉的弹性最大，弹性变化趋势是从新鲜状态开始下降，40h 时肉的弹性最小，以后上升，呈现一个“︶”形（图 5-33 至图 5-37）。肉的弹性和黏着性这两个特性正好相反，弹性大的黏着性绝对值就小。图 5-38 是不同肌纤维方向弹性值平均后得到的 5 个部位肉块不同新鲜

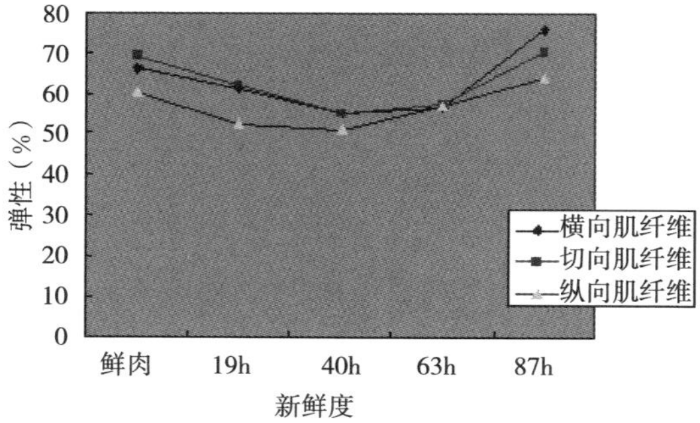

图 5-33　不同新鲜度的背最长肌前段弹性

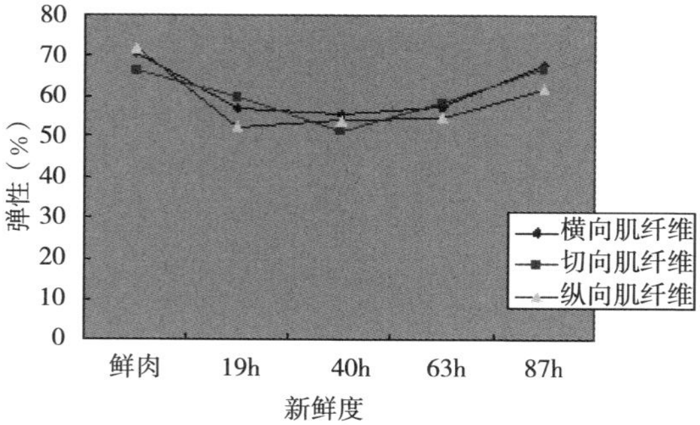

图 5-34　不同新鲜度的背最长肌后段弹性

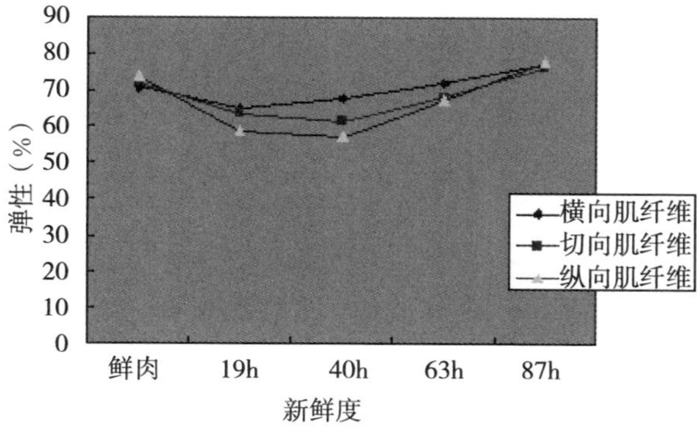

图 5-35　不同新鲜度的冈下肌弹性

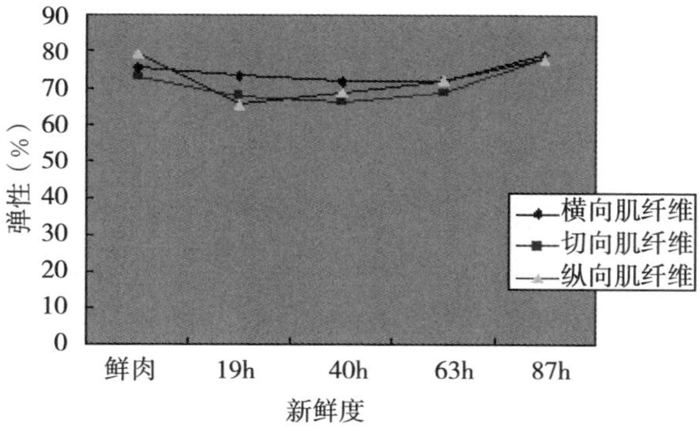

图 5-36　不同新鲜度的半腱肌弹性

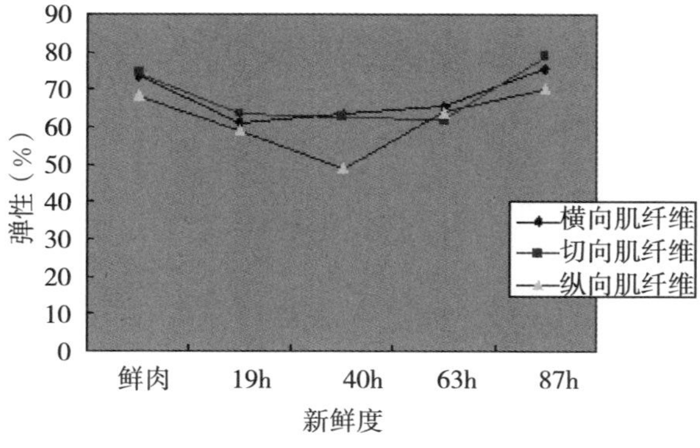

图 5-37　不同新鲜度的腹壁肌弹性

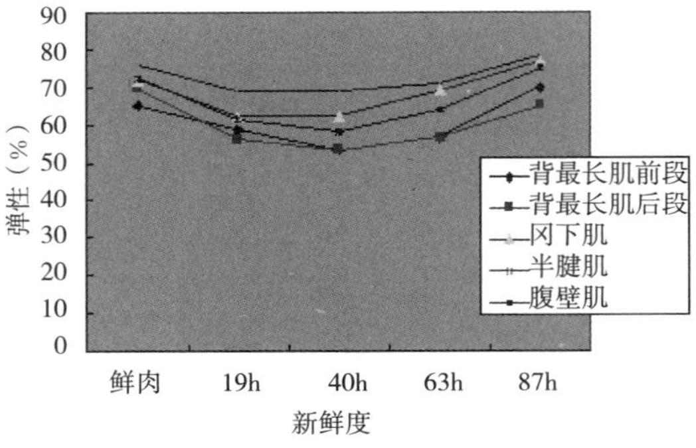

图 5-38　不同新鲜度的不同部位肉块弹性

度的弹性，从图 5-38 中可以明显地看出，不同部位肉块的弹性变化趋势相近似。

（四）凝聚性的变化

荣昌猪 5 个部位、3 种肌纤维方向肉的凝聚性与肉的新鲜度关系不大，基本上都处在同一个水平上（图 5-39 至图 5-43）。图 5-44 是将每个部位不同肌

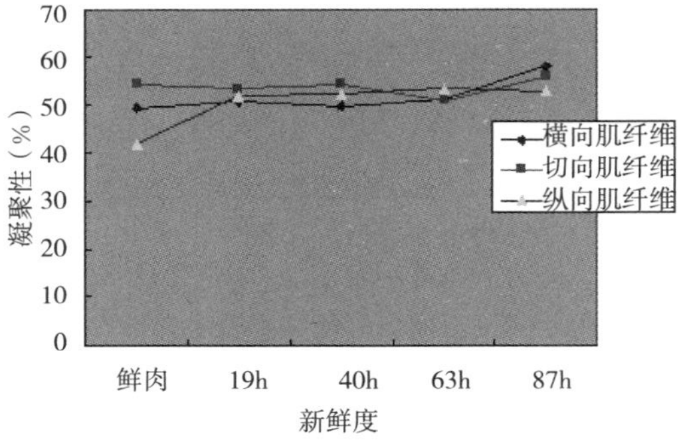

图 5-39　不同新鲜度的背最长肌前段凝聚性

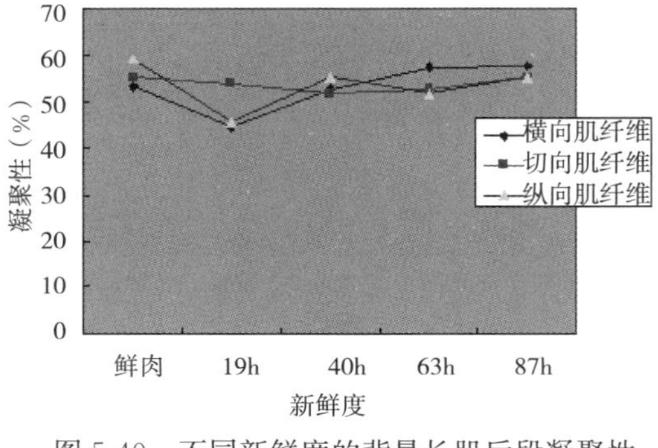

图 5-40　不同新鲜度的背最长肌后段凝聚性

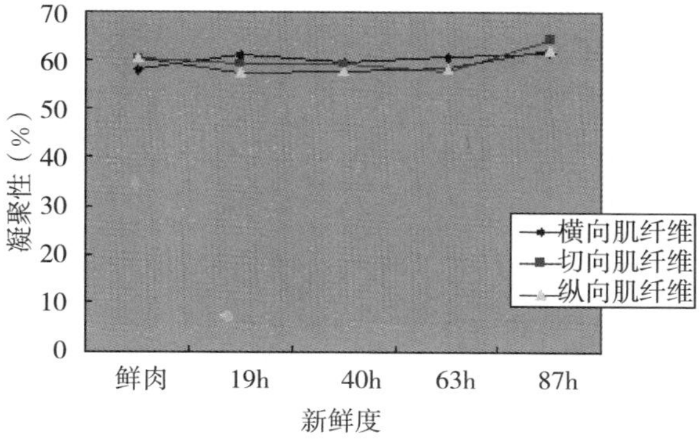

图 5-41　不同新鲜度的冈下肌凝聚性

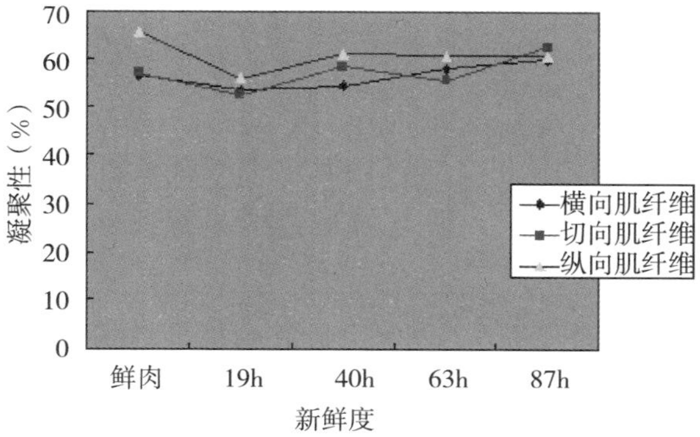

图 5-42　不同新鲜度的半腱肌凝聚性

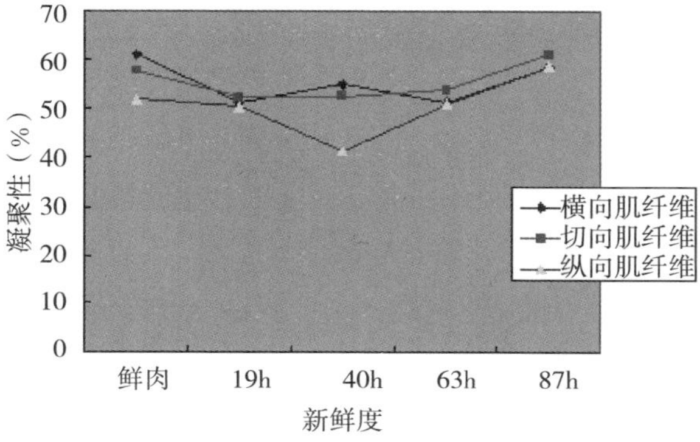

图 5-43　不同新鲜度的腹壁肌凝聚性

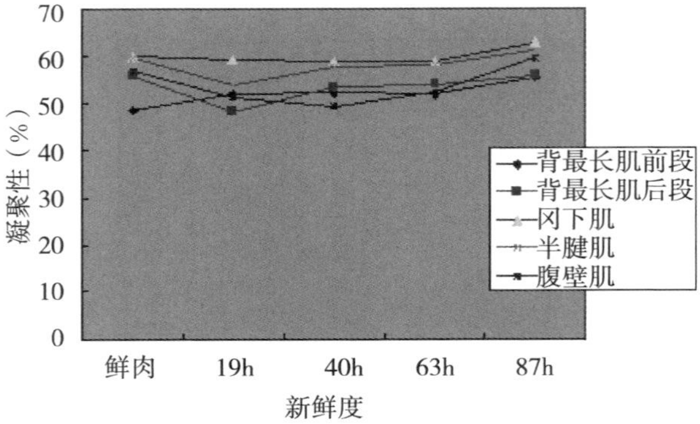

图 5-44　不同新鲜度的不同部位肉块凝聚性

纤维方向凝聚性值求和平均后得到的 5 个部位肉块不同新鲜度的凝聚性。从图 5-44 中可以明显地看出，5 个部位凝聚性变化趋势也不大。

（五）恢复力的变化

荣昌猪 5 个部位的肉块的 3 种方向肌纤维的恢复力变化是横向肌纤维恢复力最好，切向肌纤维次之，恢复力最差的是纵向肌纤维（图 5-45 至图 5-49）。

从不同部位来看（图 5-50），恢复力最好的是半腱肌和冈下肌（红肌肉），其次是背最长肌（白肌肉），最差的是腹壁肌。

从不同新鲜度来看，肉在新鲜状态下恢复力最好，随着新鲜度下降，恢复力也随之下降。

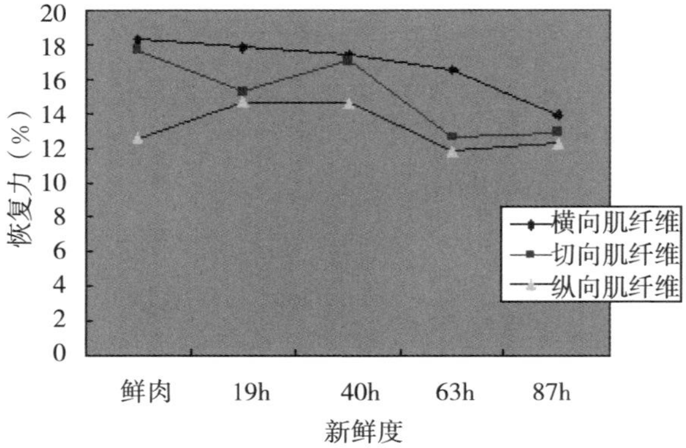

图 5-45　不同新鲜度的背最长肌前段恢复力

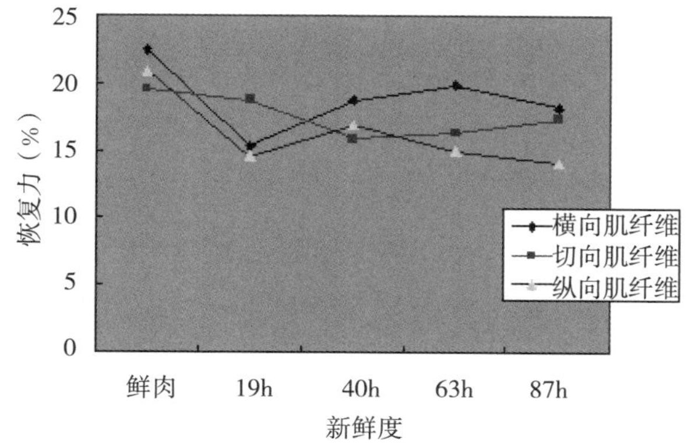

图 5-46　不同新鲜度的背最长肌后段恢复力

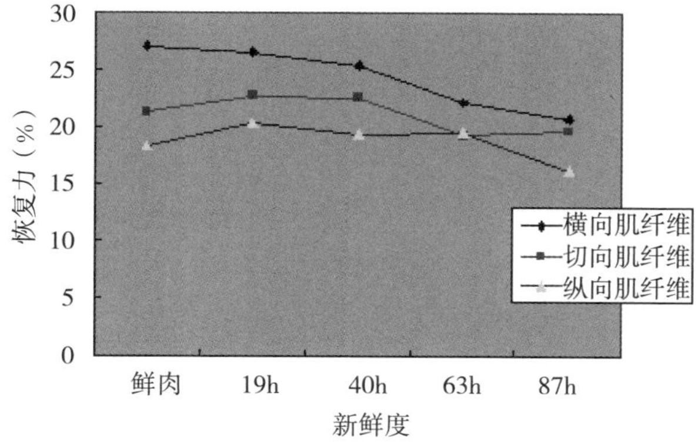

图 5-47　不同新鲜度的冈下肌恢复力

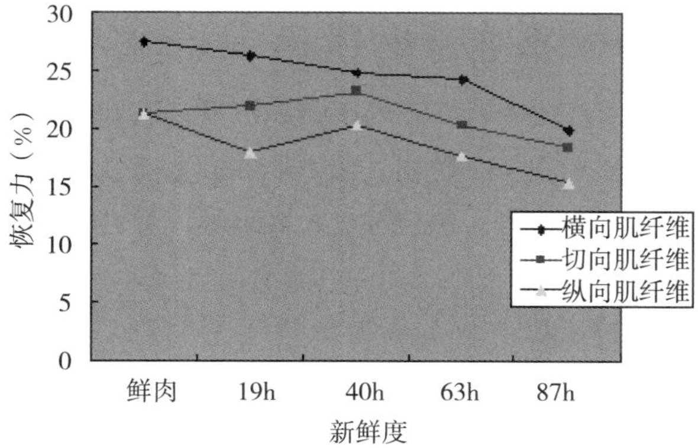

图 5-48　不同新鲜度的半腱肌恢复力

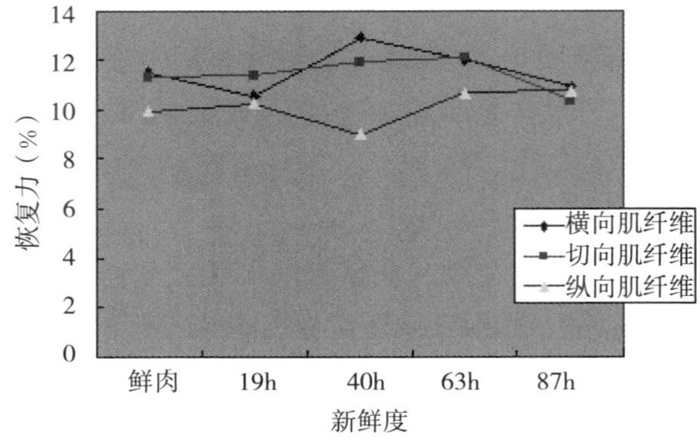

图 5-49　不同新鲜度的腹壁肌恢复力

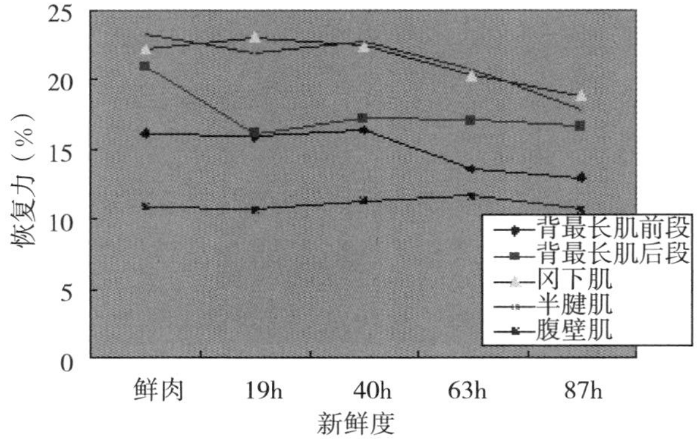

图 5-50　不同新鲜度的不同部位肉块恢复力

二、冷冻对荣昌猪肉品质的影响

荣昌猪分别在 10kg、20kg、50kg、80kg、90kg 和 100kg 体重屠宰，取背最长肌前段、背最长肌后段、半腱肌、冈下肌和腹壁肌 5 个部位猪肉，取新鲜肉样，制备冷冻、解冻后肉样，测定硬度、黏着性、弹性、凝聚性和恢复力指标（由于受试验限制，80kg、90kg 和 100kg 体重屠宰时所取肉样不能同时满足新鲜肉和冷冻肉测定需要，因此新鲜肉测定了 10kg、20kg、50kg 和 90kg 体重 4 个阶段的指标，解冻肉测定了 10kg、20kg、50kg、80kg 和 100kg 体重 5 个阶段的指标），以了解冷冻前后这些指标的变化规律，探讨冷冻对荣昌猪肉品质的影响。

（一）冷冻对荣昌猪肉硬度的影响

1. 新鲜肉的硬度　新鲜肉不同方向肌纤维的硬度值排序是横向肌纤维＞切向肌纤维＞纵向肌纤维；不同部位肉块的硬度值从小到大的排序是半腱肌＞冈下肌＞背最长肌后段＞背最长肌前段＞腹壁肌；不同体重猪肉的硬度值的排序是 10kg＞20kg＞50kg＞90kg（图 5-51 至图 5-55）。

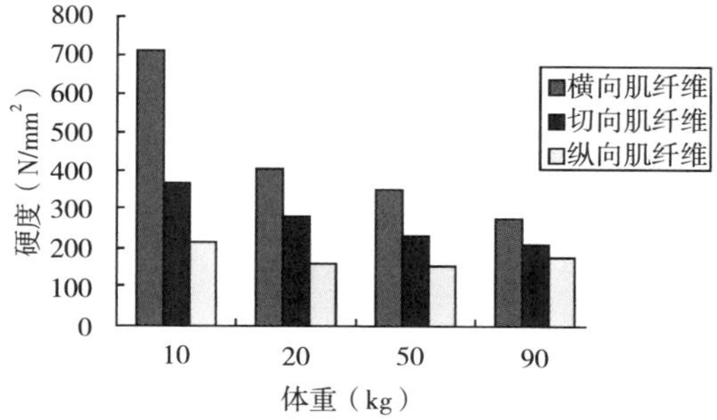

图 5-51　不同体重猪新鲜肉背最长肌前段硬度

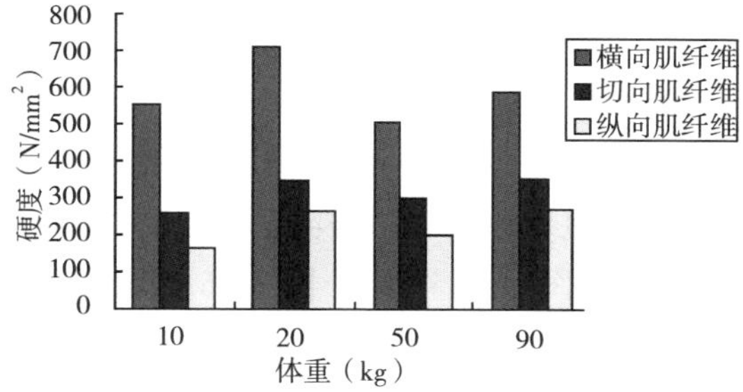

图 5-52　不同体重猪新鲜肉背最长肌后段硬度

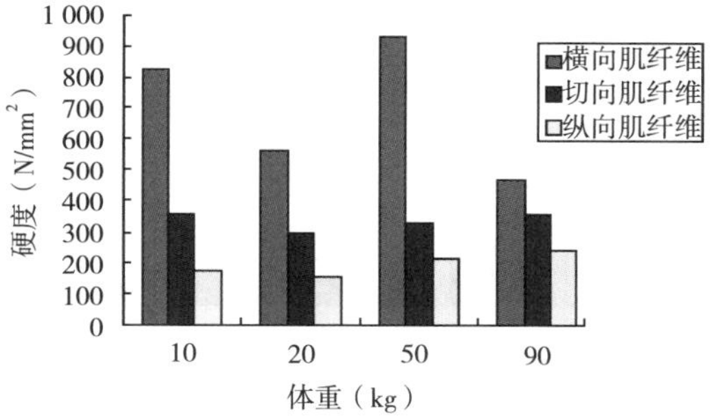

图 5-53　不同体重猪新鲜肉冈下肌硬度

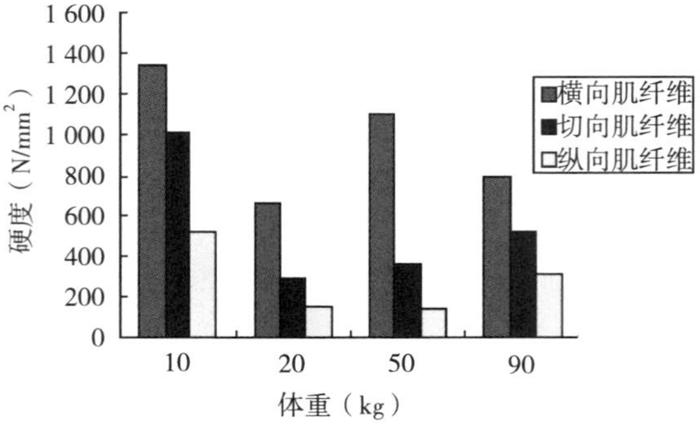

图 5-54　不同体重猪新鲜肉半腱肌硬度

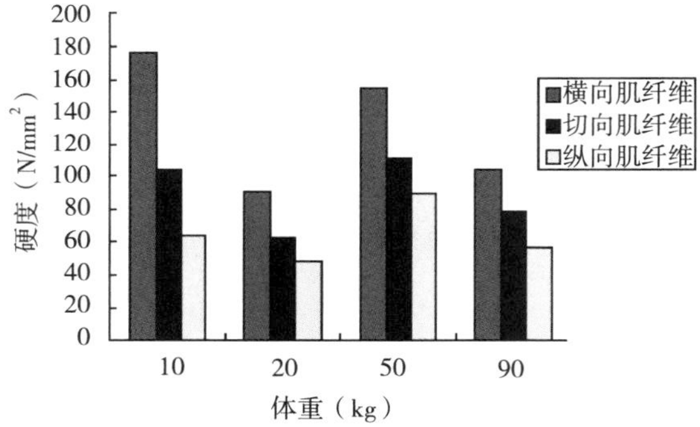

图 5-55　不同体重猪新鲜肉腹壁肌硬度

将不同方向肌纤维的硬度值平均，以体重为横坐标、硬度为纵坐标、作不同部位肉块的综合柱形分析图（图 5-56）。图 5-56 表明红肌肉（半腱肌和冈下肌）的硬度最大，其次是白肌肉（背最长肌），最小的是腹壁肌。

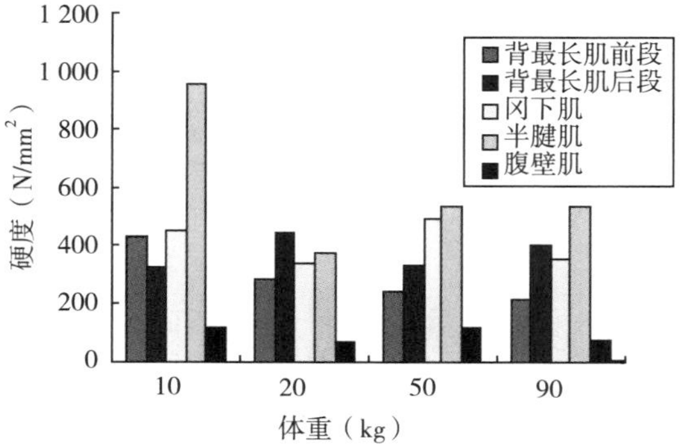

图 5-56　不同体重猪新鲜肉不同部位肉块硬度

2. 解冻肉的硬度　解冻肉不同方向肌纤维的硬度值排序与新鲜肉一样，从大到小的排序是横向肌纤维>切向肌纤维>纵向肌纤维；不同部位解冻肉硬度值从大到小的排序是半腱肌>冈下肌>背最长肌后段>背最长肌前段>腹壁肌，也与新鲜肉的结果相一致；不同体重解冻肉的硬度值排序是80kg>10kg>50kg>20kg>100kg（图 5-57 至图 5-62）。

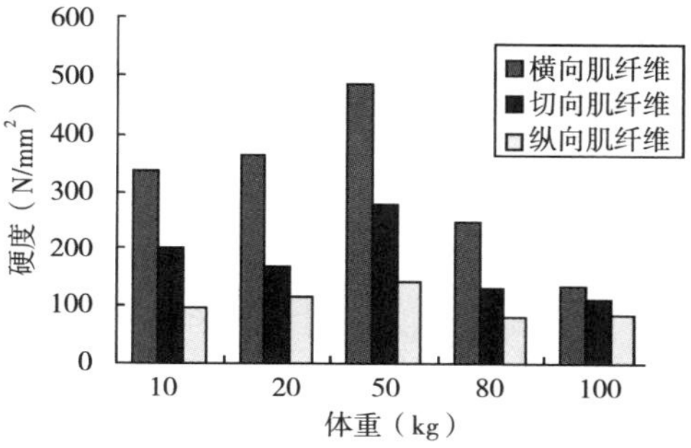

图 5-57　不同体重猪背最长肌前段解冻肉的硬度

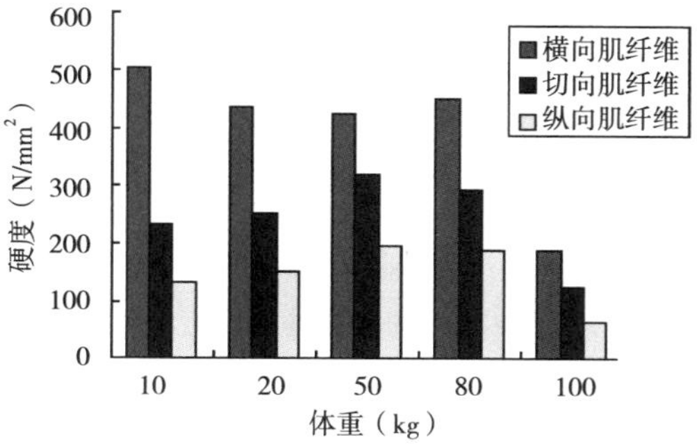

图 5-58　不同体重猪背最长肌后段解冻肉的硬度

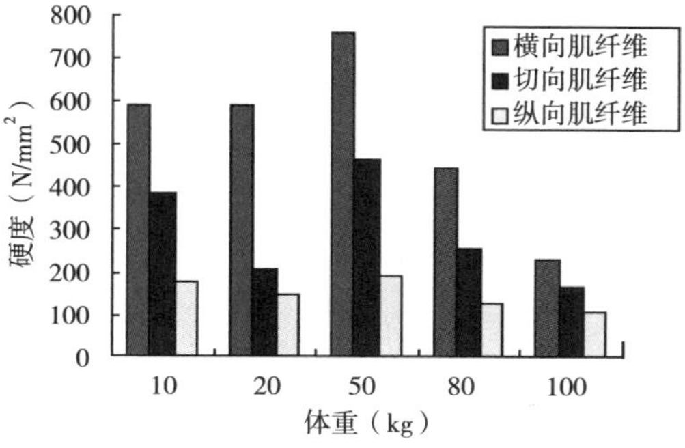

图 5-59　不同体重猪冈下肌解冻肉的硬度

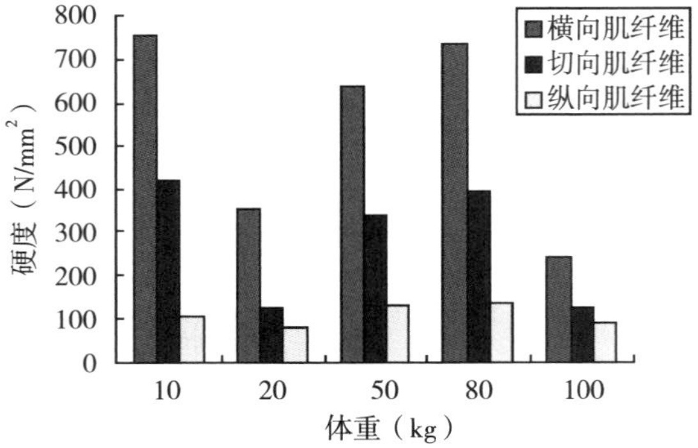

图 5-60　不同体重猪半腱肌解冻肉的硬度

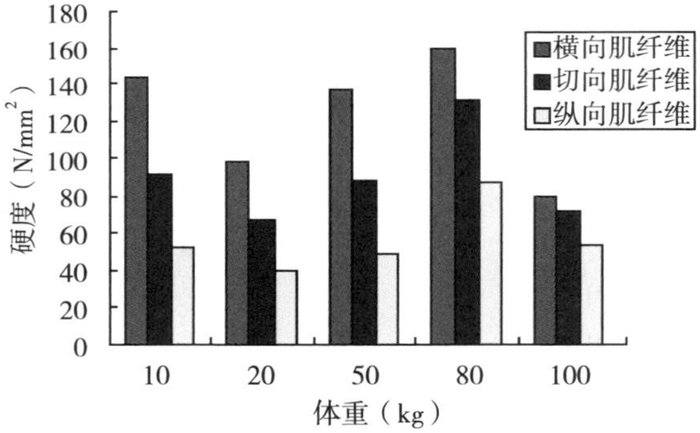

图 5-61　不同体重猪腹壁肌解冻肉的硬度

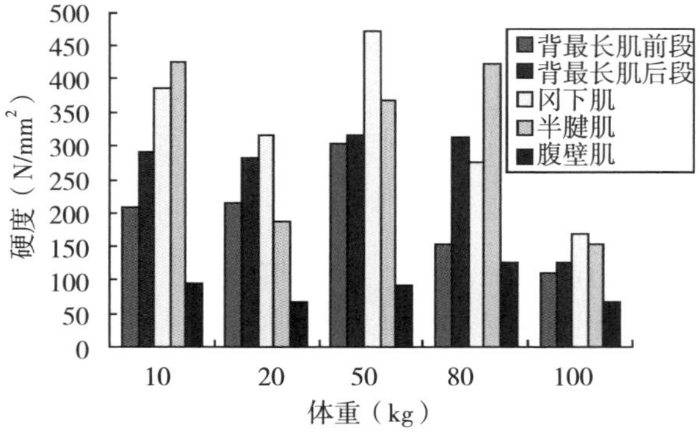

图 5-62　不同体重猪不同部位肉块解冻肉的硬度

与新鲜肉相比较，解冻肉硬度值要比新鲜肉低得多，新鲜肉10kg体重猪的半腱肌硬度值达1 335.25 N/mm²，解冻肉80kg体重猪半腱肌是734.09N/mm²，最低值都是腹壁肌的硬度值，说明肉冻结解冻以后硬度值会下降很多。

（二）冷冻对荣昌猪肉黏着性的影响

1. 新鲜肉的黏着性　新鲜肉横向肌纤维的黏着性绝对值最大，切向肌纤维和纵向肌纤维的数值显得凌乱；从数据上看，不同体重黏着性绝对值排序是50kg＞20kg＞90kg＞10kg；但整体上看，大猪阶段要高于小猪阶段（图5-63至图5-68）。

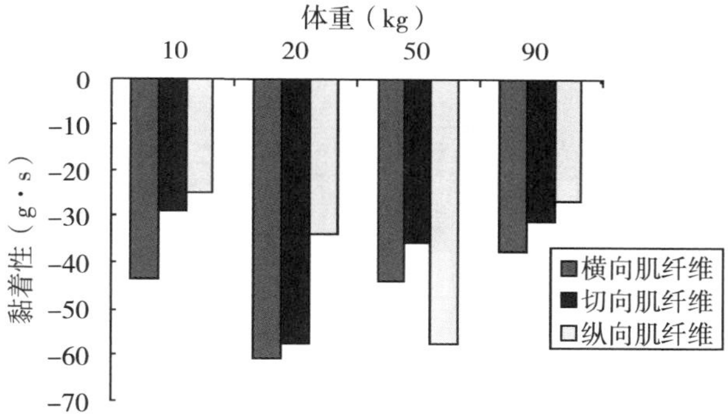

图5-63　不同体重猪新鲜肉背最长肌前段的黏着性

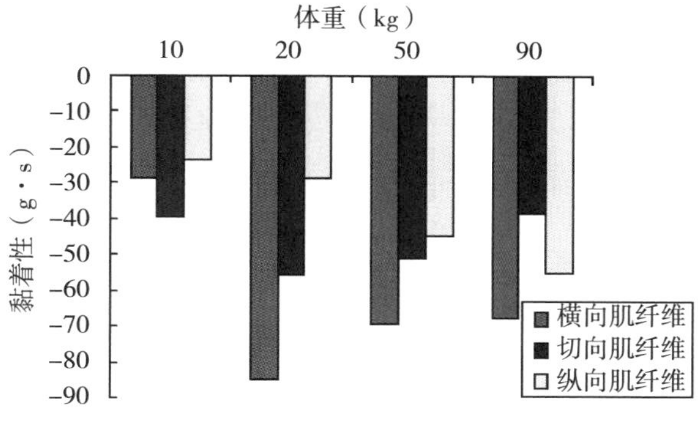

图5-64　不同体重猪新鲜肉背最长肌后段的黏着性

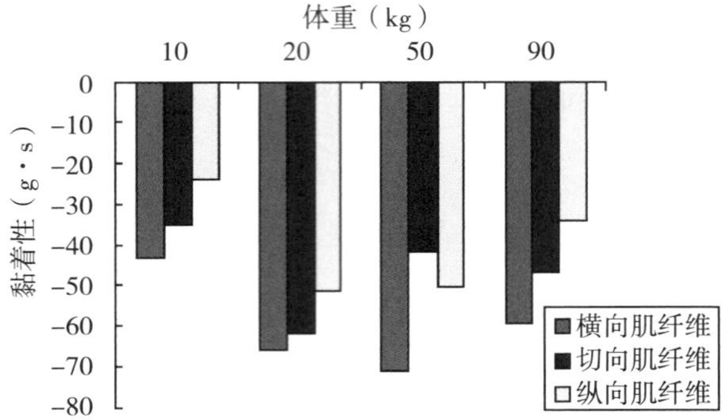

图 5-65　不同体重猪新鲜肉冈下肌的黏着性

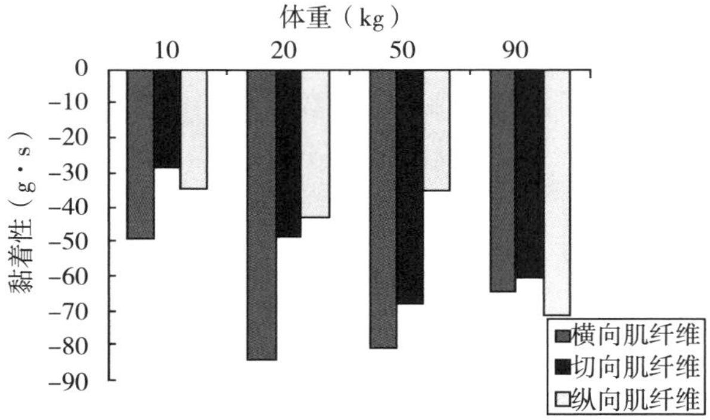

图 5-66　不同体重猪新鲜肉半腱肌的黏着性

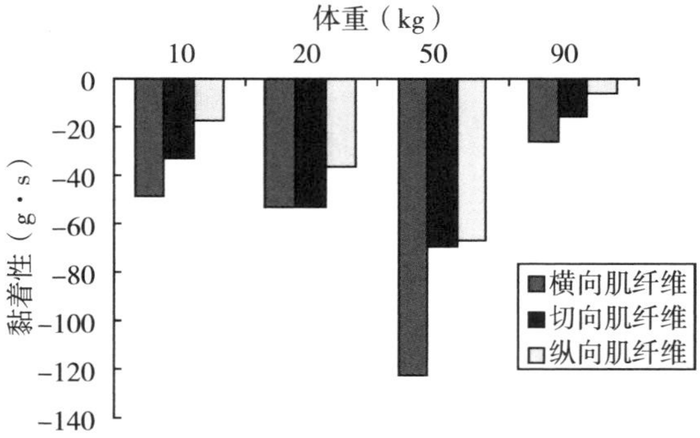

图 5-67　不同体重猪新鲜肉腹壁肌的黏着性

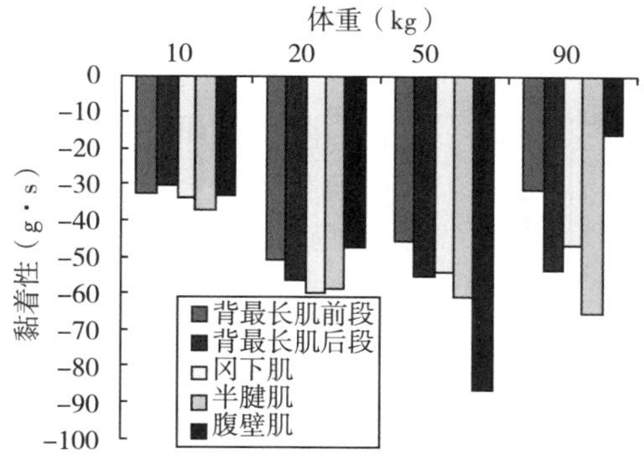

图 5-68　不同体重猪不同部位新鲜肉的黏着性

2. 解冻肉的黏着性　解冻肉不同肌纤维方向的黏着性绝对值排序是横向肌纤维>切向肌纤维>纵向肌纤维；不同体重的黏着性绝对值的排序是 10kg<20kg<50kg<80kg<100kg；不同部位肉质的黏着性绝对值从小到大的排序是背最长肌前段<背最长肌后段<冈下肌<半腱肌<腹壁肌（图 5-69 至图 5-74）。

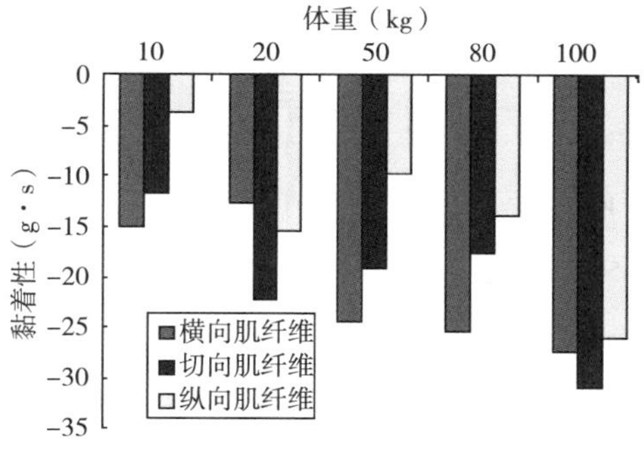

图 5-69　不同体重猪背最长肌前段解冻肉的黏着性

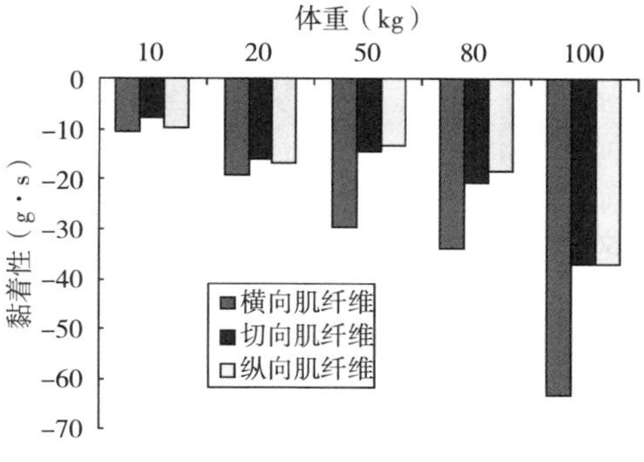

图 5-70　不同体重猪背最长肌后段解冻肉的黏着性

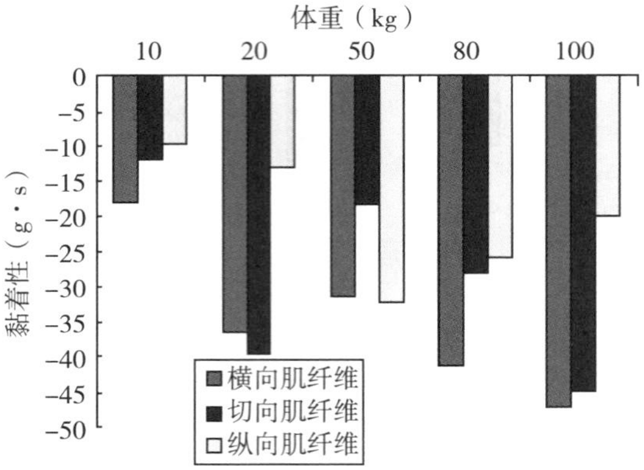

图 5-71　不同体重猪冈下肌解冻肉的黏着性

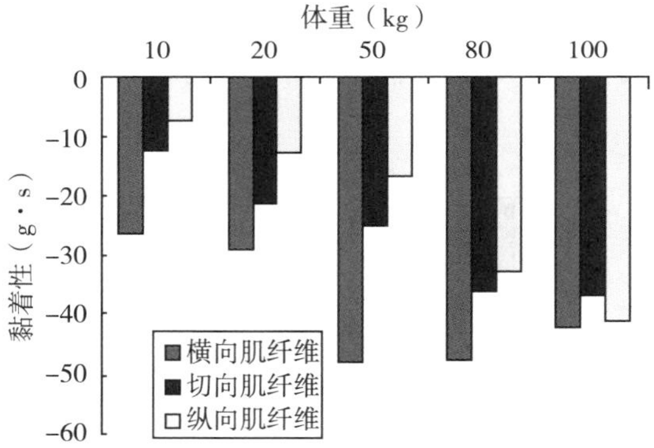

图 5-72　不同体重猪半腱肌解冻肉的黏着性

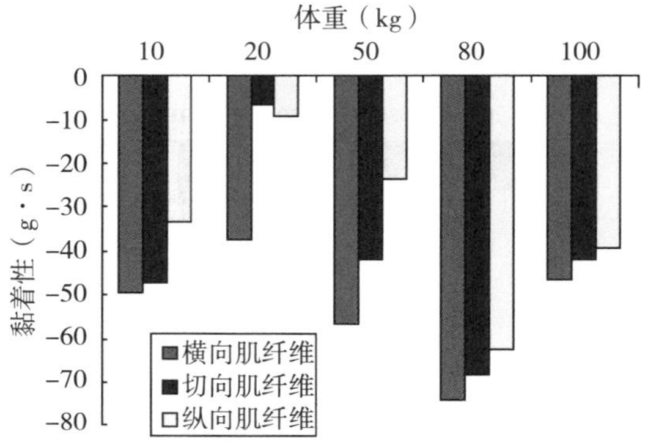

图 5-73　不同体重猪腹壁肌解冻肉的黏着性

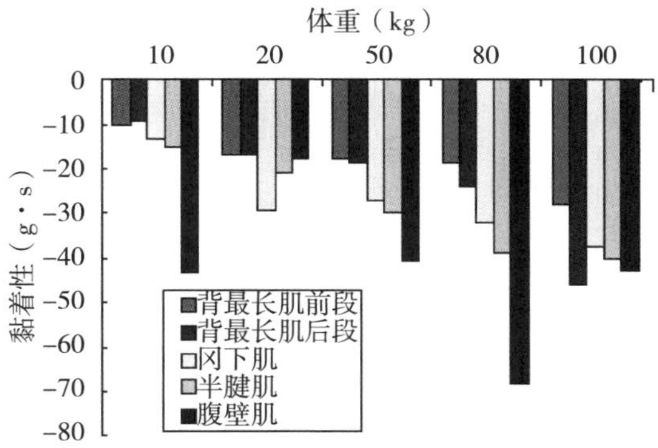

图 5-74　不同体重猪不同部位解冻肉的黏着性

新鲜肉的黏着性最大的是 50kg 体重时腹壁肌的横向肌纤维，绝对值为 122.41g·s，解冻肉的是 80kg 体重时的腹壁肌横向肌纤维。这说明：①黏着性绝对值大的在大猪阶段。②绝对值大的是腹壁肌。③绝对值大的是横向肌纤维。④解冻肉的黏着性绝对值小于新鲜肉。

（三）冷冻对荣昌猪肉弹性的影响

1. 新鲜肉的弹性　新鲜肉的弹性分析结果见图 5-75 至图 5-79，10～90kg 体重阶段猪的背最长肌前段、背最长肌后段、冈下肌以及半腱肌的不同方向肌纤维的弹性都差异不大，弹性基本在 70%左右。90kg 体重时的腹壁肌弹性要低得多，弹性在 50%～70%，说明 90kg 体重猪的腹壁肌肉中含有大量的脂肪，脂肪含量高的肉质弹性低。

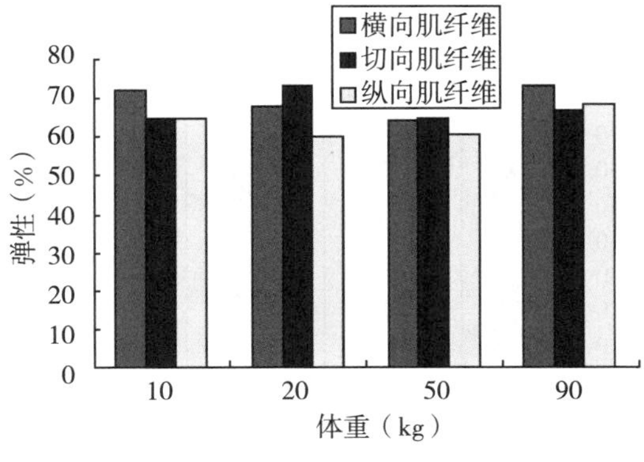

图 5-75　不同体重猪新鲜肉背最长肌前段的弹性

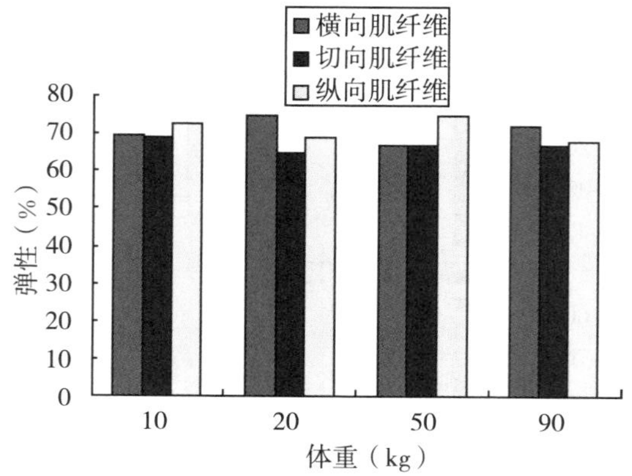

图 5-76　不同体重猪新鲜肉背最长肌后段的弹性

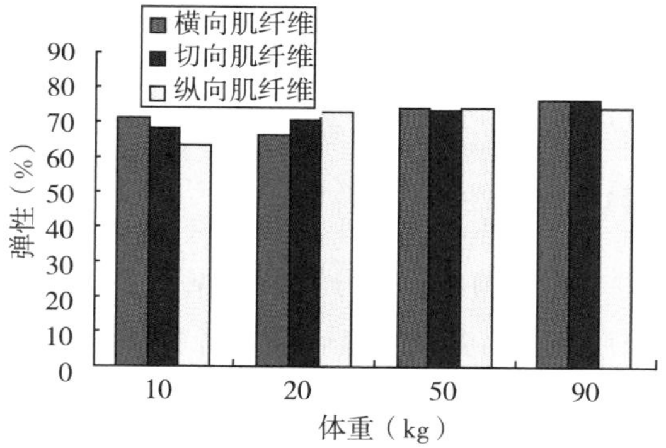

图 5-77　不同体重猪新鲜肉冈下肌的弹性

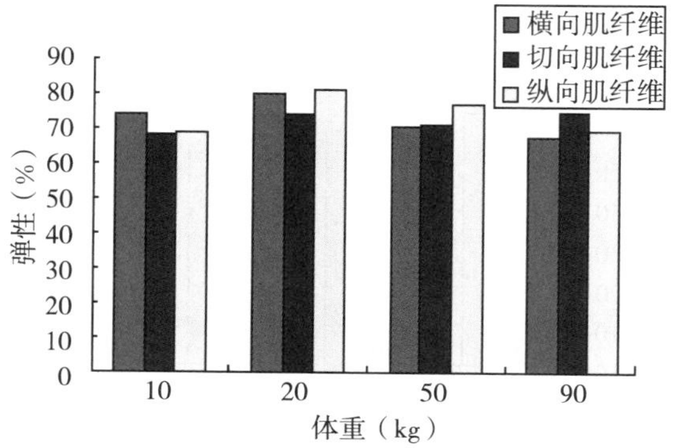

图 5-78　不同体重猪新鲜肉半腱肌的弹性

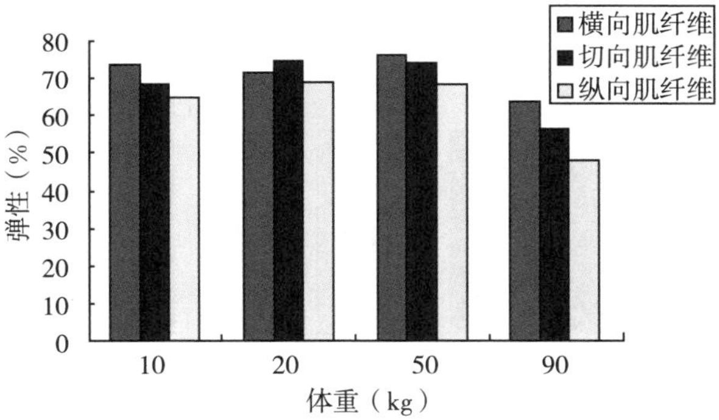

图 5-79　不同体重猪新鲜肉腹壁肌的弹性

将不同肌纤维方向的弹性求平均值，得到 10kg、20kg、50kg 和 90kg 体重猪的背最长肌前段、背最长肌后段、冈下肌、半腱肌和腹壁肌的弹性（图 5-80）。从图 5-80 可以看出：90kg 体重时半腱肌和冈下肌的弹性高，腹壁肌弹性低。

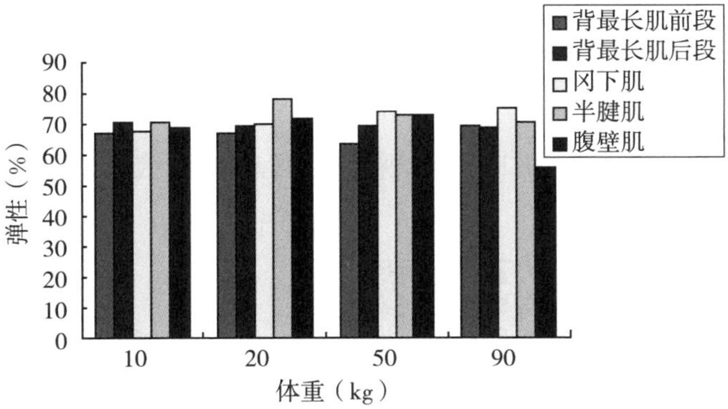

图 5-80　不同体重猪不同部位新鲜肉的弹性

2. 解冻肉的弹性　解冻肉不同肌纤维方向的弹性总的情形是横向肌纤维最大；以不同体重阶段看，弹性总的差异显得比较凌乱，无法排序；不同部位肉质的弹性从小到大的排序是背最长肌前段＜背最长肌后段＜冈下肌＜半腱肌＜腹壁肌，与新鲜肉的结果有一定的差异（图 5-81 至图5-86）。

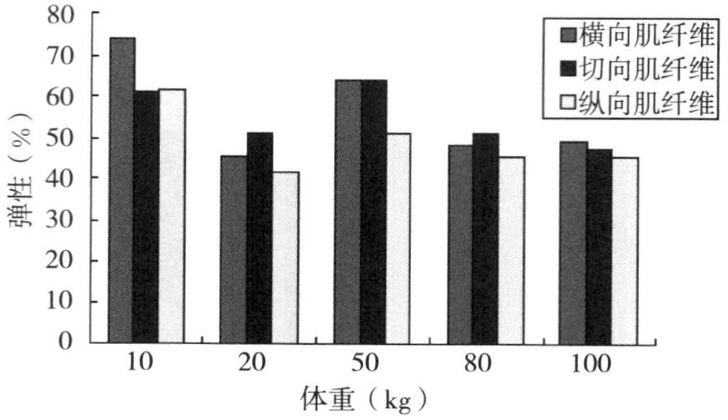

图 5-81　不同体重猪背最长肌前段解冻肉的弹性

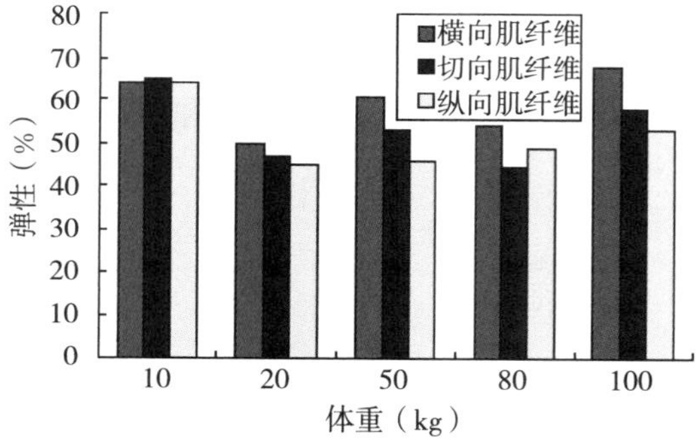

图 5-82　不同体重猪背最长肌后段解冻肉的弹性

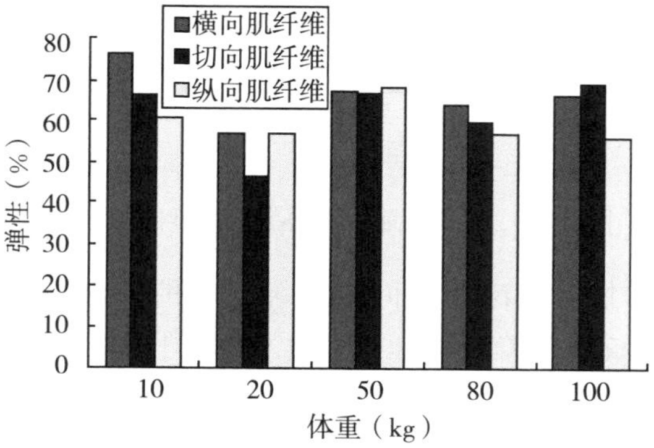

图 5-83　不同体重猪冈下肌解冻肉的弹性

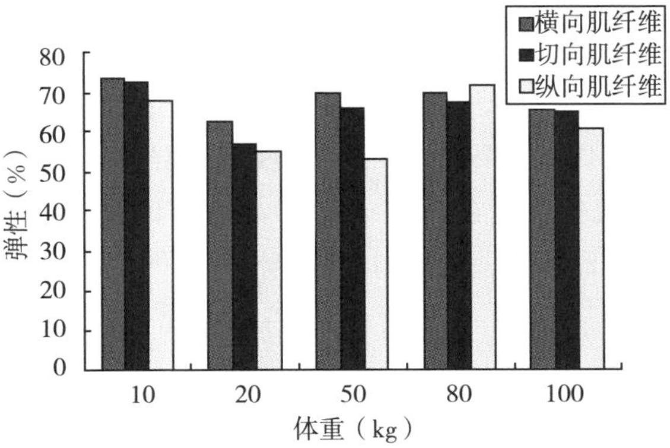

图 5-84　不同体重猪半腱肌解冻肉的弹性

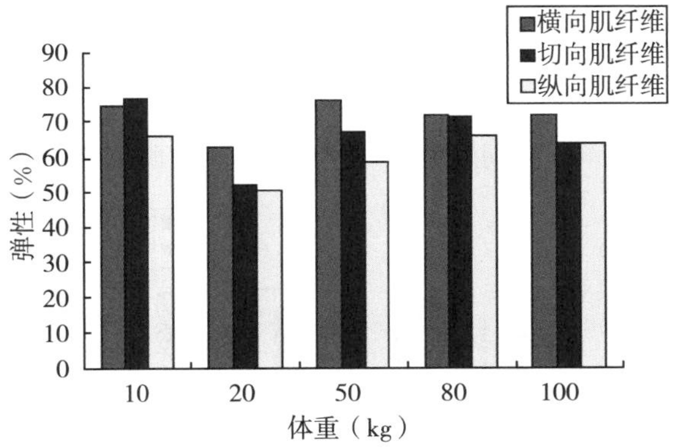

图 5-85　不同体重猪腹壁肌解冻肉的弹性

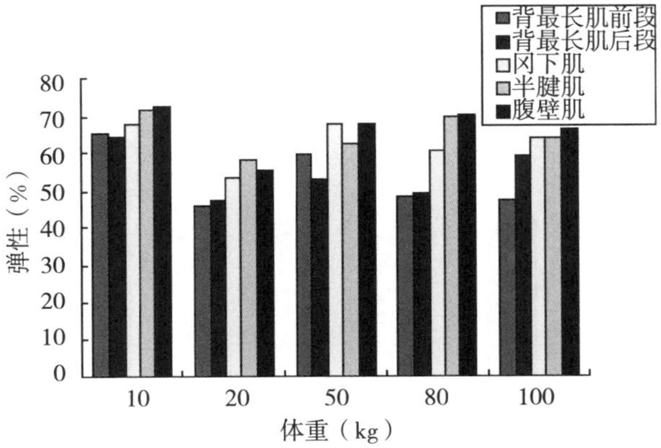

图 5-86　不同体重猪不同部位解冻肉的弹性

（四）冷冻对荣昌猪肉凝聚性的影响

1. 新鲜肉的凝聚性　新鲜肉不同体重的背最长肌前段、背最长肌后段、冈下肌和半腱肌的不同肌纤维方向的凝聚性都差异不大，基本在60%左右。90kg体重猪的腹壁肌凝聚性在50%～60%，说明90kg体重的荣昌猪腹壁肌肉中含有大量的脂肪，脂肪含量高肉质凝聚性低（图5-87至图5-91）。

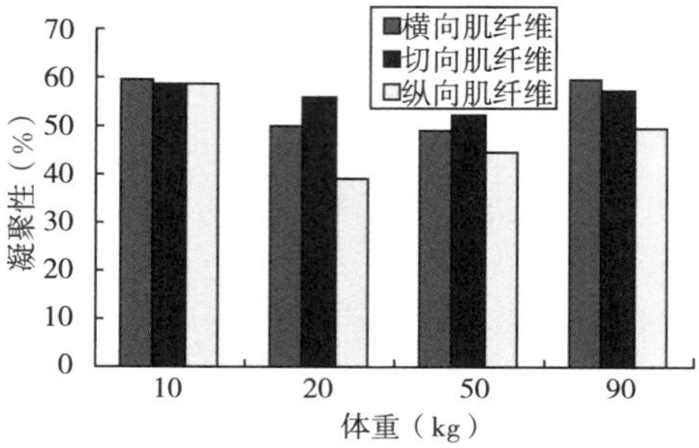

图5-87　不同体重猪新鲜肉背最长肌前段的凝聚性

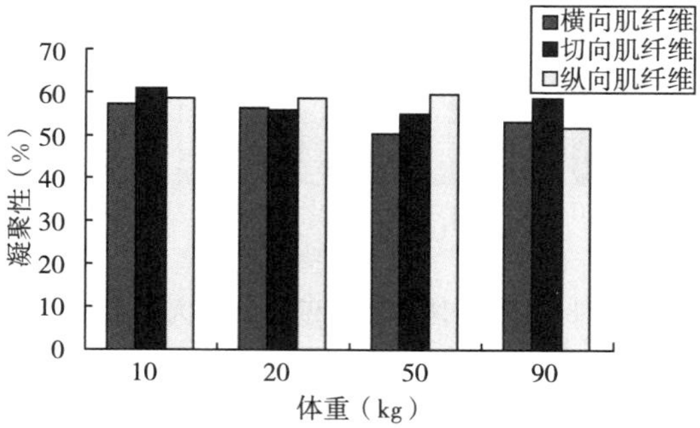

图5-88　不同体重猪新鲜肉背最长肌后段的凝聚性

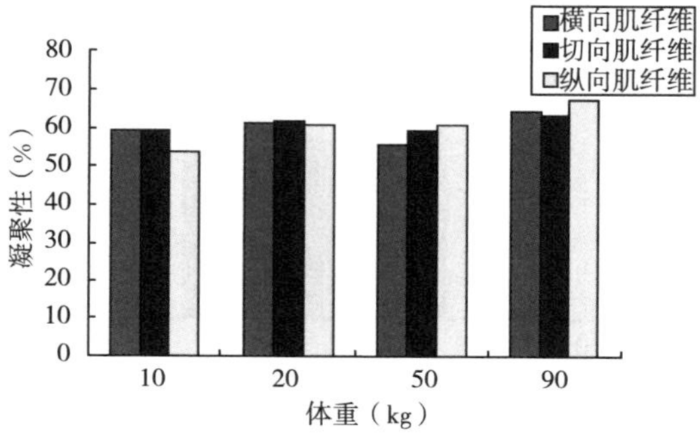

图5-89　不同体重猪新鲜肉冈下肌的凝聚性

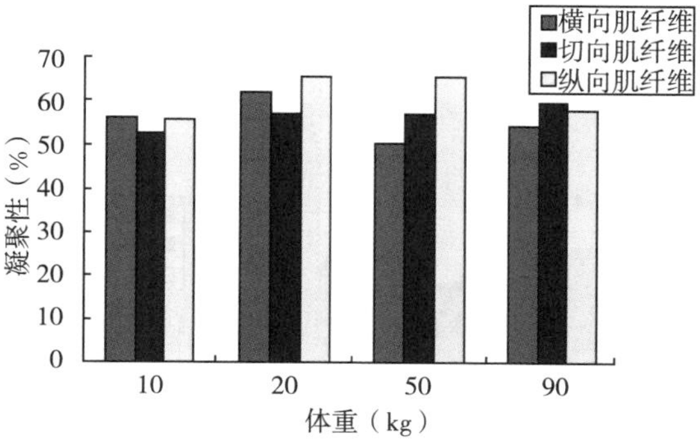

图 5-90 不同体重猪新鲜肉半腱肌的凝聚性

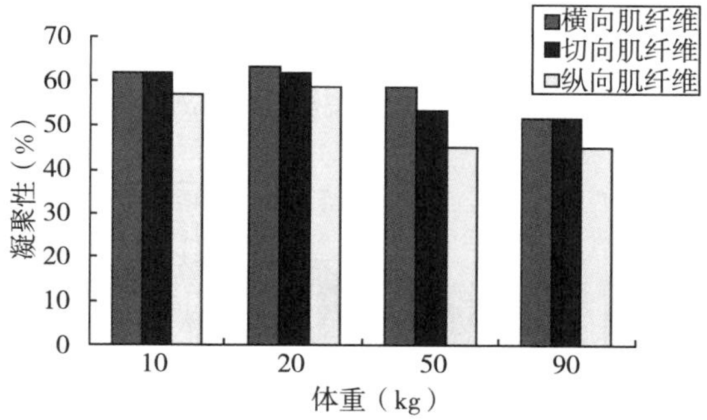

图 5-91 不同体重猪新鲜肉腹壁肌的凝聚性

将不同肌纤维方向的凝聚性平均，得到 10kg、20kg、50kg 和 90kg 体重猪的背最长肌前段、背最长肌后段、冈下肌、半腱肌和腹壁肌的凝聚性（图 5-92），由图 5-92 可以看出新鲜肉半腱肌和冈下肌的凝聚性高。

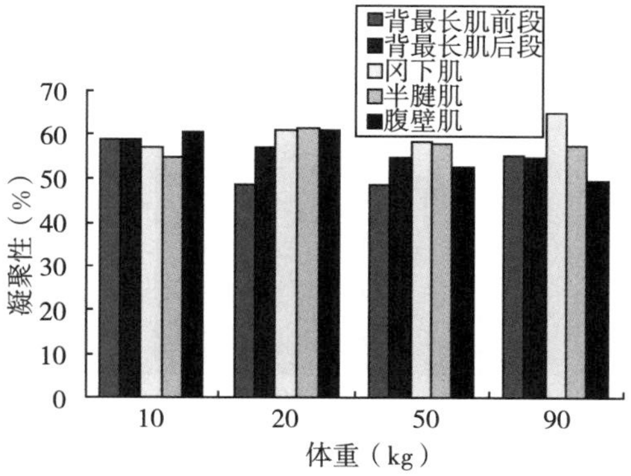

图 5-92 不同体重猪不同部位新鲜肉的凝聚性

2. 解冻肉的凝聚性　解冻肉 3 种肌纤维方向的凝聚性显得比较凌乱；不同体重猪解冻肉的凝聚性未呈现出规律性；凝聚性比较高的肉块是半腱肌和冈下肌，说明红肌肉的凝聚性要强些（图 5-93 至图 5-98）。

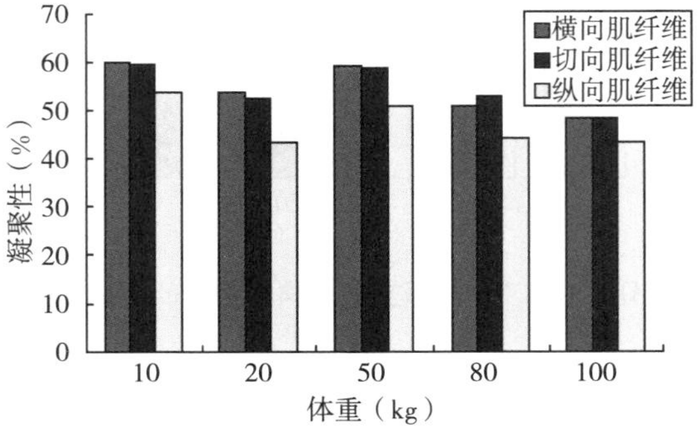

图 5-93　不同体重猪背最长肌前段解冻肉的凝聚性

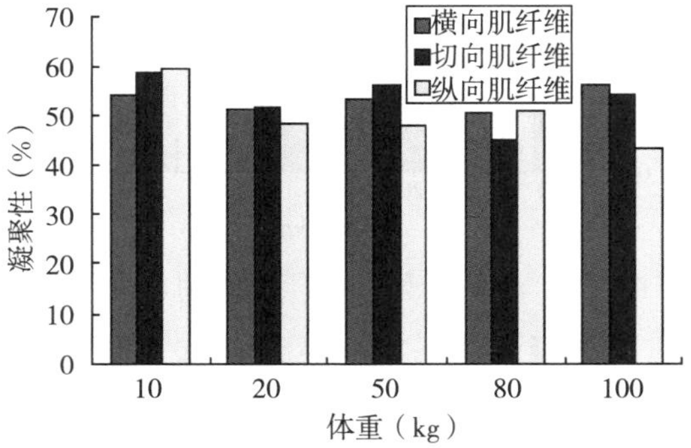

图 5-94　不同体重猪背最长肌后段解冻肉的凝聚性

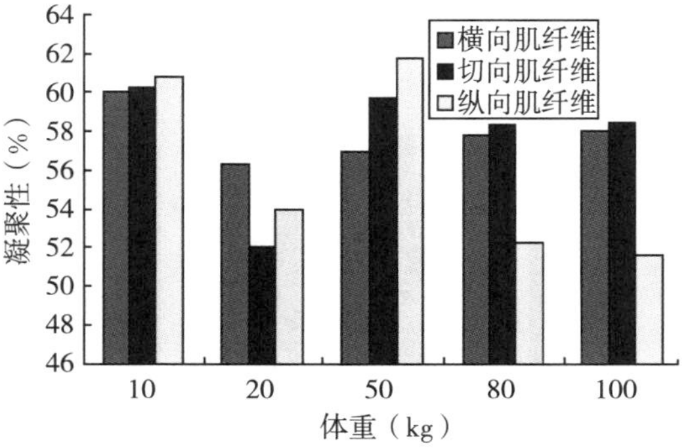

图 5-95　不同体重猪冈下肌解冻肉的凝聚性

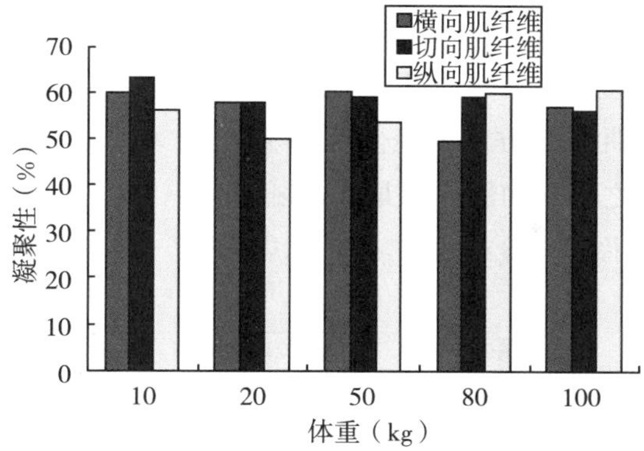

图 5-96　不同体重猪半腱肌解冻肉的凝聚性

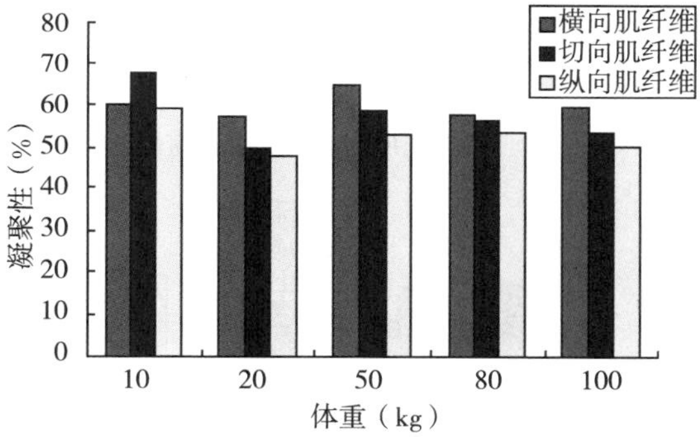

图 5-97　不同体重猪腹壁肌解冻肉的凝聚性

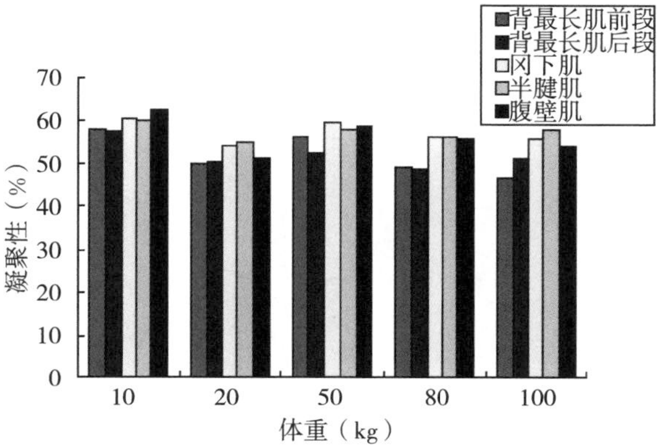

图 5-98　不同体重猪不同部位解冻肉的凝聚性

（五）冷冻对荣昌猪肉恢复力的影响

1. 新鲜肉的恢复力　不同体重猪的背最长肌前段、背最长肌后段、冈下肌和半腱肌的不同肌纤维方向的恢复力相差比较大。横向肌纤维的恢复力最高，切向肌纤维次之，纵向肌纤维最小。随着荣昌猪体重的增加，恢复力在逐渐下降（图 5-99 至图 5-103）。

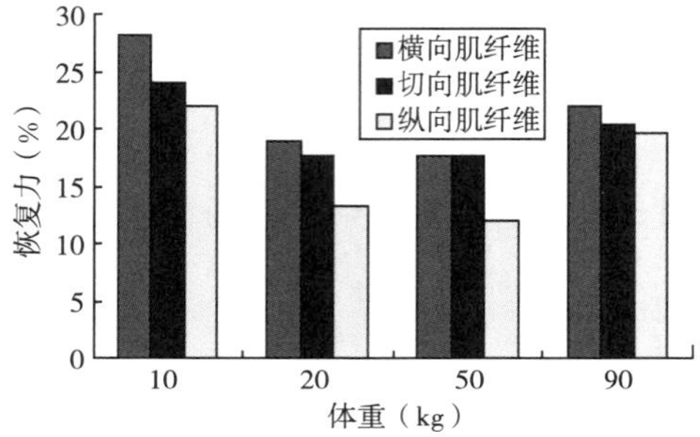

图 5-99　不同体重猪新鲜肉背最长肌前段的恢复力

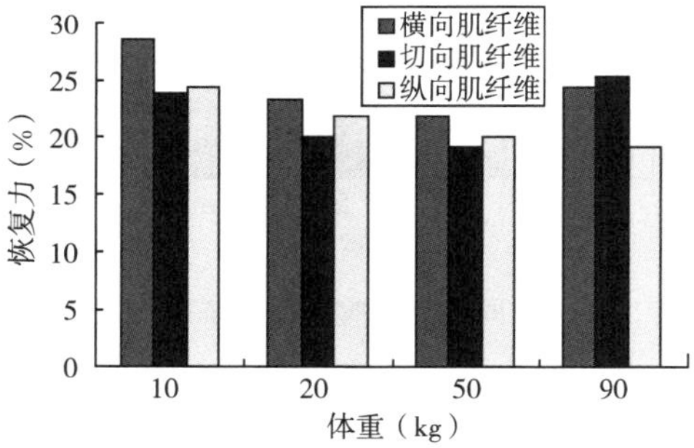

图 5-100　不同体重猪新鲜肉背最长肌后段的恢复力

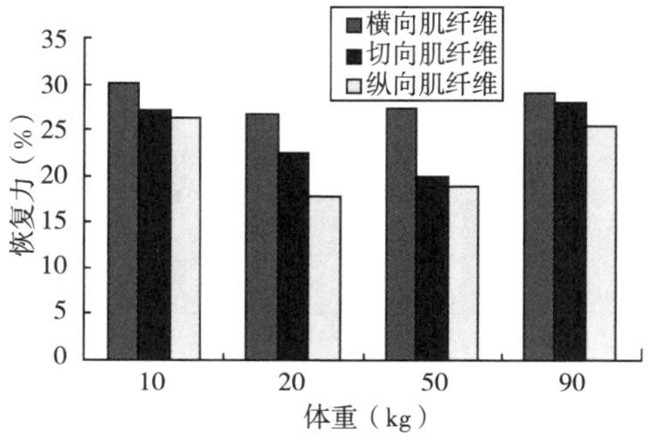

图 5-101　不同体重猪新鲜肉冈下肌的恢复力

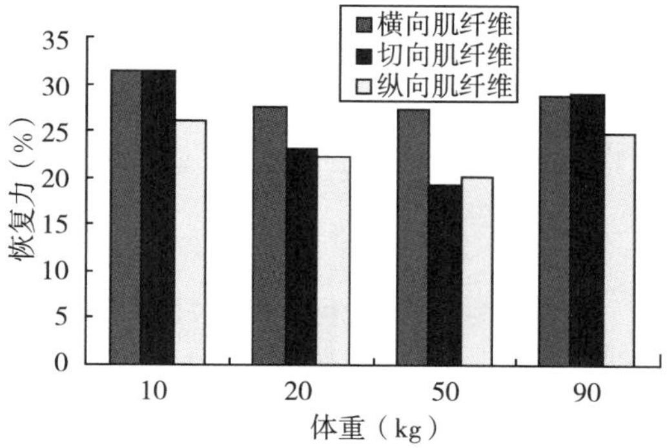

图 5-102　不同体重猪新鲜肉半腱肌的恢复力

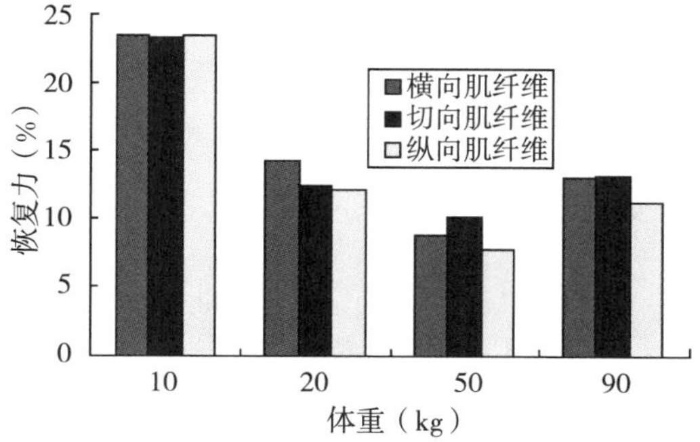

图 5-103　不同体重猪新鲜肉腹壁肌的恢复力

将不同肌纤维方向的恢复力平均后，以体重为横坐标、恢复力为纵坐标，作不同部位肉块的综合柱形分析图（图 5-104），腹壁肌的恢复力比其他部位的恢复力要低得多，恢复力最好的是半腱肌和冈下肌。

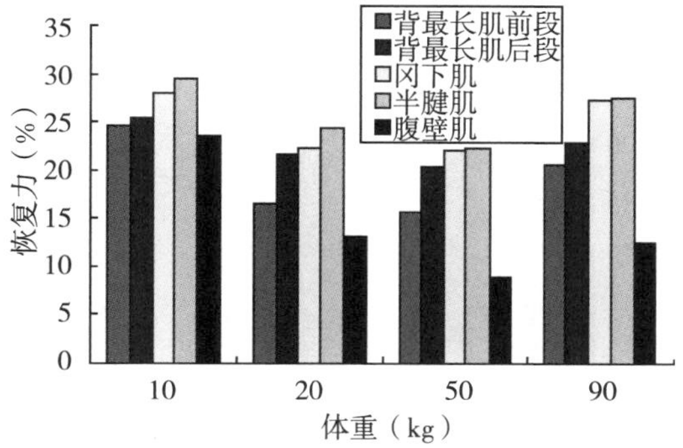

图 5-104　不同体重猪不同部位新鲜肉的恢复力

2. 解冻肉的恢复力　解冻肉 3 种肌纤维方向的恢复力横向肌纤维最大，切向肌纤维次之，纵向肌纤维最小（图 5-105 至图 5-109）。随着猪体重增加，恢复力先降低、再增加、最后逐渐降低（图 5-110）。红肌肉（半腱肌和冈下肌）的恢复力最大，白肌肉（背最长肌）次之，腹壁肌最小。

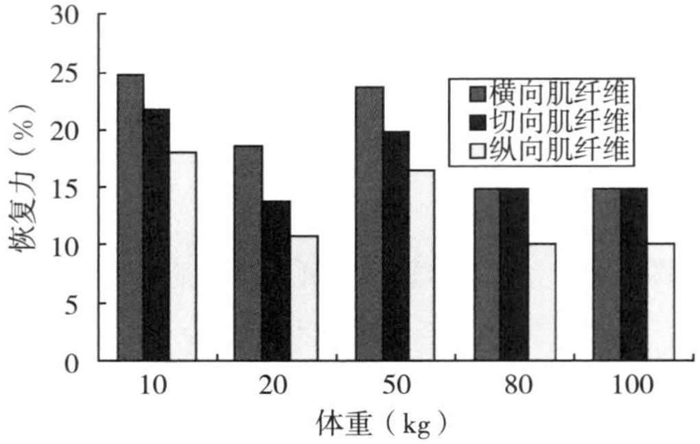

图 5-105　不同体重猪背最长肌前段解冻肉的恢复力

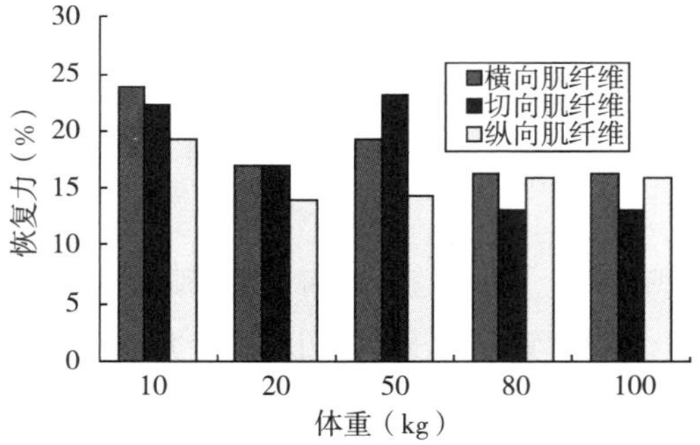

图 5-106　不同体重猪背最长肌后段解冻肉的恢复力

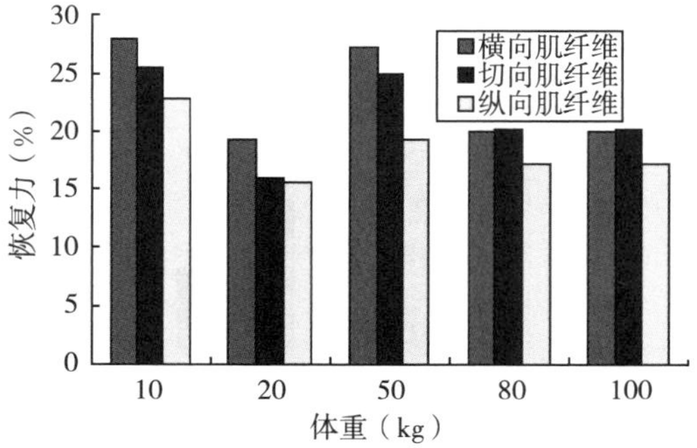

图 5-107　不同体重猪冈下肌解冻肉的恢复力

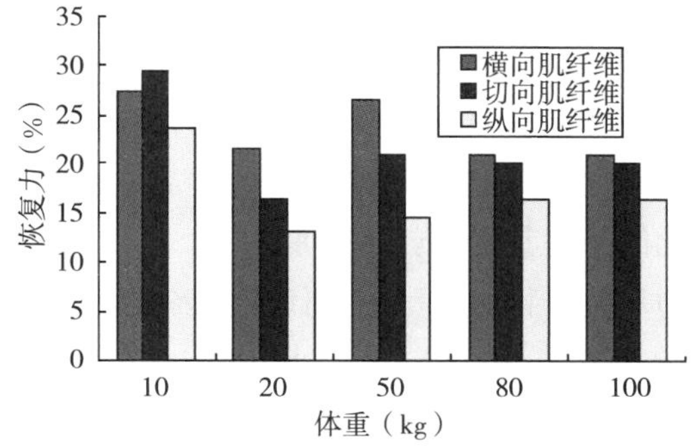

图 5-108　不同体重猪半腱肌解冻肉的恢复力

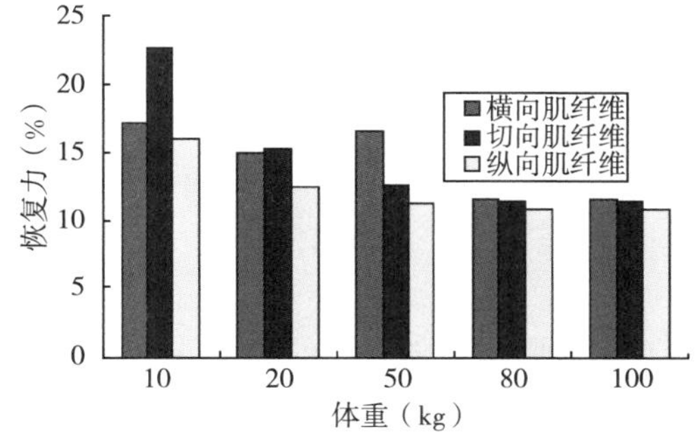

图 5-109　不同体重猪冈下肌解冻肉的恢复力

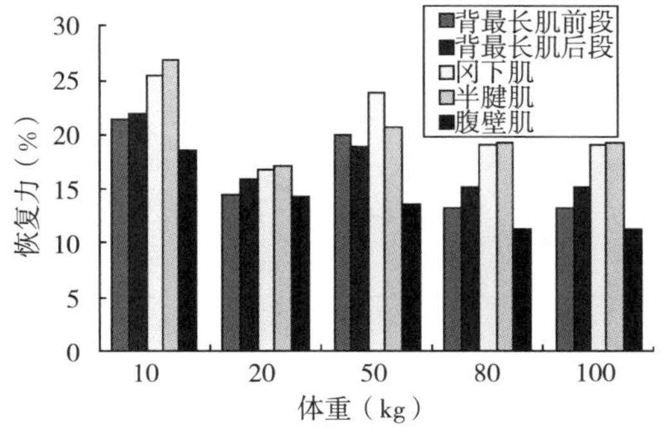

图 5-110　不同体重猪不同部位解冻肉的恢复力

三、宰后脂肪品质变化规律

脂肪的质量常用酸价、过氧化值和硫代巴比妥酸值三个指标来衡量。

酸价是脂肪中游离脂肪酸含量的标志，一般用作脂肪质量的衡量标准之一。表示中和 1g 化学物质所需的氢氧化钾的毫克数。在脂肪保藏条件下，酸价可作为脂肪酸败的指标，酸价越小说明油脂质量和新鲜度越好。

过氧化值是表示脂肪酸被氧化程度的一种指标。过氧化值是 1kg 样品中的活性氧含量，以过氧化物的毫摩尔数表示。过氧化值用作衡量脂肪酸败程度，一般来说过氧化值越高其酸败就越严重。

不饱和脂肪酸的氧化产物醛类可与硫代巴比妥酸生成有色化合物，如丙二醛与硫代巴比妥酸生成有色物在 530nm 处有最大吸收，而其他的醛（烷醇、烯醇等）与硫代巴比妥酸生成的有色物的最大吸收在 450nm 处，故需要在两个波长处测定有色物的吸光度值，以此来衡量脂肪的氧化程度。

李洪军等将体重 80kg 左右的荣昌猪背部皮下脂肪在 0～4℃冷藏，分别在 0d、3d、6d、9d、12d、15d 和 18d 测定其酸价、过氧化值和硫代巴比妥酸值，发现荣昌猪背部皮下脂肪的酸价、过氧化值和硫代巴比妥酸值均随冷藏时间的延长而逐渐升高。

（一）酸价

冷藏时间对酸价有明显影响，随时间的延长酸价逐渐增高，冷藏 12d 后酸价急剧上升（图 5-111）。

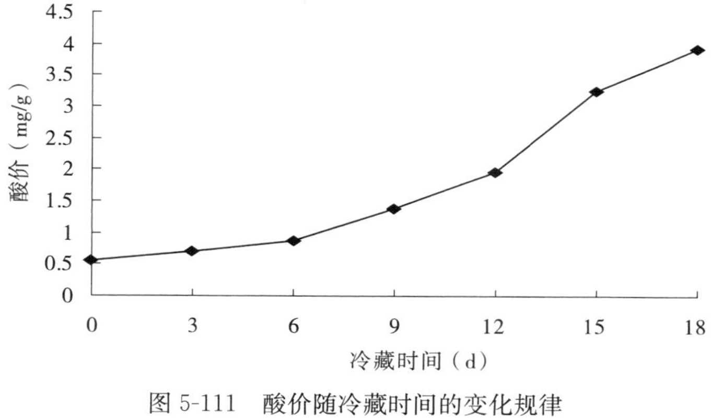

图 5-111　酸价随冷藏时间的变化规律

（二）过氧化值

冷藏时间对过氧化值有显著影响，随着时间的延长过氧化值逐渐增高，冷藏 9d 后过氧化值急剧上升（图 5-112）。

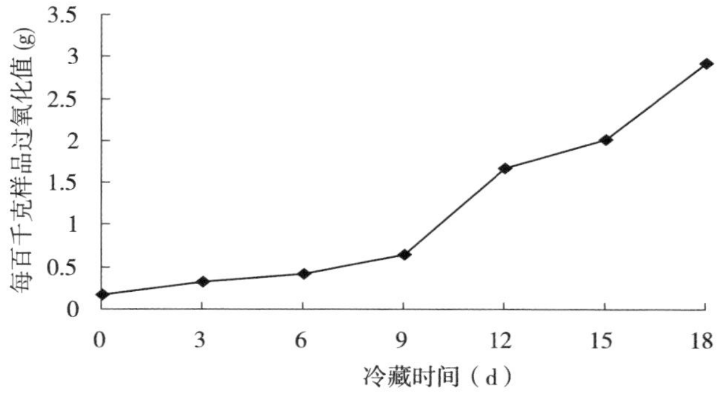

图 5-112　过氧化值随冷藏时间的变化规律

（三）硫代巴比妥酸值

冷藏时间对硫代巴比妥酸值有影响，随着时间的延长硫代巴比妥酸值逐渐增高。冷藏 6d 后肉品的硫代巴比妥酸值急剧上升（图 5-113）。

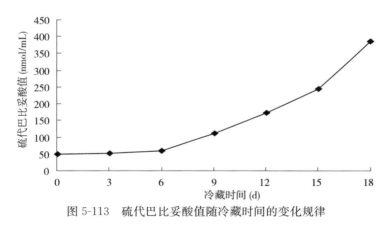

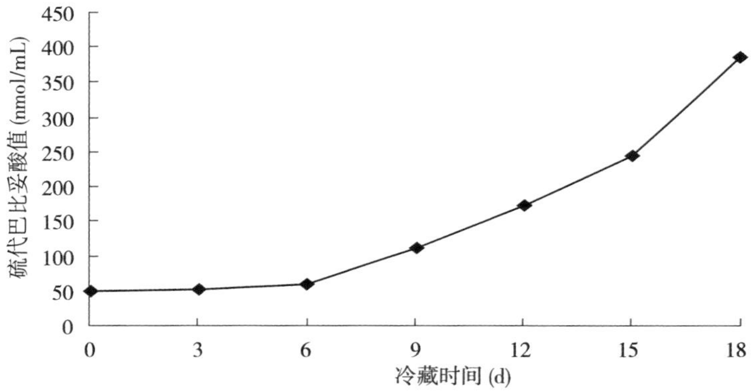

图 5-113　硫代巴比妥酸值随冷藏时间的变化规律

第六节　荣昌猪烤乳猪加工及储存过程中营养物质变化规律

一、荣昌猪烤乳猪传统加工工艺过程中物质变化规律

（一）常规成分

在传统加工工艺过程中，荣昌猪烤乳猪肌肉常规养分含量的变化见

图 5-114。由图 5-114 可知：荣昌烤乳猪肌肉的干物质含量随加工进程逐渐增加，且各个观测组均差异显著。肌内脂肪含量先随加工进程逐渐增加，但烘烤 12h 后的变化不显著。与鲜样组比较，烘烤 12h 后的肌内脂肪含量显著增加。粗蛋白质含量随加工进程逐渐提高，除鲜样组与腌制结束组、烘烤 12h 组与烘烤 24h 组间差异不显著外，其他各观测组差异显著。粗灰分含量也随加工进程逐渐提高，其中鲜样组显著低于其他各组，腌制结束组、烘烤 12h 组与烘烤 24h 组差异不显著，之后又显著提高。

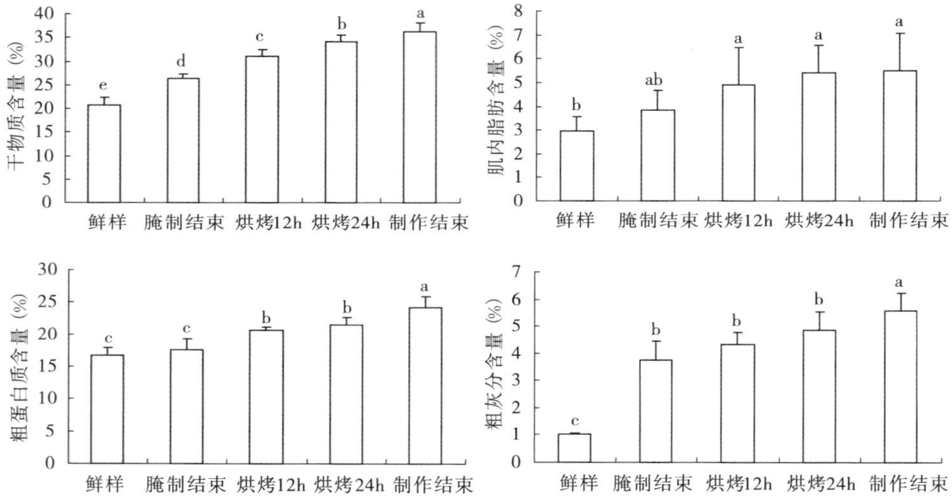

图 5-114　荣昌烤乳猪肌肉常规成分含量在加工过程中的变化

（二）脂肪酸

在传统加工工艺过程中，荣昌猪烤乳猪肌肉的脂肪酸组成变化见表 5-14。由表 5-14 可知，肌肉脂肪酸组成随加工进程变化明显。与鲜样相比，加工后肌肉的饱和脂肪酸比例显著提高，而不饱和脂肪酸比例显著降低。饱和脂肪酸中，加工后肌肉的肉豆蔻酸和棕榈酸比例显著高于加工前，硬脂酸和花生酸比例虽在加工前后的变化不显著，但加工后也有提高的趋势。不饱和脂肪酸比例的降低主要由多不饱和脂肪酸引起。与鲜样比，加工后肌肉的多不饱和脂肪酸比例显著降低，还不到鲜样组的 20%。加工后肌肉的亚油酸和亚麻酸比例均显著低于鲜样。加工使单不饱和脂肪酸比例提高，其中烘烤后显著高于鲜样。与鲜样相比，不饱和脂肪酸与饱和脂肪酸比例及多不饱和脂肪酸与饱和脂肪酸比例均显著降低。

表 5-14　荣昌猪烤乳猪在传统加工过程中肌肉脂肪酸的组成（%）

肌肉脂肪酸组成	鲜样	腌制结束	烘烤 12h	烘烤 24h	制作结束
肉豆蔻酸 C14：0	1.55±0.09[b]	2.39±0.69[a]	2.39±0.36[a]	2.08±0.29[ab]	2.40±0.53[a]
硬脂酸 C18：0	14.4±1.22	16.0±3.44	15.3±4.28	15.1±3.42	14.5±4.69
棕榈酸 C16：0	27.2±1.16[c]	37.1±2.33[a]	35.0±1.13[ab]	33.5±2.16[b]	34.8±1.65[ab]
棕榈油酸 C16：1	3.18±0.83[b]	4.26±0.93[ab]	5.04±1.49[a]	4.49±0.64[ab]	4.19±1.10[ab]
油酸 C18：1	32.0±3.19[b]	36.2±2.53[a]	39.0±4.29[a]	41.1±5.21[a]	41.1±5.72[a]
亚油酸 C18：2	20.3±2.09[a]	3.55±0.72[b]	2.90±0.68[b]	3.18±0.38[b]	2.61±0.62[b]
亚麻酸 C18：3	1.08±0.18[a]	0.06±0.03[b]	0.05±0.05[b]	0.06±0.02[b]	0.07±0.02[b]
花生酸 C20：0	0.31±0.10	0.40±0.10	0.34±0.10	0.49±0.26	0.31±0.14
饱和脂肪酸（SFA）	43.4±1.98[b]	55.9±1.99[a]	53.1±4.87[a]	51.2±5.34[a]	52.0±5.84[a]
不饱和脂肪酸（USFA）	56.6±1.98[a]	44.1±1.99[b]	47.0±4.87[b]	48.8±5.34[b]	48.0±5.84[b]
多不饱和脂肪酸（PUFA）	21.4±2.22[a]	3.60±0.74[b]	2.95±0.68[b]	3.24±0.38[b]	2.68±0.63[b]
单不饱和脂肪酸（MUFA）	35.2±2.64[b]	40.5±1.91[ab]	44.0±5.20[a]	45.5±5.53[a]	45.3±5.91[a]
USFA/SFA	1.31±0.11[a]	0.79±0.06[b]	0.90±0.17[b]	0.97±0.22[b]	0.94±0.21[b]
PUFA/SFA	0.49±0.06[a]	0.06±0.01[b]	0.06±0.01[b]	0.06±0.01[b]	0.05±0.01[b]

注：同列肩标中不同字母表示差异显著（$P<0.05$）。

（三）氨基酸

在传统加工工艺过程中，荣昌猪烤乳猪肌肉中 17 种氨基酸含量的变化见表 5-15。由表 5-15 可知，肌肉氨基酸含量随加工进程的变化明显。与鲜样相比，加工后肌肉氨基酸含量提高，这主要与水分含量降低有关。

表 5-15　荣昌猪烤乳猪传统加工过程中肌肉氨基酸含量（%）

肌肉氨基酸	鲜样	腌制结束	烘烤 12h	烘烤 24h	制作结束
天冬氨酸	1.47±0.16	1.76±0.19	1.99±0.13	2.20±0.07	2.45±0.22
丝氨酸	0.67±0.06	0.81±0.08	0.92±0.05	1.04±0.02	1.15±0.09
谷氨酸	2.45±0.26	2.99±0.30	3.36±0.23	3.77±0.07	4.18±0.37
甘氨酸	1.01±0.09	1.08±0.12	1.28±0.05	1.49±0.07	1.51±0.10
组氨酸	0.53±0.13	0.61±0.10	0.68±0.05	0.74±0.05	0.85±0.09
精氨酸	1.21±0.12	1.42±0.16	1.64±0.09	1.82±0.06	2.00±0.18

（续）

肌肉氨基酸	鲜样	腌制结束	烘烤 12h	烘烤 24h	制作结束
苏氨酸	0.74±0.08	0.90±0.10	1.03±0.06	1.14±0.02	1.28±0.11
丙氨酸	1.03±0.10	1.20±0.12	1.38±0.08	1.56±0.04	1.69±0.14
脯氨酸	0.77±0.07	0.89±0.09	1.03±0.05	1.18±0.04	1.24±0.09
半胱氨酸	0.16±0.01	0.21±0.02	0.24±0.01	0.26±0.01	0.29±0.03
酪氨酸	0.58±0.05	0.68±0.08	0.77±0.04	0.83±0.03	0.95±0.09
缬氨酸	0.78±0.08	0.98±0.07	1.10±0.10	1.28±0.04	1.34±0.11
蛋氨酸	0.38±0.04	0.52±0.04	0.57±0.09	0.71±0.03	0.71±0.09
赖氨酸	1.38±0.16	1.67±0.19	1.88±0.12	2.06±0.06	2.33±0.22
异亮氨酸	0.76±0.08	0.90±0.10	1.03±0.07	1.12±0.04	1.26±0.12
亮氨酸	1.25±0.13	1.50±0.16	1.71±0.11	1.88±0.06	2.11±0.19
苯丙氨酸	0.68±0.06	0.82±0.08	0.93±0.06	1.02±0.03	1.14±0.10
总计	15.85±1.65	19.69±1.04	21.43±1.46	23.79±0.11	26.39±2.58

（四）肌苷酸和肌苷

由图 5-115 可知，肌肉肌苷酸含量随加工进程的变化明显，其中鲜样的最高，腌制结束的最低，烘烤 12h 到制作结束的变化不显著，显著低于鲜样，但显著高于腌制结束。肌肉肌苷含量也随加工进程发生变化，鲜样的含量较低，但腌制结束显著提高，烘烤 12h 后显著降低，随后又有所提高。

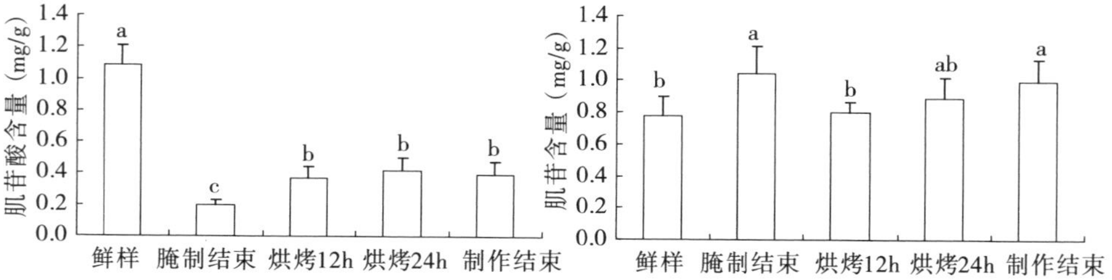

图 5-115　荣昌烤乳猪肌肉肌苷酸和肌苷含量随加工进程的变化

二、荣昌猪烤乳猪储存过程中品质变化规律

（一）常规成分

在储存 3 个月期间，荣昌猪烤乳猪肌肉的干物质和粗脂肪含量随储存时

间延长的变化不显著，但干物质含量在储存 2 周后有提高趋势，而粗脂肪含量则在储存 2 周后呈降低趋势（图 5-116）。粗蛋白质含量在储存前 2 周保持稳定，而后随储存时间的延长逐渐提高，到第 3 个月时，显著高于其他各时间点。粗灰分含量在储存 3 个月期间的变化也不显著，但到第 3 个月时有降低的趋势。

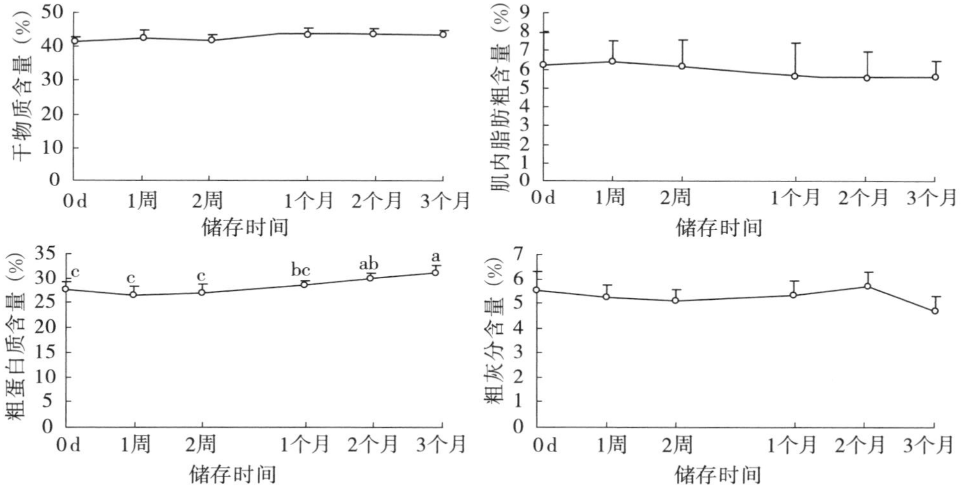

图 5-116　荣昌烤乳猪肌肉常规养分含量随储存时间的变化

（二）脂肪酸

荣昌猪烤乳猪在储存过程中肌肉脂肪酸组成变化见表 5-16。由表 5-18 可知，肉豆蔻酸、硬脂酸、花生酸、饱和脂肪酸的比例在储存 3 个月期间变化不明显。储存 3 个月后的棕榈酸比例降低。不饱和脂肪酸、单不饱和脂肪酸的比例在储存 3 个月期间变化也不明显，但储存 3 个月后的多不饱和脂肪酸比例提高。

（三）氨基酸

荣昌猪烤乳猪在储存过程中肌肉中 17 种氨基酸含量的变化见表 5-17。由表 5-19 可知，随着储存时间的延长，各氨基酸的含量均有不同程度降低，其中储存 3 个月后的降低尤为明显。

表 5-16　荣昌烤乳猪储存过程中肌肉脂肪酸含量（%）

脂肪酸含量	0	1周	2周	1个月	2个月	3个月
肉豆蔻酸 C14：0	2.40±0.53	2.47±0.24	2.53±0.47	2.55±0.35	2.54±0.27	2.18±0.13
硬脂酸 C18：0	14.5±4.69	14.1±0.94	14.5±1.48	16.0±2.81	15.0±2.03	14.7±1.46
棕榈酸 C16：0	34.8±1.65^{ab}	34.6±2.49^{ab}	35.3±1.49^{ab}	36.5±1.73^{a}	35.7±1.71^{ab}	33.8±1.27^{b}
棕榈油酸 C16：1	4.19±1.10^{b}	5.74±0.99^{a}	5.27±1.16^{ab}	5.44±0.63^{a}	5.52±0.80^{a}	5.60±0.50^{a}
油酸 C18：1	41.1±5.72	40.4±3.00	39.7±2.70	36.8±4.68	37.9±2.58	39.9±3.11
亚油酸 C18：2	2.61±0.62^{ab}	2.26±0.75^{b}	2.31±0.93^{b}	2.40±0.41^{b}	2.81±0.75^{ab}	3.50±0.37^{a}
亚麻酸 C18：3	0.07±0.02^{a}	0.05±0.03^{abc}	0.03±0.00^{c}	0.05±0.01^{abc}	0.06±0.02^{ab}	0.04±0.01^{bc}
花生酸 C20：0	0.31±0.14	0.36±0.03	0.32±0.04	0.28±0.06	0.38±0.11	0.33±0.04
饱和脂肪酸（SFA）	52.0±5.84	51.5±2.91	52.7±2.43	55.4±4.65	53.7±3.40	51.0±2.83
不饱和脂肪酸（USFA）	48.0±5.84	48.5±2.91	47.3±2.43	44.6±4.65	46.3±3.40	49.0±2.83
多不饱和脂肪酸（PUFA）	2.68±0.63^{ab}	2.31±0.77^{b}	2.35±0.93^{b}	2.45±0.42^{b}	2.87±0.77^{ab}	3.54±0.37^{a}
单不饱和脂肪酸（MUFA）	45.3±5.91	46.1±3.14	44.9±2.47	42.2±4.93	43.5±3.05	45.5±3.03
USFA/SFA	0.94±0.21	0.95±0.11	0.90±0.08	0.82±0.14	0.87±0.12	0.97±0.10
PUFA/SFA	0.05±0.01^{ab}	0.04±0.01^{b}	0.04±0.02^{b}	0.04±0.01^{b}	0.05±0.02^{ab}	0.07±0.01^{a}

注：同行肩标中不同字母表示差异显著（$P<0.05$）。

表 5-17　荣昌烤乳猪储存过程中肌肉氨基酸含量（%）

氨基酸含量	0	1周	2周	1个月	2个月	3个月
天冬氨酸	2.79±0.25	2.44±0.26	2.51±0.15	2.72±0.45	2.77±0.48	2.33±0.11
丝氨酸	1.31±0.10	1.09±0.10	1.15±0.07	1.29±0.24	1.27±0.21	1.07±0.04
谷氨酸	4.76±0.41	4.11±0.11	4.25±0.27	4.64±0.78	4.74±0.83	3.94±0.18
甘氨酸	1.71±0.10	1.68±0.16	1.64±0.17	1.81±0.30	1.88±0.34	1.41±0.08
组氨酸	0.97±0.10	0.84±0.08	0.86±0.04	0.85±0.20	0.75±0.14	0.76±0.07
精氨酸	2.28±0.19	1.99±0.20	2.04±0.13	2.19±0.35	2.21±0.35	1.83±0.08
苏氨酸	1.46±0.12	1.25±0.12	1.29±0.07	1.38±0.23	1.39±0.22	1.19±0.05
丙氨酸	1.93±0.15	1.70±0.18	1.75±0.12	1.90±0.29	1.90±0.32	1.53±0.07
脯氨酸	1.41±0.09	1.32±0.13	1.31±0.12	1.43±0.23	1.49±0.26	1.14±0.06
半胱氨酸	0.33±0.03	0.30±0.01	0.30±0.02	0.34±0.04	0.31±0.03	0.28±0.01
酪氨酸	1.08±0.10	0.94±0.10	0.95±0.05	1.02±0.15	1.03±0.15	0.94±0.04
缬氨酸	1.53±0.13	1.41±0.14	1.45±0.09	1.55±0.21	1.59±0.23	1.35±0.06
蛋氨酸	0.81±0.11	0.77±0.07	0.80±0.05	0.83±0.10	0.84±0.10	0.79±0.03
赖氨酸	2.64±0.24	2.26±0.24	2.34±0.13	2.54±0.41	2.61±0.45	2.20±0.10
异亮氨酸	1.44±0.13	1.30±0.15	1.35±0.08	1.43±0.22	1.47±0.25	1.25±0.06
亮氨酸	2.40±0.21	2.08±0.22	2.16±0.12	2.35±0.36	2.42±0.42	2.01±0.09
苯丙氨酸	1.29±0.11	1.15±0.10	1.18±0.06	1.26±0.19	1.29±0.20	1.07±0.04
总计	30.14±2.72	26.63±2.23	27.33±1.85	29.53±4.10	29.96±5.14	25.09±0.62

（四）肌苷酸和肌苷

由图 5-117 可知，荣昌猪烤乳猪肌肉肌苷酸和肌苷含量在储存 3 个月期间的变化不明显，但储存 1 个月后随着储存时间的延长有下降的趋势。到第 3 个月时，肌苷酸和肌苷含量分别较储存 0d 降低约 29.9%和 13.3%。

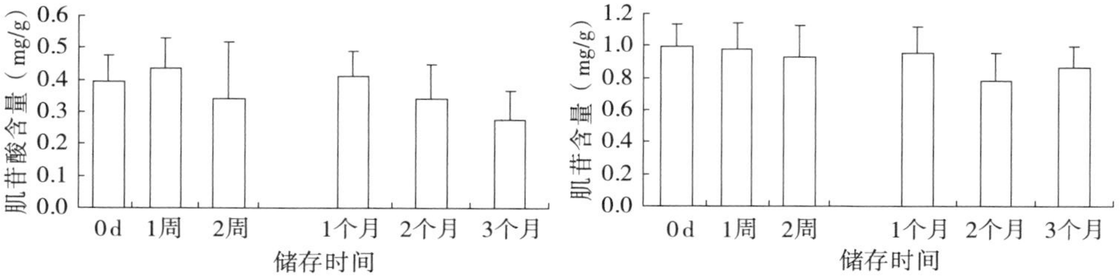

图 5-117 荣昌猪烤乳猪肌肉肌苷酸和肌苷含量随储存时间的变化

主要参考文献

国家畜禽遗传资源委员会，2011. 中国畜禽遗传资源志·猪志［M］. 北京：中国农业出版社.

蒋柏青，黄谷诚，石大兴，等，1984. 荣昌猪适宜屠宰期的研究［J］. 四川畜牧兽医（3）：18-20.

廖均华，魏述芳，朱建军，等，1996. 性别对肉质影响的研究［J］. 畜牧与兽医（2）：56-58.

龙世发，黄谷诚，魏以忠，等，1991. 荣昌猪肥育及屠体性状遗传参数研究［J］. 畜牧与兽医（5）：219-221.

张伟力，王金勇，郭宗义，等，2014. 荣昌猪肉切块品质点评［J］. 养猪（5）：65-68.

第六章
荣昌猪猪鬃及猪皮特性

第一节　鬃质特征

荣昌猪的猪鬃是世界上最好的白色猪鬃，以洁白光泽、刚韧质优载誉国内外。在从清光绪十七年（1891 年）开始至新中国成立后的较长一段时期，荣昌猪白猪鬃均行销欧美各国，价格也高于各地黑猪鬃。养猪农户为了获得更多的经济收入，国家为争取更多的外汇，因此积极推广荣昌猪，使荣昌猪的饲养区域迅速扩大。据重庆市养猪科学研究院测定，荣昌猪鬃毛与长白猪鬃毛和聚丙烯单丝比较：其长度、直径、弹性、强度、鳞片层 5 个方面优于长白猪，在弹性和耐热性能方面明显优于聚丙烯单丝，成年猪鬃毛强度优于聚丙烯单丝；荣昌猪猪鬃还具有鳞片和尖梢分叉的特点，聚丙烯单丝无鳞片、无尖梢、不分叉。但随着现代工业的发展，猪鬃的使用范围越来越小，近年来很少有猪鬃出口，养猪户也很少收集猪鬃，对猪鬃的研究也很少。

荣昌猪猪鬃弹性强，与钢铁猛烈摩擦弯曲后可自然恢复原状；强度大，制品不易折断，耐用程度高；耐热特性使其在较高温度条件下不变形弯曲；鳞片层多，尖梢分叉，黏着吸附力强，能使漆面取得最佳效果和节省原料。故其在军工、耐热、油漆化工等高档制刷领域被作为首选原料。20 世纪 90 年代，在开展荣昌猪种质特性研究时，廖均华等对荣昌猪和长白猪的鬃毛理化特性进行了对比研究。

一、物理特性

猪鬃毛密度、长度和直径结果（表 6-1）显示：成年荣昌母猪鬃毛密度平均值为肩胛部（20.14±0.94）根/cm²，背腰部（17.56±1.20）根/cm²，十字部（17.38±0.95）根/cm²，左腹部（16.07±0.78）根/cm²，右腹部（16.06±0.67）根/cm²；800根成年荣昌母猪鬃毛平均长度（10.92±0.32）cm；用显微测微计测800根成年荣昌母猪鬃毛中部直径为（400.47±1.10）μm。

表6-1　猪鬃毛密度、长度和直径

猪类别	头数	毛密度（根/cm²）					鬃毛样本		
		肩胛部	背腰部	十字部	左腹部	右腹部	样本数（根）	长度（cm）	直径（μm）
成年荣昌母猪	16	20.14^{a}±0.94	17.56^{a}±1.20	17.38^{a}±0.95	16.07^{a}±0.78	16.06^{a}±0.67	800	10.92^{a}±0.32	400.47^{a}±1.10
成年长白母猪	16	18.38^{a}±1.08	18.63^{a}±1.39	18.06^{a}±1.29	16.38^{a}±0.99	16.25^{a}±1.20	800	6.74^{a}±0.12	250.79^{a}±0.67
8月龄荣昌后备母猪	17	24.35^{a}±0.65	28.12^{a}±0.80	24.77^{a}±0.70	23.18^{a}±0.65	23.18^{a}±0.76	850	8.01^{a}±0.23	280.64^{a}±0.78
8月龄长白后备母猪	8	20.25^{b}±1.71	24.88^{b}±0.79	22.63^{a}±1.44	21.88^{a}±0.93	21.50^{a}±1.32	400	4.97^{a}±0.26	160.94^{a}±0.73

注：肩注字母相同为差异不显著；相邻者为差异显著；既不相同又不相邻者为差异极显著。

猪鬃毛弹性和强度测定结果列于表6-2。施力测定鬃毛和聚丙烯单丝，使其最大弯度，测其回伸后与原样夹角（弹性），成年荣昌猪鬃毛复原夹角平均为1.13°±0.20°；用YI6l型强力仪测定160根成年荣昌母猪鬃毛的抗断能力（强度），拉力平均为（12.10±0.1）N。

表6-2　猪鬃毛弹性和强度

组别	弹性		强度	
	样本数（根）	复原夹角（°）	样本数（根）	拉力（N）
成年荣昌母猪	64	$1.13^{\circ a}$±0.20°	160	12.10^{a}±0.1
成年长白母猪	64	$0.70^{\circ a}$±0.14°	150	6.85^{d}±0.15
8月龄荣昌后备母猪	64	$9.10^{\circ a}$±0.66°	162	5.85^{f}±0.04
8月龄长白后备母猪	56	$10.5^{\circ a}$±1.06°	165	3.78^{h}±0.05
聚丙烯单丝	65	$18.3^{\circ a}$±0.86°	60	11.67^{b}±0.52

注：肩注字母相同为差异不显著；相邻者为差异显著；既不相同又不相邻者为差异极显著。
资料来源：廖均华等（1994）。

二、耐热性能

不同年龄和品种猪鬃毛耐热性能列于表6-3。取32根鬃毛置于盘内干燥箱内，成年荣昌母猪鬃毛 130℃放置 10min，保持白色不变；140℃放置 10min，也保持白色不变；150℃放置 10min，鬃毛变为微黄色；160℃放置 10min，鬃毛变为姜黄色；170℃放置 10min，也为姜黄色；180℃放置 10min，还是姜黄色；190℃放置 10min，变为红棕色，200℃放置 10min，37.5%的鬃毛变为咖啡色；210℃放置 10min，78.1%的鬃毛变为黑色。取 8 根鬃毛在 100℃沸水中煮沸 20min，成年荣昌猪鬃毛仍为白色。

表 6-3　猪鬃毛耐热性能

组别	干热，处理时间 10min										湿热，沸水 100℃			
	样本数（根）	箱温（℃）									样本数（根）	处理时间（min）		
		130	140	150	160	170	180	190	200	210		5	10	20
成年荣昌母猪	32	0	0	微黄	姜黄	姜黄	姜黄	红棕	37.5%咖啡色	78.1%黑色	8	0	0	0
成年长白母猪	32	0	0	微黄	姜黄	姜黄	姜黄	红棕	34.4%咖啡色	78.1%黑色	8	0	0	0
8 月龄荣昌后备母猪	32	0	0	0	微黄	姜黄	姜黄	红棕	71.9%咖啡色	90.6%黑色	8	0	0	0
8 月龄长白后备母猪	32	0	0	0	微黄	姜黄	姜黄	红棕	100%咖啡色	100%黑色	8	0	0	0
聚丙烯单丝	24	弯曲	弯曲	弯曲	弯曲	8.3%溶化	62.5%溶化	100%溶化	—	—	63	0	复原夹角 11.00°±0.33°	复原夹角 11.07°±0.28°

注：1. 样本来源：猪鬃为春鬃，取自猪的头顶沿背脊至背腰接合处；聚丙烯单丝取自四川省广汉市某厂生产的与猪鬃同直径的塑料制品。

2. 表中数据“0”表示颜色、形态无变化，“—”表示未测定。表 6-4、表 6-5 同。

三、耐酸性能

猪鬃毛耐酸性能列于表 6-4。成年荣昌母猪鬃毛用浓度 37%的盐酸浸泡 2h 不会溶断，浸泡 3h 有 55.56%的溶断，浸泡 4h 有 77.78%的溶断，浸泡 5h 达 100%溶断；成年荣昌母猪鬃毛用浓度 40%的硫酸浸泡 5h 不会溶断，浸泡 6h 有 33.33%的溶断，浸泡 7～8h 有 44.44%的溶断。用浓度 45%的硫酸浸泡 1h 有 15.63%的溶断，浸泡 2h 有 46.88%的溶断，浸泡 3h 有 65.53%的溶断，浸泡 4h 有 87.5%的溶断，浸泡 5h 有 90.63%的溶断，浸泡 6h 100%溶断。

表 6-4 猪鬃毛耐酸性能

测试溶液及其浓度	组别	样本数（根）	溶断率（%）							
			1h	2h	3h	4h	5h	6h	7h	8h
盐酸，37%	成年荣昌母猪	9	0	0	55.56	77.78	100.0	—	—	—
	成年长白母猪	9	0	0	77.78	88.89	100.0	—	—	—
	8月龄荣昌后备母猪	9	0	0	55.56	88.89	100.0	—	—	—
	8月龄长白后备母猪	9	0	0	11.11	66.67	100.0	—	—	—
	聚丙烯单丝	4	0	0	0	0	0	0	0	0
硫酸，40%	成年荣昌母猪	9	0	0	0	0	0	33.33	44.44	44.44
	成年长白母猪	9	0	0	0	11.11	22.22	33.33	55.56	77.78
	8月龄荣昌后备母猪	9	0	0	0	22.22	22.22	55.56	77.78	100.0
	8月龄长白后备母猪	9	0	0	0	33.33	88.89	88.89	100.0	—
	聚丙烯单丝	4	0	0	0	0	0	0	—	—
硫酸，45%	成年荣昌母猪	32	15.63	46.88	65.53	87.50	90.63	100.0	—	—
	成年长白母猪	32	56.25	90.63	96.88	96.88	100.0	—	—	—
	8月龄荣昌后备母猪	32	40.63	75.00	93.75	96.88	96.88	100.0	—	—
	8月龄长白后备母猪	32	45	—	65.63	90.63	93.75	100.0	—	—
	聚丙烯单丝	4	0	0	0	0	0	—	—	—

四、耐碱性能

猪鬃毛耐碱性能列于表 6-5。成年荣昌母猪鬃毛用浓度 2%的氢氧化钠浸泡 1h 有 6.25%的溶断，浸泡 2～4h 有 93.75%的溶断，浸泡 5h 100%溶断。

表 6-5　猪鬃毛耐碱性能

测试溶液及其浓度	组别	样本数（根）	溶断率（%）				
			1h	2h	3h	4h	5h
氢氧化钠，2%	荣昌成年母猪	32	6.25	93.75	93.75	93.75	100.0
	荣昌后备母猪	32	65.63	100.0	—	—	—
	长白成年母猪	32	65.63	100.0	—	—	—
	长白后备母猪	32	93.75	100.0	—	—	—
	聚丙烯单丝	12	0	0	0	0	0

第二节　猪皮特性

荣昌猪皮厚，胶原蛋白含量高，既是食用佳品，又是皮革行业的优质原料。一直以来，人们习惯将荣昌猪屠宰放血后褪毛，然后将皮骨肉脂切块销售。荣昌猪皮又厚又糯，带皮猪肉是制作川菜名菜“回锅肉”的必备原料，深受消费者喜爱。因此，人们很少将荣昌猪剥皮，荣昌猪皮很少作为皮革原料。

2006 年 10—12 月，周勤飞等在屠宰场随机选取成年荣昌猪 10 头，按常规方法在屠宰前 16h 停食，自由饮水。采用心脏刺杀法屠宰，剥皮、测量猪皮面积，在颈部、背部、臀部和腹部分别取皮样。参照《皮革　物理和机械试验抗张强度和伸长率的测定》（QB/T 2710—2005），测定结果见表 6-6。荣昌猪猪皮面积为（14 089.75±4 142.37）cm^2。背部、颈部、臀部、腹部猪皮平均厚度（0.49±0.15）cm，平均拉伸负荷（496.98±258.05）N，平均拉伸强度（98.13±45.98）N/cm^2，平均断裂负荷（460.48±251.56）N，平均断裂应力（90.47±45.01）N/cm^2，平均断裂伸长率（51.04±16.27）%。

表 6-6　荣昌猪猪皮品质

指标	样本数（张）	背部	颈部	臀部	腹部	均值±标准差	变异系数（%）
猪皮厚度（cm）	10	0.5±0.15	0.48±0.07	0.59±0.07	0.28±0.03	0.49±0.15	30.61
猪皮拉伸负荷（N）	10	641.7±237.25	576.5±109.36	623.2±125.32	129.7±95.03	496.9±258.05	51.93
猪皮拉伸强度（N/cm^2）	10	112.89±42.59	122.93±28.35	109.76±35.08	44.48±31.03	98.13±45.98	46.86

（续）

指标	样本数（张）	背部	颈部	臀部	腹部	均值±标准差	变异系数（%）
猪皮断裂负荷（N）	10	603.9±239.50	534.3±116.39	578.5±126.06	109.07±85.71	460.4±251.56	54.64
猪皮断裂应力（N/cm^2）	10	105.76±40.89	114.13±30.36	102.04±34.20	37.54±28.25	90.47±45.01	49.75
猪皮断裂伸长率（%）	10	52.23±22.19	51.88±13.40	45.41±8.92	54.81±17.23	51.04±16.27	31.88

主要参考文献

廖均华，陈先达，朱建军，等，1994. 荣昌猪鬃几项理化性状的测试［J］. 畜牧兽医学报，25（3）：226-232.

第七章 荣昌猪的营养需要

第一节　消化生理

一、消化器官组成、发育及功能

猪的消化器官由一条长的消化道和一些消化腺组成。其中，消化道包括口腔、咽、食管、胃、小肠（十二指肠、空肠和回肠）、大肠（盲肠、结肠和直肠）、肛门；消化腺包括唾液腺、肝、胰和消化道壁上的小腺体。猪的胃分为贲门部、幽门部和胃底部，胃液中的盐酸在整个消化过程中起关键作用；猪小肠是消化道中最重要的消化部位和各种物质被充分吸收的主要场所；猪大肠主要进行微生物消化（胡祖禹等，1986）。

猪消化器官的容积和重量随着个体生长而发生变化，且消化器官的生长发育受到多种因素如遗传、生物学特性、营养水平、内分泌调节及环境变化等的影响。李树明等（2002）对长白×荣昌（简称长×荣）杂交仔猪的消化系统发育做了相关研究（表 7-1），发现 25 日龄内仔猪消化系统及其各肠管的重量变化均先于体重变化，其中胃和肝脏的增重明显高于体重；胃、肠和肝的组织学变化显著，仔猪的大肠、小肠形态学和组织学的变化有先后性和阶段性；胃容积在多个阶段变化极显著（$P<0.01$），胆囊内胆汁体积 3 日龄比 1 日龄以及 25 日龄比 20 日龄的变化极显著（$P<0.01$），而胰重量 3 日龄比 1 日龄增加极显著（$P<0.01$）。

表 7-1　25 日龄内不同日龄仔猪消化系统生长发育

项目	1	3	5	7	14	20	25
体重（kg）	0.64	1.45*	1.95	2.40*	3.20	5.85*	8.50*

（续）

项目		1	3	5	7	14	20	25
食管	长度（cm）	8.62	10.82	11.30	11.32	12.92	22.22	25.82
	重量（g）	1.21	1.32*	1.80	1.82	1.83	2.02*	2.74*
胃	重量（g）	6.24	11.2*	12.94	41.52	53.62	98.42	160.52
	最大容积（mL）	17.51	40.20	63.06	66.08	150.0	180.0	250.4
十二指肠	长度（cm）	8.48	11.62	13.26	13.46	19.82	28.34	32.14
	重量（g）	1.07	2.78	4.46	4.62	6.71	8.96	10.07
空肠、回肠	长度（cm）	108.5	176.4	187.7	190.3	245.7	290.7	352.4
	重量（g）	23.59	33.27	42.63	42.96	87.02	116.17	164.17
大肠	长度（cm）	59.43	61.86	68.36	87.98	122.6	128.6	154.9
	重量（g）	12.02	26.99	29.62	39.64	59.12	86.49	146.2
	直径（cm）	0.43	0.46	0.52*	0.55	0.82*	1.00*	1.46*
肝脏	重量（g）	13.62	34.51	49.50	53.20	97.50	122.5	200.6
胆汁	pH	6.0	6.0	6.2	6.3	6.5	6.6	6.7
	体积（mL）	0.75	1.10*	1.12	1.26	1.42	2.10*	2.80*
胰	重量（g）	1.30	3.42*	3.55	3.62	3.72	7.84*	10.3*

资料来源：李树明等（2002）。

异速生长势指的是动物局部器官对整体的相对生长势，异速生长方程式 $y=ax^b$，其中 b 值可以判断各组织或器官的早熟性顺位。郭宗义等（1996）研究了荣昌猪瘦肉型品系内脏器官异速生长势（表 7-2），其中小肠 b 值小于 1，为早熟，胃和大肠均为晚熟。荣昌猪消化器官的早熟顺位是肝—小肠—胰—胃—大肠。

表 7-2　荣昌猪瘦肉型品系内脏器官异速生长势

x	y	a	b	Δb	R^2
内脏总量	肾	0.002 04	0.085 01	0.003 97	0.999 9
	心	0.000 97	0.864 1	0.023 35	0.997 1
	肺	0.012 59	1.020 8	0.025 59	0.997 5
	小肠	0.030 2	0.961 8	0.054 21	0.982 5
	肝	0.032 25	0.898 2	0.032 80	0.994 7
	脾	0.000 109	0.954 3	0.054 76	0.987 0

（续）

x	y	a	b	Δb	R^2
内脏总量	胰	0.000 142	1.005 3	0.111 26	0.953 3
	胃	0.002 52	1.057 4	0.022 47	0.998 2
	大肠	0.010 666	1.304 8	0.014 51	0.999 5

资料来源：郭宗义等（1996）。

陈宏权等（1987）研究了不同能量和粗纤维水平对皖南花猪与荣昌猪杂交猪育成后的消化器官发育影响，发现低能量粗饲料能增加胃和肠重量，但对肠道长度发育影响不大（表 7-3）。

表 7-3　皖南花猪和荣昌杂交猪 90kg 时消化器官发育情况

营养水平	胃重（g）	小肠重（g）	小肠长（m）	大肠重（g）	大肠长（m）	肝重（g）
高能量精饲料	860.7	1 231.3	14.66	2 056.25	4.74	1 709.40
低能量粗饲料	1 059.4	1 340.7	14.07	2 137.50	4.19	1 906.25

资料来源：陈宏权等（1987）。

二、营养物质的消化和吸收

消化指的是动物采食饲料后，经物理性、化学性及微生物性作用，将饲料中大分子不可吸收的物质分解为小分子可吸收的物质的过程。饲料中营养物质经过消化后，由消化道上皮细胞进入血液和淋巴的过程则称为吸收（韩仁圭等，2000）。

摄入的蛋白质首先在胃中被胃蛋白酶降解为多肽和少量游离氨基酸，进入小肠进一步消化为游离氨基酸和小肽，然后被小肠肠壁吸收进入血液后输送到肝脏。脂类则是在胆盐和脂肪酶的作用下水解成脂肪酸和甘油，由小肠吸收后由淋巴系统进入血液循环，小部分经门静脉进入肝脏，而未被吸收的脂类在大肠被细菌分解（Cranwell，1995）。董国忠等（1999）给长白×荣昌杂交仔猪饲喂不同类型饲粮，发现复合蛋白型饲粮、低蛋白质氨基酸平衡饲粮和添加抑菌促生长剂均可提高早期断奶仔猪对蛋白质和脂肪的消化率，降低腹泻程度。复合蛋白型饲粮和低蛋白质氨基酸平衡饲粮有利于降低仔猪结肠内蛋白质腐败产物产量，从而影响结肠内蛋白质代谢（董国忠等，

2000）。

寡糖和淀粉可在猪小肠内被消化酶水解成单糖，而低聚糖、抗性淀粉和非淀粉多糖可被大肠微生物发酵产生短链脂肪酸和乳酸（程小航，2014）。荣昌猪具有耐粗饲的特点，体外培养试验发现，荣昌猪盲肠微生物有较强的消化粗纤维的能力，但其盲肠微生物消化纤维素机理尚不明确（胥清富等，1999）。荣昌仔猪小肠内葡萄糖分布与饲粮的碳水化合物的种类与数量相关。刘文宗等（2004）把荣昌仔猪分为母猪代喂组（乳糖含量 5.48%）、高乳糖含量组（乳糖含量 10.85%）、高葡萄糖组（不含乳糖），饲养 13d 后发现淀粉类碳水化合物的分解和葡萄糖的吸收主要集中在十二指肠和空肠部位（表 7-4）。

表 7-4　仔猪小肠内容物和内壁黏膜中乳糖和葡萄糖的含量（%）

类别	组号	十二指肠段	空肠前段	空肠后段	回肠前段	回肠后段
乳糖	母猪代喂组	2.03±0.19	1.93±0.19	1.51±0.12	1.40±0.11	1.21±0.03
	高乳糖含量组	2.23±0.26	1.91±0.15	1.72±0.21	1.45±0.07	1.45±0.03
葡萄糖	母猪代喂组	1.27±0.35	1.35±0.06	1.22±0.03	0.41±0.04	0.19±0.02
	高乳糖含量组	5.15±1.23	4.76±0.78	2.11±0.76	0.82±0.58	0.35±0.26
	高葡萄糖组	21.40±2.93	28.17±5.97	13.82±3.64	5.84±1.58	0.38±0.18

资料来源：刘文宗等（2004）。

酶制剂是一种新型的饲料添加剂，饲粮中添加酶制剂可以提高荣昌猪及其杂交猪的养分消化率。陈文等（2005）的研究表明，在长白×荣昌杂交仔猪饲粮中添加植酸酶能提高猪对钙、磷的利用率。黄金秀等（2006）利用约克×荣昌仔猪研究了不同木聚糖水平饲粮中添加木聚糖酶的效果，发现当木聚糖含量大于 7.25%时，对猪的养分消化率有一定的改进效果。但徐宏波等（2007）认为添加单一的木聚糖酶对约克×荣昌仔猪的玉米-豆粕型饲粮养分消化率没有改善作用。由于单一的酶制剂对猪营养成分消化率影响有限，目前在实际生产中主要采取多个外源消化酶联合使用来提高消化率。黄建等在长白×荣昌杂交猪的大麦日粮中添加 β-葡聚糖酶和阿拉伯木聚糖酶，能显著提高日粮中粗脂肪和粗纤维的消化率。辛总秀等（2005）用复合酶制剂（包括纤维素酶、木聚糖酶、β-葡聚糖酶、果胶酶）可提高荣昌猪育肥猪蛋白质和有机物的消化率，增加猪对养分的吸收和利用率。

三、消化酶

消化腺合成消化酶，分泌消化液，消化酶经导管被输送到消化道内，促使饲料中的蛋白质、脂肪和糖类发生水解作用。

（一）胃消化酶

胃消化酶主要包括胃蛋白酶和凝乳酶。荣昌初生仔猪在哺乳阶段以母乳为营养，其胃蛋白酶的作用有限，胃蛋白酶浓度处于较低水平；断奶后随着胃黏膜的发育和固体饲料的刺激，其胃蛋白酶的活性会迅速上升（张耕等，2002）。凝乳酶将乳中的酪蛋白原转变为酪蛋白，后者与钙离子结合成不溶性酪蛋白钙，使乳汁凝固，延长了乳汁在胃内的停留时间和胃液对乳汁消化的时间。哺乳期仔猪凝乳酶呈现先高后低的趋势，3～4 周龄后凝乳酶活性急剧减少，到 8～9 周龄分泌量已经很小（胡祖禹等，1986）。

（二）胰酶

胰腺所分泌的消化酶可分为蛋白质分解酶（蛋白酶、糜蛋白酶和羧肽酶）、碳水化合物分解酶（α-淀粉酶和几丁质酶）、脂肪分解酶和核酸酶（核糖核酸酶和脱氧核糖核酸酶）四大类。

胰蛋白酶是动物体内主要的蛋白质分解酶，它以酶原的形式释放到小肠中，经自动催化或经肠激酶作用转变为胰蛋白酶。张耕等（2002）研究荣昌猪仔猪断奶前后消化酶活性（表 7-5）。结果发现，胰蛋白酶活性在断奶前处于一个较高的水平，断奶后胰蛋白酶的活性会在短时间内发生急剧降低，但随着仔猪的进食，胰蛋白酶活性逐渐升高；荣昌仔猪哺乳期间 α-淀粉酶分泌水平较低，断奶后其活性略有降低，但随着仔猪的进食，α-淀粉酶活性大幅度地增加，饲料中淀粉成分增加，胰腺表现出“适应性分泌”。

表 7-5 荣昌猪仔猪断奶前后消化酶活性（U/g）

仔猪阶段	胃蛋白酶	α-淀粉酶	胰蛋白酶
断奶前 1 周	683	754	1 932
断奶前 3d	752	796	2 518

（续）

仔猪阶段	胃蛋白酶	α-淀粉酶	胰蛋白酶
断奶后 3d	801	504	1 341
断奶后 1 周	1 482	1 727	3 021

资料来源：张耕等（2002）。

（三）小肠消化酶

小肠分泌的消化酶包括 6 种碳水化合物酶、4 种蛋白质酶、2 种脂肪酶以及有机酸分解酶。小肠二糖酶是碳水化合物消化吸收的关键酶，包括乳糖酶、海藻糖酶、异麦芽糖酶、蔗糖酶和麦芽糖酶。刚分娩的仔猪体内无蔗糖酶、异麦芽糖酶及海藻糖酶，但随猪龄增长这些酶的活性稳定地升高。乳糖酶是新生仔猪主要的碳水化合物酶，初生时活性较高，但随猪龄增加活性逐步下降，以空肠前段为最高（兰云贤等，2011a）。

断奶日龄影响哺乳仔猪小肠各段麦芽糖酶、乳糖酶和蔗糖酶的活性（表 7-6）：对于 21 日龄断奶的仔猪，35 日龄的十二指肠、空肠中段和回肠的麦芽糖酶活性显著高于 23、28 日龄（$P<0.05$），23 日龄的十二指肠乳糖酶活性显著高于 28、35 日龄；对于 28 日龄断奶的仔猪，35 日龄的空肠中段的麦芽糖酶活性显著高于 30 日龄（$P<0.05$），其余各肠段各种酶的活性在不同日龄差异不显著；对哺乳仔猪进行补饲能改变小肠各段的麦芽糖酶、乳糖酶和蔗糖酶的活性（兰云贤等，2011a）。

兰云贤等（2011b）还发现在荣昌断奶仔猪饲粮中分别添加不同形式的糖（葡萄糖、蔗糖、乳糖和淀粉）对小肠段二糖酶活性的影响不同（表 7-7）：①饲喂 7d 后，葡萄糖组麦芽糖酶、乳糖酶、蔗糖酶的活性都有显著性变化；蔗糖组空肠中段的麦芽糖酶活性显著高于其他各肠段（$P<0.05$）；乳糖组空肠中段麦芽糖酶活性高于十二指肠和回肠，空肠前段乳糖酶活性高于回肠；淀粉组各肠段麦芽糖酶和蔗糖酶活性差异不显著。②饲喂 30d 后，葡萄组十二指肠、空肠前段和中段乳糖酶活性显著高于空肠后段和回肠段（$P<0.05$）；蔗糖组 3 个二糖酶的活性在各肠段差异不显著；乳糖组乳糖酶活性空肠前段和中段显著高于回肠（$P<0.05$）；淀粉组各肠段麦芽糖酶、乳糖酶和蔗糖酶活性差异不显著。③添加不同形式糖对干物质、粗纤维、粗脂肪、无氮浸出物的消化也有显著影响（$P<0.05$）。

表 7-6　不同断奶日龄仔猪小肠各段 3 种二糖酶活性（U/mg）

断奶日龄	仔猪日龄	麦芽糖酶活性					乳糖酶活性					蔗糖酶活性				
		十二指肠	空肠前段	空肠中段	空肠后段	回肠段	十二指肠	空肠前段	空肠中段	空肠后段	回肠段	十二指肠	空肠前段	空肠中段	空肠后段	回肠段
21	23	16.6±5.2	19.1±11.5	27.9±8.8	18.3±11.5	11.2±2.3	10.4[a]±3.7	10.2±5.9	16.5±6.9	3.6±1.3	1.8±0.5	0.8±0.1	1.0±0.3	4.1±1.6	4.2±2.2	1.5±0.7
	28	14.2±4.0	18.3±1.4	41.9±7.1	13.6±3.7	11.7±1.3	4.3[b]±0.8	9.5±6.1	20.4±7.3	2.5±0.6	2.0±0.3	0.9±1.2	0.7±0.3	10.1[a]±3.1	2.1[a]±0.3	1.3±0.6
	35	25.7±2.4	29.3±2.5	76.1[y]±14.8	20.6±3.4	20.6[y]±1.9	5.1[b]±0.9	7.5[y]±0.5	13.7±3.0	1.9[y]±0.1	1.1±0.4	1.0±0.5	0.6[y]±0.1	5.1±1.6	2.3±0.9	2.2±0.7
28	30	15.0[b]±1.6	19.5±6.3	17.7[a]±3.7	9.5±3.2	8.9±1.6	4.1[y]±0.6	6.3[b]±3.0	4.3[y]±2.4	1.3±0.5	1.1±0.6	0.5±0.2	2.0±0.5	1.8±1.2	1.2±0.3	1.2±0.6
	35	25.1±7.3	24.3[b]±1.7	40.7[b]±3.1	20.4±5.6	19.9±5.9	4.1[β]±0.5	5.4[β]±1.6	9.7[β]±2.5	2.1±0.3	2.0±0.2	1.0±0.4	0.3[b]±0.2	6.5±1.9	4.1±1.5	2.6±0.8

注：同列数据肩标字母不同表示差异显著（$P<0.05$）。
资料来源：兰云贤等（2011a）。

表 7-7　不同形式的糖对荣昌仔猪小肠黏膜二糖酶活性的影响（U/mg）

组别	小肠各段	麦芽糖酶活性		乳糖酶活性		蔗糖酶活性	
		7d	30d	7d	30d	7d	30d
葡萄糖组	十二指肠	20.6±8.1^{ab}	39.4±21.4	3.87±1.40^{a}	3.5±0.6^{b}	0.96±0.61^{a}	1.1±0.8
	空肠前段	29.3±6.3^{b}	27.1±6.6	15.4±4.12^{b}	3.5±0.2^{b}	2.24±0.89^{ab}	1.3±0.4
	空肠中段	27.7±5.7^{b}	39.3±25.6	8.05±2.09^{b}	3.1±1.6^{b}	3.56±1.70^{b}	6.5±6.6
	空肠后段	14.8±4.5^{a}	22.1±8.0	1.50±0.97^{a}	1.1±0.3^{a}	1.72±0.40^{ab}	3.4±2.7
	回肠段	10.8±0.43^{a}	21.2±12.3	1.04±0.21^{a}	1.0±0.7^{a}	0.63±0.18^{a}	3.3±2.4
蔗糖	十二指肠	18.9±3.0^{a}	23.5±3.0	3.31±1.14	3.2±0.4	0.79±0.52	1.3±1.0
	空肠前段	22.8±11.4^{a}	25.3±9.5	7.61±4.53	4.4±2.2	2.18±0.71	3.0±2.8
	空肠中段	47.8±23.3^{b}	19.0±8.0	6.92±6.31	1.3±0.7	6.21±5.81	2.2±1.5
	空肠后段	47.8±23.3^{b}	19.0±8.0	6.92±6.31	1.3±0.7	6.21±5.81	2.2±1.5
	回肠段	15.1±3.15^{a}	21.4±4.7	1.66±0.34	0.7±0.3	2.74±1.52	3.6±1.9
乳糖	十二指肠	14.2±3.3$^{\alpha}$	16.6±0.3	2.26±0.12$^{\alpha\beta}$	2.6±0.9$^{\alpha\beta}$	0.46±0.38$^{\alpha}$	1.0±0.5
	空肠前段	25.4±4.9$^{\alpha\beta}$	29.2±5.6	3.45±1.65$^{\beta}$	4.8±0.8$^{\gamma}$	1.99±1.38$^{\alpha\beta}$	2.1±0.6
	空肠中段	34.1±11.0$^{\alpha}$	37.2±27.0	2.79±0.52$^{\alpha\beta}$	3.9±1.8$^{\beta\gamma}$	5.36±3.03$^{\beta}$	6.1±5.2
	空肠后段	34.1±11.0$^{\alpha}$	37.2±27.0	2.79±0.52$^{\alpha\beta}$	3.9±1.8$^{\beta\gamma}$	5.36±3.03$^{\beta}$	6.1±5.2
	回肠段	10.4±1.89$^{\alpha}$	14.4±3.9	0.89±0.33$^{\alpha}$	1.1±0.2$^{\alpha}$	1.54±0.96$^{\alpha\beta}$	1.7±0.8
淀粉	十二指肠	16.7±5.2	18.2±3.0	2.81±0.72^{b}	3.1±1.1	0.69±0.76	0.5±0.1
	空肠前段	13.7±3.0	20.0±0.5	2.51±0.74^{ab}	3.4±1.4	1.07±0.85	1.2±0.3
	空肠中段	19.9±8.7	24.9±13.5	2.12±0.78^{ab}	3.0±1.4	2.28±1.28	3.3±3.7
	空肠后段	15.0±2.97	12.9±2.9	2.10±0.40^{ab}	0.9±0.5	2.03±1.11	1.2±0.3
	回肠段	13.4±5.04	13.7±6.7	1.04±0.37^{a}	1.5±1.0	1.72±0.70	2.0±0.9

注：同列数据肩标字母不同表示差异显著（$P<0.05$）。
资料来源：兰云贤等（2011b）。

四、猪胃肠道微生物

猪的消化道微生物数量是体细胞的10倍，包括30多个属的500多种微生物，主要分为需氧菌、兼性厌氧菌和专性厌氧菌三部分（Ewing et al.，1994）。

（一）胃肠道微生物的分布和作用

在猪的生长发育过程中，由于消化道内环境的变化、日粮成分的改变和断奶应激等作用，胃肠道的微生物菌群的种类和数量会产生一定的变化，但这种变化在猪的整个生命过程中维持一定的动态平衡。杨柳等（2011）、曾志光等对荣昌猪与其他外种猪的肠道微生物进行变性梯度凝胶电泳（DGGE）指纹图谱分析，发现在哺乳、断奶和经产三个阶段的指纹图谱中，不同品种猪的粪样微生物种/属相似性较高，但分布和数量存在较大的差异；另外在断奶和经产阶段，荣昌猪粪样包含的可见条带数量最多，说明荣昌猪肠道中定植的微生物类群更多，这为解释荣昌猪具有适应性好、抗逆性强、耐粗饲和抗病力强等特点提供了依据。

荣昌猪胃肠道微生物不仅能影响宿主对营养物质的吸收和利用，还能影响消化道黏膜局部的免疫系统，消化道平衡的破坏会使病原菌或致病菌异常增殖，从而导致猪患病；同时，猪胃肠道内的专性厌氧菌还可以对病原菌产生生物颉颃作用，厌氧菌通过产生挥发性脂肪酸和乳酸，降低胃肠道 pH 和氧化还原势，从而抑制外源病原菌生长与定植（凌泽春等，2011）。

（二）猪消化道微生物调控技术

1. 抗生素　可改善猪的健康状况和生产性能，陈代文等（2004）发现在长白×荣昌杂交仔猪饲粮中添加黄霉素能提高饲料利用率（$P<0.05$），降低腹泻指数（$P<0.05$）。但大量的抗生素使用会引起肠道菌群失调，增加猪对病原菌的易感性以及存在抗生素残留等问题，因此许多国家和地区禁止在饲料中长期添加抗生素。

2. 微生态制剂　主要包括益生元、益生素及合生素，是一类能通过调节动物肠道微生态平衡，从而促进动物健康成长并提高其生产性能的制品。

（1）益生元　主要是寡糖类产品，通过选择性激活动物体内某些有益菌群的生长来促进动物健康生长。另外一些有机酸及中草药添加剂也能起到益生元的作用。在荣昌哺乳仔猪饲粮中添加 0.5%的柠檬酸后，可抑制大肠杆菌和肠球菌的生长，同时促进乳酸杆菌、酵母菌等益生菌的增殖，从而改善了哺乳仔猪消化机能（曹国文等，1992）。曹国文等（2003，2006）、周淑兰等（2004）用中草药粉剂饲喂长白×荣昌杂交仔猪，结果发现中草药添加剂不仅能促进仔猪肠道有益菌的增殖和提高生产性能，还能明显增强动物的非特异性免疫功能和细胞免疫功能。童晓莉等（2002）通过试验证实给荣昌猪瘦肉型品系（即新荣昌猪Ⅰ系简称新荣Ⅰ系）繁殖母猪饲喂中药增强剂，能显著提高母猪妊娠期增重、仔猪的20日龄重和35日龄重，同时还能有效地维护仔猪肠道有益菌的正常平衡，降低仔猪腹泻率。

（2）益生素　是一类微生物饲料添加剂，能促进宿主肠道微生物平衡，提高动物生长和饲料转化率等。芽孢杆菌微生物制剂的添加能显著增加长白×荣昌杂交仔猪的平均日增重，降低料重比及腹泻率，具有抗病和促生长的作用；还能显著降低生长猪肠道中大肠杆菌数量，同时显著提高小肠内淀粉酶活性（戴荣国等，2006；刘延贺，1997）。唐圣果等（2014）在大白×荣昌猪饲粮中补充复合微生物添加剂，发现能改善生长猪生长性能，并提高营养物质消化率。刘作华等（2005）用含有乳酸杆菌等10多种微生物的复合益生素饲喂长白×荣昌仔猪后发现，益生素能明显提高仔猪的生产性能，但对免疫指标影响不显著。

（3）合生素　将益生素与益生元结合使用的生物制剂称为合生素，其能同时发挥益生菌和益生元的作用，能提高外源性活菌的生存率，改善肠道内菌群结果，促进有益菌生长，从而提高动物免疫力，对动物健康有积极的作用。中草药发酵物是以中药材为发酵基质，多种益生菌联合发酵并提取有效生物活性成分的合生素，能促进动物生长、提高生产力。鲁娜等（2010）报道在大白×荣昌猪饲粮中补充200～400g/t的中草药发酵物能有效改善生长猪的饲料养分利用率；补充400～800g/t的中草药发酵物可显著提高胰和十二指肠消化酶活性。

（三）其他

酸化剂能降低胃肠道pH，抑制病原菌的繁殖，并减少营养物质的消耗。在长白×荣昌杂交仔猪饲粮中添加酸化剂乳酸宝，能降低胃和十二指肠pH，抑制大肠杆菌的增殖，降低腹泻和提高饲料利用率（陈代文等，2004）。

第二节　荣昌猪及其培育品系的营养需要

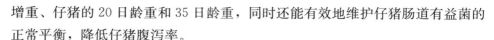

猪的营养需要是指保证猪体正常、健康生长或充分发挥其生产性能所需要的各种饲料营养物质种类和数量，包括维持需要和生产需要两大部分。荣昌猪是我国优良的地方品种之一，对其营养需要的研究备受动物营养学领域科技工作者的关注。早在新中国建立初期，四川农业大学杨凤教授就对荣昌

猪的生长发育规律及其营养需要进行了系统研究，并在1959年首次提出了“荣昌肉猪的饲养标准”。随着我国地方猪选育工作的不断进步，动物营养学理论的不断创新，饲料科技的快速发展，荣昌猪及其培育品种的营养需要研究工作也得到了长足的发展。在不同的生理阶段下，荣昌猪及其杂交组合所需的营养物质数量不同。营养过多或过少不仅会影响猪生产性能的发挥，还会对其健康带来不利影响。

一、能量

能量是动物饲料营养成分的重要组成部分，是维持动物生长、繁殖、生产等生命活动的重要物质基础，也是影响动物生产性能的最为重要的一个因素。猪所需能量主要来自饲料中的碳水化合物、脂肪和蛋白质，其中碳水化合物为最主要的能量来源（杨凤，2000）。猪的能量需要评价体系主要包括消化能（DE）、代谢能（ME）和净能（NE）三大体系。消化能是动物采食饲料的总能减去未被消化以粪形式排出的饲料能量的差值。代谢能指消化能扣除尿能和消化能可燃气体能后所剩余部分的能量。净能可真实地反映动物生命过程中的能量需要，与消化能和代谢能相比更为准确，但目前净能在猪体内的分配方式尚不明朗。目前我国对猪能量需要的研究主要是采用消化能或代谢能体系（李德发，2003）。

梁龙华等于2005年的研究发现，母猪的繁殖性能受到饲粮能量水平影响，其繁殖周期（发情—配种—妊娠—分娩—哺乳）各阶段的能量水平都将影响采食量、饲料转化率、产仔性能和泌乳量等，并且某一阶段的营养水平会影响下一阶段乃至全程的生产性能，所以母猪应采用不同的能量浓度分阶段饲养。生长育肥猪的能量主要用于维持生命、促进组织器官的生长及机体脂肪和蛋白质沉积，我国主要采用综合法和析因法确定不同生长阶段生长育肥猪的能量需要值。

（一）荣昌猪的能量需要

邓吉辉等报道荣昌初产母猪妊娠前期、后期和哺乳期的消化能需要分别为15.48MJ/d、23.43MJ/d和39.75MJ/d；2～4胎母猪妊娠前期、后期和哺乳期的消化能需要分别为18.41MJ/d、27.61MJ/d和45.54MJ/d。汪超等（2010）对35～55kg后备荣昌母猪的研究发现，随着日粮消化能水平的提高，试验猪日增重显著提高，料重比显著降低，P2 背膘厚显著增加，母猪发情率呈现上升趋势；以母猪发情率为衡量指标，得到 35～55kg 后备荣昌母猪适宜的日粮消化能为 12.97MJ/kg，高于《猪饲养标准》（NY/T 65—2004）（以下简称《标准》）中地方猪种同等体重后备母猪消化能需要。荣昌烤乳猪品系是重庆市畜牧科学院培育的一个荣昌猪新品系，具有肌肉细嫩、口感好等特点。陈德志等（2009）研究了日粮能量水平对荣昌烤乳猪品系生长性能和肉质性状的影响。结果发现，日粮能量水平显著影响了仔猪日增重和料重比，高能量水平下的仔猪生长性能优于低能量水平；日粮能量水平极显著影响肌肉粗蛋白质含量和蒸煮损失，对肌肉总色素和肌纤维密度的影响显著；综合评价得出，5～11kg 体重阶段的荣昌烤乳猪品系适宜的消化能水平为 15.06MJ/kg。

（二）荣昌猪杂交组合的能量需要

荣昌猪瘦肉型品系（新荣Ⅰ系）是在荣昌猪纯种选育的基础上导入 25% 的长白猪血缘培育出的瘦肉型专门化母本品系，该品系种公猪（体重 175kg）、妊娠母猪（前期 165kg，后期 180kg）和哺乳母猪（190kg）每日消化能需要量分别为 25.92MJ、25.92MJ、29.68MJ 和 64.79MJ（刘宗慧等，1997）。曾代勤等（1999）认为荣昌猪瘦肉型品系仔猪开料后消化能需要水平则为 13.39～14.23MJ/kg，3～5 月龄和 5 月龄后的后备母猪饲粮消化能需要水平为分别 12.97～13.39MJ/kg 和 12.97MJ/kg，妊娠母猪和哺乳母猪的能量需要水平分别为 12.13～12.55MJ/kg 和 12.97MJ/kg 以上，与《标准》中瘦肉型母猪消化能推荐需要量基本一致；研究还认为该品系种公猪的能量需要水平为 12.97MJ/kg。

饲粮消化能水平能影响荣昌杂交猪的生产性能和胴体品质，且不同评价指标得到的消化能适宜水平也不尽相同。黄萍等（2005）以生产性能和最大无脂瘦肉沉积量为评价指标，得到 20～100kg 长白×荣昌杂交猪的消化能适宜水平为 13.06MJ/kg。邹田德等（2012）以获得最佳生长潜能和最优胴体品质来综合评价，认为生长阶段（27～65kg 体重）的长白×荣昌杂交猪所需的饲粮消化能水平为 14.50MJ/kg。钟正泽等（2009）采用 D-最优回归设计，选取 7～8 月龄的渝荣Ⅰ号配套系 CB 系后备母猪，研究了其妊娠前期（1～84d）能量的适宜需要量。结果发现，提高饲粮消化能水平显著降低母猪妊娠第 84 天时的活仔数，极显著地提高了死胎和木乃伊数；以仔猪窝重为衡量指标，得出渝荣Ⅰ号配套系初产母猪妊娠前期的饲粮消化能适宜水平为12.50MJ/kg。

二、蛋白质和氨基酸

蛋白质是动物必需的核心营养物质。蛋白质以氨基酸和多肽的形式参与动物机体构成，在动物体内具有重要的营养生理作用。蛋白质是动物机体和畜产品的主要组成成分，是机体内生物功能的载体，也是动物组织更新、修补的主要原料，蛋白质还能在特定条件下转化为糖或脂肪，为机体提供能量。饲料能提供猪生产过程中和体组织修补与更新需要的全部蛋白质，因此猪在生长发育过程中必须从饲料中不断摄取蛋白质，以保证其组织器官的生长和更新（魏宗友等，2013）。

氨基酸是构成蛋白质的基本单位，动物对蛋白质的需要本质上就是对氨基酸的需要。氨基酸具有多种生理功能，包括合成体蛋白、调节动物机体免疫功能和调节蛋白质周转代谢等（杨凤，2000）。氨基酸分为必需、非必需和限制性氨基酸，猪饲料供给上应注意必需氨基酸和赖氨酸等限制性氨基酸的供给量。饲料中必需氨基酸不足时，可通过添加人工合成的氨基酸使氨基酸平衡，提高饲粮的营养价值。赖氨酸是猪的第一限制性氨基酸，其他必需氨基酸的需要量主要根据赖氨酸需要量与美国国家研究委员会（NRC）推荐的理想氨基酸模式来推算。蛋氨酸、色氨酸和苏氨酸也是猪的限制性氨基酸，色氨酸和苏氨酸在仔猪阶段发挥重要作用。精氨酸能提高母猪繁殖性能和泌乳性能等（刘俊锋，2010）。目前关于荣昌猪及其杂交组合的氨基酸需要研究主要集中在赖氨酸需要的研究上。

（一）荣昌猪的蛋白质和氨基酸需要

荣昌猪在不同的生理阶段下对蛋白质和氨基酸的需要量各不相同。陈德志等（2009）对荣昌烤乳猪品系的研究发现，日粮蛋白质水平显著影响仔猪日采食量、日增重和料重比，蛋白质水平18%组的生长性能优于16%和20%组；日粮蛋白质水平极显著影响肌肉粗蛋白质、肌内脂肪和蒸煮损失，对其余肉质性状指标影响不显著；综合评价得出5～11kg荣昌乳猪品系适宜粗蛋白质水平为18%。饲粮蛋白质的含量和质量还能影响荣昌母猪繁殖性能。汪超等（2010）以母猪血清尿素氮含量和发情率为评价指标，发现35～55kg后备荣昌猪母猪饲粮表观可消化赖氨酸的适宜水平为0.43%。蒋亚东（2016）分别对荣昌母猪妊娠前期（妊娠1～90d）和妊娠后期（91～110d）的赖氨酸需要量进行了研究。结果发现，综合考虑母猪妊娠90d血清尿素氮和激素水平、仔猪哺乳期增重等指标，初产荣昌母猪在妊娠前期饲粮代谢能水平为11.75MJ/kg时，标准回肠可消化赖氨酸（SID Lys）水平为0.55%～0.59%具有最佳的繁殖性能；综合分析母猪妊娠后期血清尿素氮、母猪妊娠后期体重变化、仔猪1～14日龄体增重等指标，经产荣昌母猪在妊娠后期饲粮代谢能为12.50MJ/kg时，SID Lys水平为0.66%～0.72%具有最佳的繁殖性能。龙定彪等（2011）对荣昌泌乳母猪的试验发现，以繁殖性能和血清生化指标为考察指标，经产荣昌泌乳母猪的饲粮粗蛋白质和表观可消化赖氨酸适宜水平分别为15.2%和0.80%。

（二）荣昌猪品系及杂交组合的蛋白质和氨基酸需要

宋育等（1995）以日增重和料重比为评价指标，发现40～90kg荣昌猪瘦肉型品系（新荣Ⅰ系）的适宜蛋白质和赖氨酸水平分别为14%～16%和0.67%～0.78%；以瘦肉率为评价指标，适宜蛋白质和赖氨酸水平则分别为16%～20%和0.78%～1.03%。刘宗慧等（1997）提出荣昌猪瘦肉型品系的种公猪、妊娠母猪和哺乳母猪的日粮蛋白质需要量分别为15.0%、13.5%和14.4%，赖氨酸需要量分别为0.64%、0.49%和0.57%，高于《标准》中瘦肉型种公猪蛋白质和氨基酸推荐量，低于《标准》中瘦肉型哺乳母猪蛋白质和氨基酸推荐量，妊娠母猪需要量则和《标准》推荐量基本一致；蛋氨酸+胱氨酸需要量分别为0.43%、0.50%和0.52%。曾代勤等（1999）认为荣昌猪瘦肉型品系后备母猪3～5月龄和5月龄后的饲粮粗蛋白质需要量分别为16%～17%和15%，种公猪的饲粮粗蛋白质含量应达到15%以上，妊娠母猪饲粮粗蛋白质需要量为13%～14%，哺乳母猪的饲粮粗蛋白质水平应在15%以上；仔猪开料后的饲粮粗蛋白质含量应为20%～22%，且赖氨酸含量不得低于1.1%。

杨飞云（2002）通过饲养试验和屠宰试验对20～100kg长白×荣昌杂交猪的体蛋白沉积模型及氨基酸需要量进行了研究。结果发现，全期胴体无脂瘦肉生长指数为227g/d，体蛋白沉积模型Y（g/d）$=72.211-1.527\ 5BW+0.064\ 8BW^2-0.000\ 5BW^3$（$BW$为体重，$R^2=0.955$）；真可消化赖氨酸模型$Y$（mg/d）$=8\ 665.41-183.3BW+7.778\ 8BW^2-0.061\ 2BW^3+36BW^{0.75}$

（BW 为体重，$R^2=0.955$），据此模型推算出 20～50kg、50～80kg、80～100kg 体重阶段的真可消化赖氨酸需要量分别为 9.67g/d、13.63g/d、11.61g/d，总赖氨酸需要量分别为 11.12g/d、15.76g/d、13.42g/d；按占风干饲粮的百分比表示，真可消化赖氨酸浓度分别为 0.61%、0.56%和 0.41%，总赖氨酸浓度分别 0.70%、0.64%和 0.47%。邹田德等（2012）采用饲养试验综合评定生长性能和胴体品质，得到长白×荣昌杂交猪在 30～60kg 体重阶段的饲粮可消化赖氨酸适宜水平为 0.73%。由此可见，对于同一品种同一阶段，采用不同的估测方法得到赖氨酸的需要量结果不尽相同。

姚焰础（2002）结合杨飞云（2002）的长白×荣昌杂交猪赖氨酸需要量预测模型，建立 10～100kg 长白×荣昌杂交猪赖氨酸需要量的数学模型，利用此数学模型预测 10～20kg 长白×荣昌杂交猪的氨基酸需要量，并用全胴体法进行验证得到 10～20kg 长白×荣昌杂交猪的赖氨酸沉积速度为 5.32 g/d，真可消化赖氨酸需要量为 6.46g/d，总赖氨酸需要量为 7.47g/d；按占风干饲粮百分比表示的真可消化赖氨酸需要量为 0.71%，总赖氨酸需要量为 0.82%。

表 7-8　荣昌猪及其品系、杂交组合蛋白质和氨基酸需要

品种、品系及杂交组合	生理阶段	研究结果	文献来源
		粗蛋白质需要量（%）	
荣昌猪	经产：哺乳 0～21d	15.20	龙定彪等（2011）
荣昌乳猪品系	5～11kg	18.00	陈德志等（2009）
荣昌猪瘦肉型品系	40～90kg	14～16（以 ADG 和 F/G 为评价指标），16.03～20.10（以瘦肉率为评价指标）	宋育等（1995）
荣昌猪瘦肉型品系	种公猪	15.0	刘宗慧等（1997）
	妊娠母猪	13.53	
	哺乳母猪	14.36	
新荣I系（荣昌猪瘦肉型品系）	后备母猪（3～5 月龄）	16～17	曾代勤等（1999）
	后备母猪（5 月龄后）	15	
	种公猪	>15	
	妊娠母猪	13～14	
	哺乳母猪	>15	
	仔猪	20～22	

（续）

品种、品系及杂交组合	生理阶段	研究结果	文献来源
		氨基酸需要量（%）	
荣昌猪	后备：35～55kg	ADLys 0.43	汪超等（2010）
荣昌猪	妊娠 1～90d	SID Lys 0.546～0.592	蒋亚东（2016）
	妊娠 91～110d	SID Lys0.655～0.723	
荣昌猪	经产：哺乳 0～21d	DLys 0.80	龙定彪等（2011）
荣昌猪瘦肉型品系	育肥期 40～90kg	Lys 0.672～0.783（以 ADG 和 F/G 为评价指标），Lys 0.783～1.025（以瘦肉率为评价指标）	宋育等（1995）
荣昌猪瘦肉型品系	种公猪	Lys 0.64，Met+Cys 0.43	刘宗慧等（1997）
	妊娠母猪	Lys 0.49，Met+Cys 0.50	
	哺乳母猪	Lys 0.57，Met+Cys 0.52	
新荣Ⅰ系（荣昌猪瘦肉型品系）	仔猪开料	1.1～1.4	曾代勤等（1999）
长白猪×荣昌猪	育肥期 20～50kg	TDLys 0.61，Lys 0.70	杨飞云（2002）
	育肥期 50～80kg	TDLys 0.56，Lys 0.64	
	育肥期 80～100kg	TDLys 0.41，Lys 0.47	
长白猪×荣昌猪	仔猪 10～20kg	公猪 TDLys0.689，Lys0.793，母猪 TDLys 0.693，Lys0.797	姚焰础等（2005）
长白猪×荣昌猪	仔猪 10～20kg	TDLys 0.69，TLys 0.79（胴体分离法），TDLys 0.71，TLys 0.82（全胴体法）	姚焰础（2002） 万有能等（2012）
长白猪×荣昌猪	育肥期 25～60kg	DLys 0.73	邹田德等（2012）
渝荣Ⅰ号配套系	初产：妊娠 1～84d	TDLys 0.69	钟正泽等（2009）

注：ADG：日增重；F/G：料重比；Lys：赖氨酸；Met+Cys：蛋氨酸+半胱氨酸；ADLys：表观可消化赖氨酸；SID Lys：标准回肠可消化赖氨酸；DLys：可消化赖氨酸；TDLys：真可消化赖氨酸；TLys：总赖氨酸。

三、矿物质

猪饲粮中必需的常量矿物元素包括钙、磷、钠、钾、氯、镁和硫，微量元素主要有铁、铜、锌、钴、锰、碘、硒等。其中，钙、磷是猪需要量最大的两种矿物质，具有重要的生理功能，是猪骨和牙齿的主要结构成分（李昌主，2015）。目前关于荣昌猪及其培育品系矿物质需要量的研究相当少。江山等（2015）试验发现，荣昌母猪妊娠 60～110d 的日粮中钙、磷适宜水平分别为

0.80%和0.65%，妊娠110d至泌乳21d的日粮中钙、磷适宜水平分别为0.82%和0.66%。刘宗慧等（1997）研究提出，荣昌猪瘦肉型品系的种公猪、妊娠母猪、哺乳母猪的钙和总磷的需要量分别为0.71%和0.58%、0.76%和0.63%、0.75%和0.66%。

四、荣昌猪及其杂交猪的营养需要推荐量

综合现有的文献资料，表7-9和表7-10列出了荣昌猪在生长育肥阶段以及荣昌母猪在妊娠期和哺乳期的营养需要推荐量。因为所能参考的数据非常有限，表7-11、表7-12只给出了以荣昌猪为母本的二元杂交猪在生长育肥阶段、妊娠阶段和哺乳阶段的营养需要推荐量。以荣昌猪为母本的三元杂交猪营养需要推荐量可以在二元杂交猪的基础上适当提高。

表7-9 荣昌猪生长育肥阶段饲粮营养需要推荐量（自由采食，88%干物质）①

指标	体重阶段（kg）				
	3～6	6～15	15～30	30～50	50～80
日增重（g）	150	240	400	520	500
日采食量（g）	220	500	1 200	1 900	2 200
饲料/增重	1.47	2.08	3.00	3.65	4.40
饲粮消化能（MJ/kg）②	14.23	14.23	13.81	13.39	12.97
饲粮代谢能（MJ/kg）②	13.66	13.66	13.25	12.85	12.45
粗蛋白质（%）	18.5	16.5	15.0	13.5	12.0
钙和磷（%）					
总钙③	0.85	0.70	0.60	0.52	0.48
总磷③	0.70	0.60	0.50	0.42	0.38
有效磷④	0.55	0.35	0.25	0.18	0.16
总氨基酸（%）					
赖氨酸	1.31	1.10	0.75	0.57	0.46
蛋氨酸	0.35	0.30	0.20	0.15	0.12
蛋氨酸+半胱氨酸	0.75	0.63	0.43	0.33	0.26
苏氨酸	0.88	0.74	0.50	0.38	0.31
色氨酸	0.24	0.20	0.14	0.10	0.08
异亮氨酸	0.72	0.61	0.41	0.31	0.25
亮氨酸	1.22	1.03	0.70	0.53	0.43

（续）

指标	体重阶段（kg）				
	3～6	6～15	15～30	30～50	50～80
缬氨酸	0.89	0.75	0.51	0.39	0.31
精氨酸	0.46	0.39	0.26	0.20	0.16
组氨酸	0.40	0.34	0.23	0.18	0.14
苯丙氨酸	0.75	0.64	0.43	0.33	0.26
苯丙氨酸+酪氨酸	0.93	0.77	0.51	0.38	0.30

注：①矿物质和维生素需要量参考《中国猪饲养标准》（NY/T 65—2004）肉脂型三型标准。

②玉米-豆粕型饲粮的能量含量。消化能与代谢能、代谢能与净能之间的转化系数分别为0.96和0.76。

③钙磷需要量参考《中国猪饲养标准》（NY/T 65—2004）肉脂型三型标准。

④《中国猪饲养标准》（NY/T 65—2004）中有效磷被认为与全消化道标准可消化磷（STTD磷）等价。

表7-10　荣昌母猪饲粮营养需要推荐量（88%干物质）①

指标	妊娠期（d）		泌乳期
	＜85	＞85	
日采食量（g）	1 500	2 000	3 000
饲粮消化能（MJ/kg）②	12.97	12.97	13.81
饲粮代谢能（MJ/kg）②	12.45	12.45	13.25
饲粮净能（MJ/kg）②	9.46	9.46	10.07
粗蛋白质（%）	11.0	12.0	15.0
		钙和磷（%）	
总钙③	0.50	0.60	0.65
总磷③	0.40	0.48	0.56
有效磷④	0.21	0.27	0.32
		总氨基酸（%）	
赖氨酸	0.51	0.70	0.75
蛋氨酸	0.15	0.20	0.22
蛋氨酸+半胱氨酸	0.35	0.47	0.43
苏氨酸	0.38	0.50	0.53
色氨酸	0.09	0.13	0.15
异亮氨酸	0.30	0.38	0.45
亮氨酸	0.47	0.66	0.90
缬氨酸	0.38	0.50	0.69
精氨酸	0.27	0.37	0.41

（续）

指标	妊娠期（d）		泌乳期
	<85	>85	
组氨酸	0.19	0.23	0.32
苯丙氨酸	0.29	0.39	0.43
苯丙氨酸＋酪氨酸	0.51	0.69	0.91

注：①矿物质和维生素需要量参考《中国猪饲养标准》（NY/T 65—2004）肉脂型妊娠和泌乳母猪标准。

②玉米-豆粕型饲粮的能量含量。消化能与代谢能、代谢能与净能之间的转化系数分别为0.96和0.76。

③钙磷需要量参考《中国猪饲养标准》（NY/T 65—2004）肉脂型妊娠母猪标准。

④《中国猪饲养标准》（NY/T 65—2004）中有效磷被认为与全消化道标准可消化磷（STTD磷）等价。

表7-11 荣昌二元杂交生长育肥猪饲粮营养需要推荐量（自由采食，88%干物质）①

指标	体重阶段（kg）				
	3～8	8～20	20～35	35～60	60～100
日增重（g）	180	350	500	750	710
日采食量（g）	260	650	1 350	2 300	2 800
饲料/增重	1.44	1.86	2.70	3.06	3.94
饲粮消化能（MJ/kg）②	14.64	14.43	14.23	13.81	13.39
饲粮代谢能（MJ/kg）②	14.06	13.86	13.66	13.25	12.85
饲粮净能（MJ/kg）②	10.68	10.53	10.38	10.07	9.77
粗蛋白质（%）	19.5	18.0	16.0	14.5	13.0
			钙和磷（%）		
总钙③	0.85	0.70	0.60	0.55	0.50
总磷③	0.75	0.60	0.50	0.45	0.40
有效磷④	0.55	0.35	0.25	0.20	0.18
			总氨基酸（%）		
赖氨酸	1.44	1.30	0.89	0.70	0.61
蛋氨酸	0.39	0.35	0.24	0.19	0.16
蛋氨酸＋半胱氨酸	0.83	0.75	0.51	0.40	0.35
苏氨酸	0.97	0.87	0.59	0.47	0.41
色氨酸	0.26	0.24	0.16	0.13	0.11
异亮氨酸	0.79	0.72	0.49	0.39	0.33
亮氨酸	1.34	1.21	0.83	0.65	0.57
缬氨酸	0.98	0.89	0.60	0.48	0.41

（续）

指标	体重阶段（kg）				
	3～8	8～20	20～35	35～60	60～100
精氨酸	0.51	0.46	0.31	0.25	0.21
组氨酸	0.45	0.40	0.27	0.22	0.19
苯丙氨酸	0.83	0.75	0.51	0.41	0.35
苯丙氨酸＋酪氨酸	1.01	0.91	0.62	0.49	0.43

注：①含25%～50%荣昌猪血缘的杂交猪，矿物质和维生素需要量参考《中国猪饲养标准》（NY/T 65—2004）肉脂型三型标准。

②玉米-豆粕型饲粮的能量含量。消化能与代谢能、代谢能与净能之间的转化系数分别为0.96和0.76。

③钙磷需要量参考《中国猪饲养标准》（NY/T 65—2004）肉脂型三型标准。

④《中国猪饲养标准》（NY/T 65—2004）中有效磷被认为与全消化道标准可消化磷（STTD磷）等价。

表7-12 荣昌二元杂交母猪饲粮营养需要推荐量（88%干物质）①

阶段指标	妊娠期（d）		泌乳期
	<85	>85	
日采食量（g）	1 800	2 400	4 500
饲粮消化能（MJ/kg）②	13.39	13.39	14.23
饲粮代谢能（MJ/kg）②	12.85	12.85	13.66
饲粮净能（MJ/kg）②	9.77	9.77	10.38
粗蛋白质（%）	12.0	13.0	16.0
	钙和磷（%）		
总钙③	0.52	0.63	0.68
总磷③	0.41	0.50	0.59
有效磷④	0.23	0.29	0.34
	总氨基酸（%）		
赖氨酸	0.53	0.73	0.78
蛋氨酸	0.16	0.21	0.23
蛋氨酸＋半胱氨酸	0.36	0.49	0.45
苏氨酸	0.40	0.52	0.56
色氨酸	0.09	0.14	0.15
异亮氨酸	0.32	0.39	0.47
亮氨酸	0.48	0.68	0.94
缬氨酸	0.39	0.52	0.71
精氨酸	0.28	0.38	0.43

（续）

阶段指标	妊娠期（d）		泌乳期
	<85	>85	
组氨酸	0.20	0.24	0.34
苯丙氨酸	0.30	0.40	0.45
苯丙氨酸＋酪氨酸	0.53	0.72	0.95

注：①含25%～50%荣昌猪血缘的杂交母猪。矿物质和维生素需要量参考《中国猪饲养标准》（NY/T 65—2004）肉脂型妊娠母猪标准。

②玉米-豆粕型饲粮的能量含量。消化能与代谢能、代谢能与净能之间的转化系数分别为0.96和0.76。

③钙磷需要量参考《中国猪饲养标准》（NY/T 65—2004）肉脂型妊娠和泌乳母猪标准。

④《中国猪饲养标准》（NY/T 65—2004）中有效磷被认为与全消化道标准可消化磷（STTD磷）等价。

主要参考文献

曹国文，戴荣国，郑华，等，2006. 中草药饲料添加剂对猪生产性能与经济效益的影响 [J].畜禽业（19）：19-20.

曹国文，马宁，1992. 柠檬酸对肠道菌群影响的研究 [J]. 四川畜牧兽医（1）：9-11.

曹国文，曾代勤，戴荣国，2003. 中草药添加剂对断奶猪肠道菌群与生产性能的影响 [J]. 中国兽医科技 33（11）：54-58.

陈代文，张克英，余冰，等，2004. 仔猪饲粮添加酸化剂及黄霉素对生产性能、消化道pH和微生物数量的影响 [J]. 中国畜牧杂志，40（4）：16-19.

陈德志，余冰，陈代文，2009. 日粮能量蛋白质水平对荣昌烤乳猪品系生长性能和肉质性状的影响 [J]. 动物营养学报，21（5）：634-639.

陈宏权，蒋模有，余金霞，1987. 不同饲养水平对皖南花商品肉猪增重和消化器官的影响 [J].畜牧与兽医（6）：241-242.

陈文，黄艳群，陈代文，等，2005. 植酸酶对长白×荣昌杂交仔猪饲粮钙、磷利用率影响的研究 [J]. 四川农业大学学报，23（4）：446-449.

程小航，2014. 猪的消化生理特点与营养需求 [J]. 养殖技术顾问（12）：46-46.

戴荣国，曹国文，姜永康，等，2006. 四种芽孢益生菌组合对仔猪生产性能影响的比较 [J].甘肃畜牧兽医，36（1）：14-16.

董国忠，杨育才，彭远义，等，1999. 饲粮因素对早期断奶仔猪蛋白质和脂肪消化率、腹泻和生产性能的影响 [J]. 养猪（4）：2-5.

董国忠，杨育才，孙新明，等，2000. 饲粮类型和蛋白质水平对早期断奶仔猪结肠结构和功能、结肠内蛋白质代谢的影响 [J]. 养猪（3）：2-4.

郭宗义，龙世发，欧秀琼，1996. 荣昌猪瘦肉型品系生长发育研究——猪的组织与器官的生长 [J]. 畜牧与兽医，28（5）：213-214.

韩仁圭，李德发，朴香淑，2000. 最新猪营养与饲料［M］. 北京：中国农业大学出版社 .
胡祖禹，刘敏雄，1986. 猪的生殖生理和消化生理［M］. 北京：中国农业出版社 .
黄健，欧秀琼，刘作华，等，2002. 不同加工方式和酶的添加对大麦日粮养分消化率的影响［J］. 畜禽业（5）：22-23.
黄金秀，陈代文，张克英，2006. 仔猪饲粮木聚糖水平与添加木聚糖酶对养分消化率的影响［J］. 中国畜牧杂志，42（7）：25-29.
黄萍，杨飞云，周晓容，辜玉红，2005. 长×荣生长育肥猪能量需要量研究［J］. 饲料工业，13：11-14.
江山，黄金秀，肖融，2015. 荣昌猪母猪钙、磷适宜需要量研究与应用［J］. 畜禽业，1：18-20.
蒋亚东，2016. 荣昌母猪妊娠期标准回肠可消化赖氨酸适宜需要量研究［D］. 重庆：西南大学 .
兰云贤，杨飞云，汪超，等，2011a. 荣昌乳仔猪小肠黏膜二糖酶活性发育规律及影响因素的研究［J］. 黑龙江畜牧兽医（17）：1-4.
兰云贤，杨飞云，汪超，等，2011b. 不同形式糖对荣昌仔猪小肠黏膜二糖酶活性和养分消化代谢的影响［J］. 中国畜牧杂志，47（13）：55-58.
李昌主，2015. 猪的矿物质和维生素需要量［J］. 畜牧兽医科技信息（11）：86-87.
李德发，2003. 猪的营养［M］. 2 版 . 北京：中国农业科学技术出版社 .
李树明，张方武，彭然，等，2002. 25 日龄内哺乳仔猪消化系统发育研究［J］. 教师教育学报（3）：6-10.
凌泽春，郭立辉，任素芳，等，2011. 猪胃肠道微生物菌群的研究现状及调控技术进展［J］.家畜生态学报，32（5）：5-9.
刘俊锋，胡慧，孔祥峰，等，2010. 母猪精氨酸营养研究进展［J］. 动物营养学报，22（4）：840-844.
刘文宗，李鑫，闫长亮，等，2004. 乳猪体内糖类的消化和吸收研究［J］. 四川畜牧兽医，12（31）：31-32.
刘延贺，马淑玲，1997. 芽孢杆菌微生物制剂对生长猪肠道菌群及淀粉酶活性的影响［J］. 郑州牧业工程高等专科学校学报（1）：4-8.
刘宗慧，宋育，1997. 荣昌猪瘦肉型品系种猪营养需要的研究［J］. 四川畜牧兽医（2）：19-21.
刘作华，童晓莉，黄健，等，2005. 畜禽壮在早期断奶仔猪日粮中应用效果的研究［J］. 饲料博览（3）：5-7.
龙定彪，汪超，刘作华，等，2011. 荣昌猪哺乳母猪 Dlys 适宜水平的研究［J］. 饲料工业，17：30-32.
鲁娜，郑宗林，王乙力，2010. 中草药发酵物对生长猪养分利用率的影响研究［J］. 饲料工业，31（5）：17-20.
宋育，蒋必光，龙世发，等，1995. 不同蛋白质、赖氨酸水平加青饲料或复合维生素对荣昌猪生产性能影响的研究［J］. 四川畜牧兽医，4：21-23.
唐圣果，苏海燕，蔡超，等，2014. 复合微生物添加剂对生长猪生长性能与营养物质消化率的影响［J］. 养猪（2）：33-34.

童晓莉，刘宗慧，郭宗义，等，2002. 中药免疫增强剂对新荣Ⅰ系母猪生产性能的影响研究［J］. 西南大学学报（自然科学版），24（2）：176-178.
万有能，姚焰础，刘作华，等，2012. 两种方法预测长×荣杂交仔猪赖氨酸需要量的比较研究［J］. 四川畜牧兽医，8：23-25.
汪超，龙定彪，刘雪芹，等，2010. 后备荣昌母猪适宜消化能和赖氨酸需要量研究［J］. 中国畜牧杂志，46（21）：33-37.
魏宗友，陈倍技，石晓峰，等，2013. 地方猪种蛋白质营养最新研究进展［J］. 中国猪业（s1）：180-185.
辛总秀，陈苗苗，何长芳，2005. 复合酶对育肥猪生产性能的影响研究［J］. 黑龙江畜牧兽医（3）：32-33.
胥清富，孙镇平，1999. 荣昌猪盲肠微生物消化粗纤维的体外试验研究［J］. 扬州大学学报（自然科学版），2（3）：31-34.
徐宏波，杜波，程茂基，2007. 添加木聚糖酶对仔猪玉米-豆粕型饲粮养分消化率的影响［J］.安徽农业科学，35（20）：6148-6149.
杨飞云，2002. 长白×荣昌杂交猪体蛋白沉积模型及氨基酸需要量的预测［D］. 四川：四川农业大学 .
杨凤，2000. 动物营养学［M］. 北京：中国农业出版社 .
杨立彬，李德发，谯仕彦，等，2003. 生长肥育猪无脂瘦肉生长率和赖氨酸需要量模型的研究［J］. 动物营养学报，15（3）：59-64.
杨柳，张邑帆，郑华，等，2011. 荣昌、长白、杜洛克猪肠道微生物 ERIC-PCR-DGGE 指纹图谱比较分析［J］. 家畜生态学报，32（5）：21-25.
姚焰础，2002. 10～20kg 长×荣二元杂交猪氨基酸需要量的研究［D］. 重庆：西南农业大学 .
姚焰础，宋代军，刘作华，等，2005. 性别对长白×荣昌仔猪赖氨酸需要量的影响［J］. 饲料工业，26（17）：30-32.
曾代勤，蔡娟，1999. 新荣昌猪Ⅰ系饲养技术（下）［J］. 四川畜牧兽医，26（11）：47.
张耕，曾子建，李竞，2002. 荣昌猪仔猪断乳前后几种消化酶活性变化［J］. 四川畜牧兽医学院学报，16（2）：9-12.
钟正泽，江山，肖融，等，2009. 初产母猪妊娠前期能量和赖氨酸的适宜需要量［J］. 动物营养学报，5：625-633.
周淑兰，曹国文，曾代勤，等，2004. 中草药添加剂对动物免疫力及抗应激作用的影响试验［J］. 贵州畜牧兽医，28（3）：8-9.
邹田德，毛湘冰，余冰，等，2012. 饲粮消化能和可消化赖氨酸水平对长荣杂交生长猪生长性能及胴体品质的影响［J］. 动物营养学报，24（12）：2498-2506.
Cranwell P D，1995. Development of the neonatal gut and enzyme systems. In：The Neonatal Pig Development and Survival［M］. UK：CAB international.
Ewing W N，Cole D J A，1994. The Living Gut：an introduction to micro-organisms in nutrition［M］. Ireland：Context Publications.

第八章
荣昌猪资源保护

第一节　资源保护发展历程

一、新中国成立前

早在20世纪30年代后期，许振英教授等曾对荣昌猪产区进行调查，做了15页《荣隆内江两中心养猪调查报告》，并对品种性能和改良做过研究。1937年，四川家畜保育所（1935年成立）曾在荣昌安富镇建立“荣隆实验区”，指导农家进行改良，并将荣昌猪作为四川全省重点推广的猪种。特别是抗日战争期间，我国大片土地沦陷，国内大专院校和科研机构内迁西南，国立中央大学（南京）等迁移到重庆和成都，畜牧学界专家、学者云集四川，他们对荣昌猪都很重视，提出要在全国推广。

二、20世纪50年代

1951年川东行署农业厅在荣昌猪产区建立了川东荣昌种畜场（重庆市畜牧科学院前身），专门从事荣昌猪的研究工作。1957年江津专区种猪场（1983年改名为重庆市种猪场）在荣昌玉伍乡板桥村成立，从事荣昌猪选育研究和繁殖推广工作。1959年荣昌猪良种基地建立。

三、20世纪70年代

1972年，荣昌猪被纳入“全国猪育种科研协作计划”重点选育的地方猪种之一，由产区有关单位组成了荣昌猪育种科研协作组，进一步加强了纯种选育和杂种优势利用的研究与推广工作。1973—1980年“荣昌猪选育”被列为四川省的重点科研项目，1973 年 3 月由产区地、县有关部门和专业场、站正式成立了“荣昌猪选育协作组”，实行专业研究与群众运动相结合，领导、科技人员、工农群众相结合，积极整顿、扩大育种基础群，加强良种基地和繁育体系的建设，开展品系繁育方法的研究，进行良种普查鉴定，建立各级配种站，推广普及人工授精，大力开展群众性选育活动，继续不断提高猪种质量。

四、20 世纪 80 年代

经全国家畜禽遗传资源管理委员会评审，荣昌猪以其瘦肉率高、毛色白色、特定遗传性状独特等优势，被农业部在“七五”规划中列为国家级重点保护的优良地方猪种。1987 年，国家级荣昌猪保种场即重庆市种猪场成立，专门从事荣昌猪的保种选育工作。1982 年荣昌县人民政府主持召开“荣昌猪资源保护与利用”座谈会，专题讨论荣昌猪选育提高、资源保护与利用、纯繁保种措施，决定将县所辖的峰高、安富、双河 3 个片区共 19 个公社作为荣昌猪的纯种繁殖区域，仁义、吴家、盘龙、荣隆 4 个片区所辖 29 个公社作为经济杂交区域，建立一个科技管理班子，并于 1987 年 4 月 20 日成立了“荣昌猪品种协会”。1985 年经农牧渔业部批准，荣昌猪被列为国家一级保护猪种。1986 年荣昌县加强领导，成立了“荣昌猪保种选育领导小组”“荣昌猪保种选育办公室”，在峰高、仁义、石河、昌元等 7 个保种选育乡设立育种员，具体负责荣昌猪群选育工作；在 7 个乡的 36 个村、188 个组、1 349 户中组建了 1 500 头基础母猪，基础母猪全为“省标”1～2 级。1987 年全县范围内开展了乡级赛猪会，通过竞赛，宣传选种知识，鼓励和帮助群众选优去劣，提高种猪质量；同时由四川省养猪研究所派专业技术人员在清升、石河、双河等乡举办 5 期 250 人参加的技术培训，受到群众的欢迎。1988 年 4 月 23 日，重庆市农业局和荣昌县人民政府举办了荣昌县首届荣昌猪赛猪会，全国 10 多个省共 130 多个单位参加此次赛事活动，由 27 位专家、教授组成评委会，依据国家标准局颁发的《荣昌猪只鉴别和种猪等级鉴定标准》，从参加决赛的 8 头公猪和 17 头母猪中评选出“猪大王”和“猪皇后”。

20 世纪 50 年代制定的《荣昌猪种猪鉴定标准》及《荣昌猪农林猪业鉴定标准》对提高主产区种猪质量曾起到一定的作用。1980—1982 年，由四川省养猪研究所、重庆市种猪场等几个单位协作，系统整理了核心群与农村猪群的试验、调查数据近 10 万个，制定出荣昌猪标准，由四川省标准局、畜牧局批准，颁布为省企业标准（川 350—82《荣昌猪》，1982 年 12 月 31 日发布），1984 年又根据农业部下达的任务进行了荣昌猪国家标准研制，经国家标准局批准，《荣昌猪》（GB/T 7223—1987）正式成为荣昌猪国家标准，并于 1987 年 8 月 1 日起实施。

五、20 世纪 90 年代

1998 年 10 月，荣昌县政府牵头，四川畜牧兽医学院、重庆市养猪科学研究院、重庆市种猪场等单位成立了“中国重庆畜牧科技城”，集“产学研、政商企”于一体，以大专院校和科研单位为技术支撑，以饲料兽药市场和荣昌猪为经济增长点，振兴荣昌经济。在中国重庆畜牧科技城挂牌同时，荣昌县举办了第二届荣昌猪赛猪会，将荣昌猪的影响力和知名度推向了一个新台阶。

六、21 世纪以来

2000 年 8 月，农业部确定荣昌猪为全国保护的 19 个猪品种资源之一，荣昌猪被列入《国家畜禽品种资源保护名录》。

2004 年重庆市养猪科学研究院、重庆市种猪场、重庆市畜牧兽医研究所三家单位合并成立重庆市畜牧科学院，将科研单位与国家级保种场合成研究、开发团队，致力于荣昌猪的研究、保护、开发利用。

2006 年对荣昌猪遗传资源情况进行调查，荣昌猪主产于重庆荣昌、四川隆昌两县，集中分布在重庆、泸州、宜宾、内江 4 市和永川、大足、泸县、合江、江津、壁山、铜梁、纳溪等 10 余县。产区常年有产仔母猪 20 余万头，推广地区达 20 多个省（自治区、直辖市），是我国推广覆盖面大的一个优良地方猪种。

2006 年荣昌猪再次被列入《国家级畜禽遗传资源保护名录》（总计 34 个），2008 年 7 月国家级荣昌猪保护区被列入第一批国家级畜禽遗传资源保护区（总计 16 个）。重庆市种猪场被确定为第一批国家级畜禽遗传资源保种场。

2008 年，国家质量监督检验检疫总局、国家标准化管理委员会修订并出版了国家标准《荣昌猪》（GB/T 7223—2008），该标准规定了荣昌猪的品种特征特性、种猪等级评定，适用于荣昌猪品种鉴别和种猪等级评定，代替了

GB/T 7223—1987。与 GB/T 7223—1987 相比，该标准主要变化如下：①增加了毛色类型划分表；②对生长发育的描述增加了 60 日龄个体重和 120 日龄个体重；③对繁殖性能的描述增加了母猪初情期与适配期；④对繁殖性能的描述明确了窝产活仔数；⑤对繁殖性能的描述减少了 60 日龄离乳窝重；⑥对育肥性能的描述明确了营养水平；⑦对胴体品质的描述增加了第 6 肋与第 7 肋间膘厚；⑧对胴体品质的描述减少了腿臀比例；⑨等级评定增加了必备条件；⑩后备猪等级评定标准仅用体重；⑪后备猪等级评定阶段增加了 120 日龄，减少了 8 月龄；⑫种母猪等级评定仅用窝产活仔数；⑬种猪等级评定明确了营养水平；⑭减少了育肥性能等级评定。

2009 年，荣昌县实施《荣昌猪遗传资源保护区建设》项目（农财发〔2009〕99 号），严格按照 2006 年 7 月发布的《畜禽遗传资源保种场保护区和基因库管理办法》（中华人民共和国农业部令第 64 号）要求，扎实开展荣昌猪遗传资源保护工作，在昌州街道石河村、双河街道高丰村建立了 2 个国家级荣昌猪遗传资源保护区，2 个国家级荣昌猪遗传资源保护区相距 10km；在 2 个国家级荣昌猪遗传资源保护区的基础上增加峰高街道峨嵋社区和清升镇火烧店村 2 个市级荣昌猪遗传资源保护区。

2012 年，按照全国畜牧总站的要求，重新制定了《荣昌猪保种方案》，重庆市畜牧技术推广总站邀请专家对《荣昌猪保种方案》进行了评审。专家们一致认为，重新修订的《荣昌猪保种方案》在荣昌猪原产地分布、体型外貌、特征特性、生产性能等方面叙述详细，能客观地指导荣昌猪选种、保种和选育等工作；在保种原则、保种目标、保种数量、保种方法上均有明确的要求，对指导保种场、保护区保种和合理地开发利用具有积极指导意义。

2014 年 2 月 14 日，农业部发布第 2061 号公告对《国家级畜禽资源保护名录》（农业部公告 2006 年第 662 号）进行了修订，确定 159 个畜禽品种为国家级畜禽资源保护品种，其中地方猪种 44 个，荣昌猪仍被确认为国家级保护品种。

2015 年，荣昌撤县建区，荣昌区成立了以分管副区长为组长，畜牧兽医局局长、分管局长为副组长的领导小组，具体负责资源保护区扶持政策的制定、资金的落实，督促项目的实施。区畜牧兽医局成立专门的荣昌猪资源保护及开发利用技术小组和办公室，配备 5 名专业技术人员，同时在 4 个保护区各配备兼职育种员 1 人，工作职责是对种公猪的保护和选育、人工授精技术的指导、种猪标准化鉴定、种猪的选种选配、相关饲养管理技术档案的管理、保护区建设的监管等。荣昌公猪在古昌镇高科养猪专业合作社集中进行后备猪培育，评估后选择优秀个体，根据种公猪的使用频率，对种公猪进行再次分配，采用规模场集中饲养与农户分散饲养相结合的方式。规模场集中饲养主要分布到农业部指定的荣昌猪资源保护区内的规模场，农户分散饲养主要分配到有长期饲喂荣昌猪习惯的10个镇街。区畜牧兽医局将保种任务委托给重庆市荣牧科技有限公司、重庆市新希望猪资源开发有限公司和重庆市荣昌区陶然居畜牧科技发展有限公司共三家企业，三家企业分别又与合作农户签订荣昌公猪保种工作协议，严格按照协议饲养、管理和使用好种公猪，做好采精、配种登记。同年10月，组建普查队伍，对荣昌猪遗传资源区内的母猪进行普查鉴定，通过对母猪的体尺、繁殖及生长性能调查，对母猪做出质量评价，对合格的母猪发放种猪合格证，对不合格的母猪建议淘汰，达到提高荣昌猪整体质量的目的，同时随机采样进行分子遗传距离鉴定，为促进荣昌猪的保种工作打下坚实基础。

第二节　保种技术

一、活体保种

按照保种、选育提高、推广利用相结合，系统动态保种的方式，建立荣昌猪保种核心群、农村繁殖基础群，进行分级保种。由荣昌猪保种核心群完成目标性状的保护和选育提高任务，通过荣昌猪品种协会进行品种登记、管理，配种站严格进行有计划配种等措施达到对农村荣昌猪繁殖基础群品质进行管理和控制的目的。建立荣昌猪遗传资源计算机信息网络系统，将保种核心群、品种协会、配种站、监测点连为一个有机整体，实现资料、数据、信息的交流与共享，实时监控荣昌猪遗传资源变化情况，为荣昌猪遗传资源保护提供决策，减少盲目性，并最大限度保存该猪群的多样性。

二、胚胎（配子）冷冻保存

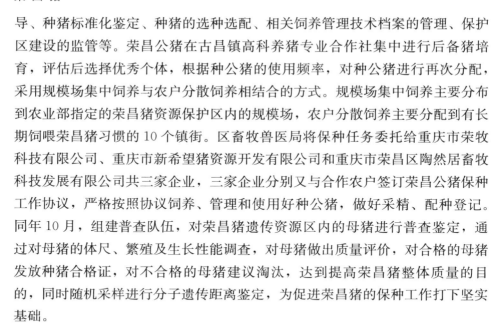

胚胎（配子）冷冻保存是对活体保存的有益补充，随着生物技术的发展，胚胎移植技术在保护动物遗传资源、挽救濒临灭绝的野生动物方面发挥出越来越重要的作用。即使将来保种的活体动物消失，只要存在同种物种，将冷冻保

存的胚胎或配子通过胚胎移植、核移植等技术就可以恢复这些遗传资源。遗传资源冷冻保存不仅可以使荣昌猪的遗传资源得以长期保存，而且也为荣昌猪遗传的交流创造了新的机遇。

三、DNA 文库

构建了荣昌猪细菌人工染色体文库（BAC 文库），BAC 文库包含约 19.2 万个克隆，平均插入基因组片段为 120kb，约覆盖全部基因组的 7 倍以上。BAC 文库为研究荣昌猪基因组、基因结构及新基因发现等工作奠定了坚实的基础。该文库是我国乃至国际上第一套荣昌猪的 BAC 文库，是研究我国优良地方品种遗传资源的重要平台。

第三节　保种模式

荣昌猪作为猪品种已形成 400 多年，是我国三大地方良种猪之一，分布于全国除香港、澳门、台湾外的所有省份，是我国推广范围最广的地方优良品种。

20 世纪 30 年代许振英教授开始对荣昌猪品种性能和改良进行研究。新中国成立后，各级政府、相关部门对荣昌猪保种工作非常重视，1952 年在主产区荣昌成立四川省种猪试验站，后与重庆市种猪场、重庆市畜牧兽医研究所合并组建重庆市畜牧科学院，大批科研人员长期致力于荣昌猪的保护研究工作。

多年来，重庆市畜牧科学院和地方行政主管部门等相关单位共同努力，对荣昌猪的保护区、保种核心群及遗传资源冷冻库建设开展了大量的研究工作，在总结前人研究的基础上，结合国家政策法规、研究技术手段和荣昌猪保种工作的实际情况，对荣昌猪的保种模式进行了必要的探索和大量的研究，得出了荣昌猪保种实行划定保护区保种、保种场核心群保种及遗传资源冷冻库保种相结合的三级遗传资源保种形式。2012 年，按照全国畜牧总站的要求，重庆市畜牧技术推广总站组织专家重新评定了《荣昌猪保种方案》，方案中明确了实行荣昌猪划定保护区保种、保种场核心群保种及遗传资源冷冻库保种相结合的三级遗传资源保种模式（图 8-1）。

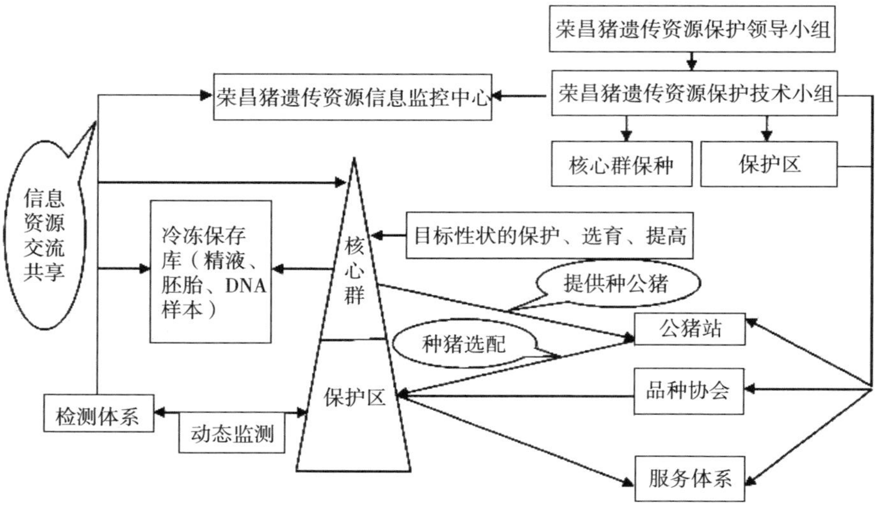

图 8-1　荣昌猪遗传资源保护方案示意

一、荣昌猪保护区

2008 年，农业部批准重庆市荣昌县双河镇和昌元镇为国家级荣昌猪保护区，根据保护区要求，荣昌县人民政府将昌元镇石河村、双河镇高丰村划定为国家级荣昌猪保护区。重庆市批准荣昌县峰高街道峨嵋村及清升镇火烧店村为市级保护区，荣昌猪保护区以行政村为单位建立。截至 2009 年，保护区有基础母猪 2 600 余头，公猪 60 头（含荣昌猪公猪血缘 30 个）。

按照荣昌猪国家标准对荣昌猪资源保护区内的所有种猪进行质量鉴定，对保护区内的所有外种母猪、公猪进行淘汰，对不合荣昌猪种用标准的、体弱多病的、老龄的、产仔数小于 8 头的、缺奶以及质量鉴定等级低于国家二级标准的荣昌猪母猪予以淘汰。荣昌猪资源保护区内所需更新、补充的血缘通过保护区内继代选育或由荣昌区内 2 个荣昌猪资源保护场提供。同时对保护群的种猪全部进行建档管理。在这一闭锁猪群中，避免近交和杂交，保护该群体相对遗传平衡，与核心群结合制定保种的具体任务，在保种目标性状确定的前提下，进行动态保种，在保种区内根据群体大小划分片区，每个保护区建立一个公猪站，设置保种员，将所有荣昌公猪进行集中饲养。公猪站的相关费用由荣昌区财政负责，公猪站向农户或养猪场免费提供优质荣昌猪精液。在保种选育工作中，严格按照技术方案和技术措施实施。

2015 年，荣昌因撤县建区进行建制调整，将双河镇高丰村调整为双河街道高丰村、将昌元镇石河村调整为昌州街道石河村。

二、荣昌猪保种场（荣昌猪活体资源保存库）

重庆市种猪场（国家级荣昌猪保种场）始建于 1956 年，2001 年被农业部定为国家级荣昌猪资源场，2008 年 7 月由农业部授牌为国家级荣昌猪保种场（图 8-3）。2011 年搬迁到新址荣昌区安富街道，占地面积约 3.37hm^2，建筑面积 7 228m^2，配备了先进的仪器设备，新建的猪场在国家级地方猪保种场建设中处于领先水平。

2018 年底国家级荣昌猪保种场有荣昌猪基础母猪 143 头，后备母猪 47 头，成年公猪 23 头，后备公猪 16 头，血缘 12 个，为荣昌猪资源保护奠定了种群基础。

国家级荣昌猪保种场组建有荣昌猪核心群保种团队，共 20 人，专门从事荣昌猪保种核心群的选种育种工作。保种团队使用现代育种方法，开展定向的选种配种，重点地对某些特异性性状确定保种目标。通过选种选配，控制突变和近交等对目标性状不利的因素，保护好优良的遗传性状，开展荣昌猪保种相关工作。同时开展荣昌猪瘦肉型品系的选育、荣昌猪毛色研究、荣昌猪烤乳猪专门化品系培育、荣昌猪高脂肪含量专门化品系的培育、优质猪肉生产、遗传性感应神经性耳聋疾病模型的研究等选育、开发和利用工作。

重庆市市级荣昌猪保种场于 2006 年 7 月 11 日建成，由荣昌县新希望猪资源开发有限公司负责经营管理，占地面积约 5 300m^2，有核心群母猪 150 头、公猪 30 多头。

三、荣昌猪遗传资源冷冻保存库

2006 年，在重庆市科学技术委员会及重庆市农业委员会的大力支持下，重庆市畜牧科学院开始建设荣昌猪遗传资源冷冻保存库，开展精液、胚胎冷冻保存的研究，为荣昌猪的保种选育探索积极有效的新方法。荣昌猪遗传资源冷冻保存库的建设对荣昌猪活体保存是有益的补充。荣昌猪冷冻保存库的建设对荣昌猪活体保存意义重大。

到目前为止，荣昌猪遗传资源冷冻保存库内已经冻存荣昌猪精液 10 026 份、荣昌猪胚胎 206 枚、荣昌猪卵母细胞胚胎 407 枚及荣昌猪 DNA 样本 10 012份。保存在冷冻库中的荣昌猪胚胎、精液、卵母细胞等材料每年都要复原更新、补充 10%，使之长期处于一种动态的平衡之中。

第四节　品种登记

一、目的意义

为加强对国家级遗传资源保种场、保护区的管理，切实做好地方猪遗传资源保护工作，进一步保护地方猪品种，加快形成保种促开发、开发促保种的良性循环，根据全国畜牧总站于 2015 年的制定《地方猪品种登记实施细则（试行）》，全面开展地方猪品种登记工作。

开展地方猪品种登记是加强国家遗传资源保种场管理的重要手段，做好登记工作有助于保种单位实现科学保种、选育，及时掌握地方猪动态信息；有助于挖掘、评估、鉴定猪遗传资源，揭示地方猪种质特性的遗传机制。

重庆市种猪场指定专人负责登记和管理工作，及时反馈信息，总结经验，技术支撑单位（重庆市畜牧科学院）及有关专家悉心指导，严格监管，确保登记数据的真实性、科学性、完整性和及时性。

二、启动

2015 年 10 月荣昌猪国家级保种场获得登记资格和用户密码，依据《地方猪品种登记实施细则（试行）》，启动品种登记工作，开展前期的数据整理工作，并于 2015 年 11 月 10 日派专职登记员到上海参加登记员培训，该场于 2016 年 3 月正式注册后进行荣昌猪的品种登记工作。

三、进展

截至 2018 年 6 月，荣昌猪国家级保种场已登记荣昌猪核心基础群种猪信息 211 条，荣昌猪纯繁断奶 331 窝，荣昌猪公猪配种信息1 652条，荣昌猪育肥性能信息 148 条，荣昌猪育肥登记 25 头，荣昌猪胴体与肉质信息 11 条。

四、效果

通过品种登记、持续选育，将荣昌猪资源优势变为品种优势和经济优势，破解了地方猪资源保护与利用难题，建立以保种促开发、开发促保种的良性循环机制。

在荣昌猪品种登记信息录入过程中，相关人员向上级主管部门提出登记过程中程序修改的合理化建议，使地方猪品种登记数据的上传和修改、更新运行更便捷，为下一步指导地方猪保种工作提供更好的交流平台。

同时，荣昌猪品种登记信息的上传使资源共享，也为地方猪保种工作改进和地方猪资源化利用提供了指导依据，从而促进了全国生猪产业的发展。

主要参考文献

陈四清，王金勇，张凤鸣，等，2014. 荣昌猪保种、选育利用研究简介［J］. 畜禽业（10）：42-43.

甘玲，张耕，2010. 荣昌猪乳中一组高分子蛋白质多态性与繁殖性能的关系［J］. 黑龙江畜牧兽医（11）：62-64.

郭宗义，范守君，2006. 荣昌猪保种利用存在的问题与对策［J］. 猪业科学，23（6）：78-80.

李永桂，1992. 民国时期四川畜牧业概况［J］. 四川畜牧兽医（3）：50-51.

廖均华，刘树橙，1985. 试论荣昌猪的保种［J］. 四川畜牧兽医（1）：38-40.

四川荣昌畜牧局，1987. 荣昌猪品种协会成立［J］. 中国畜牧杂志（4）：17.

王金勇，郭宗义，陈磊，2013. 荣昌猪保种现状、种质特征研究与开发利用进展［J］. 中国猪业，8（S1）：136-138.

朱丹，2004. 荣昌猪遗传资源保护［D］. 四川：四川农业大学 .

第九章
荣昌猪本品种选育

荣昌猪本品种选育意在品种内部通过群体遗传参数估计、合理确定选育目标、生产性能测定以及选种选配措施与信息技术应用来提高品种生长速度、瘦肉率及饲料转化率，为新品种培育、杂种优势利用提供育种素材与亲本。

第一节　常用遗传参数

1979—1988 年，四川省养猪研究所按照农业部下达的“我国地方良种猪种质特性测定”项目要求，先后进行了荣昌猪的生长发育、繁殖性状、遗传参数、5 项生理指标、肉质等 10 多项内容的测定工作，为荣昌猪资源保存、品种选育与培育及开发利用提供了科学依据。其中遗传参数研究结果如下：

一、遗传力

（一）荣昌猪繁殖性状遗传力与重复力

荣昌猪与国内外品种比较属中等繁殖力。产仔头数与乳头个数相适应；泌乳性能好，母性强，哺育率高，经产母猪断奶仔数平均为 9.399 头，最高 18 头，哺育率为 91.226%。妊娠期具有高遗传力，初生窝重、初生个体重、断奶窝重、乳头数的遗传力中等，窝产仔数、产活仔数等表 9-1 所列的其他繁殖性状的遗传力较低。

表 9-1　经产母猪若干繁殖性状的表型参数和遗传力、重复力

性状	平均数	标准差	变异系数（%）	遗传力	重复力
妊娠期	114.182d	1.671d	1.463%	0.469	0.479**
窝产仔数	11.443 头	2.829 头	24.723%	0.180	0.279**
产活仔数	10.303 头	2.559 头	24.837%	0.164	0.192**
初生窝重	8.531kg	2.081kg	24.39%	0.324	0.327**
初生个体重	0.841kg	0.131kg	15.577%	0.204	0.213**
单月窝重	38.074kg	10.676kg	28.040%	0.100	0.216**
双月断奶仔数	9.399 头	1.868 头	19.874%	0.136	0.183**
双月断奶窝重	104.776kg	29.765kg	28.408%	0.221	0.259**
双月断奶个体重	11.107kg	2.290kg	20.618%	0.148	0.221**
乳头数	12.310 个	0.956 个	7.766%	0.256	

资料来源：龙世发等（1984）。

（二）荣昌猪育肥及胴体性状遗传力

采集荣昌猪选育基础群 4 次共计 201 头育肥试验猪的育肥、屠宰测定资料，对若干育肥、胴体性状的表型参数进行统计分析，采用单元内同胞相关法和混合家系法估计其遗传力（表 9-2 和表 9-3）。

1. 荣昌猪育肥性状遗传力　荣昌猪 3～6 月龄体重、生长速度（日增重）、体尺（除 4 月龄臀围、6 月龄体高外）均具有中到高等的遗传力，其中有 7 个性状遗传力大于 0.6（单元内同胞相关法），显示生长育肥性状的遗传改良潜力巨大。

由表 9-2 可知，对同一性状单元内同胞相关法估计的遗传力明显高于混合家系法估计的遗传力。从单元内同胞相关法估计的遗传力来看，4 月龄臀围、6 月龄体高属低遗传力性状，4 月龄胸围、6 月龄体长、6 月龄臀围、6 月龄腹围具有中等遗传力，表 9-2 所列其余育肥性状均为高遗传力性状，为通过体尺性状改良荣昌猪体型以至生长育肥性能提供了科学依据。

表 9-2　荣昌猪育肥性状的表型参数及 2 种方法估计的遗传力

性状	平均数	标准差	变异系数	遗传力	
				单元内同胞相关法	混合家系法
初生体重	0.86kg	0.18kg	20.93%	—	—
60 日龄体重	13.49kg	2.63kg	19.50%	—	—

（续）

性状	平均数	标准差	变异系数	遗传力	
				单元内同胞相关法	混合家系法
3月龄体重	—	—	—	0.71	0.55
4月龄体重	35.10kg	4.56kg	13.00%	0.78	0.59
5月龄体重	—	—	—	0.47	0.37
6月龄体重	58.20kg	7.39kg	12.70%	0.67	0.52
断奶前日增重	205g	32.72g	15.96%	0.66	0.50
2～6月龄日增重	367g	48.45g	13.20%	0.59	0.44
育肥期平均日增重	391g	47.90g	12.25%	0.77	0.58
4月龄体长指数	1.23	0.05	4.07%	—	—
4月龄体长	81.40cm	5.60cm	6.88%	0.85	0.64
4月龄体高	38.80cm	2.50cm	6.44%	0.46	0.35
4月龄胸围	65.90cm	4.30cm	6.53%	0.38	0.30
4月龄腹围	83.30cm	5.50cm	6.60%	0.55	0.42
4月龄臀围	46.60cm	3.90cm	8.37%	0.16	0.13
6月龄体长指数	1.20	0.05	4.17%	0.72	0.55
6月龄体长	97.60cm	4.60cm	4.71%	0.36	0.23
6月龄体高	47.60cm	2.20cm	4.62%	0.18	0.14
6月龄胸围	81.00cm	3.60cm	4.44%	0.47	0.37
6月龄腹围	102.40cm	4.90cm	4.79%	0.27	0.21
6月龄臀围	55.30cm	3.40cm	6.15%	0.31	0.24

2. 荣昌猪胴体性状遗传力　猪胴体性状是反映猪肉用性能的重要指标，也是养殖者、育种者、屠宰加工者、消费者直观评价猪肉品质的重要数据与证据，同时间接反映猪的生长育肥能力，还是体现养猪产业价值的重要环节。因此业界同行历来重视胴体性状的测量评定与遗传分析。从表9-3中可以看出，荣昌猪胴体性状均表现出高等遗传力（单元内同胞相关法），其中反映产肉性能的宰前活重、屠宰率、胴体长、三点（肩部、腰部、荐部）平均膘厚、眼肌面积、后腿比例、瘦肉率7个关键指标的遗传力分别为0.45、0.52、0.58、0.73、0.49、0.54、0.58，尤其三点平均膘厚遗传力高达0.73，说明通过背膘厚的下向选择来提高瘦肉率尚有较大潜力。

荣昌猪膘厚性状、眼肌面积、脂肪率、板油重的变异系数在10%～20%，花油重的变异系数大于20%（20.10%），其余性状的变异系数小于10%（表9-3）。结合荣昌猪膘厚性状、眼肌面积的变异系数与遗传力，说明其表观变异中可供遗传利用的比例较大。因变异系数反映性状的表型变异，而遗传力反映表型变异中可遗传部分的比例，故性状的变异系数与其遗传力的乘积可作为性状遗传改良潜力大小的评价指标，照此计算荣昌猪遗传改良潜力较大且排名前3的性状为板油重、6～7肋膘厚、腰部膘厚，其遗传改良潜力大小依次为0.169、0.117、0.092 6。

表9-3 荣昌猪胴体性状的表型参数及2种方法估计的遗传力

性状	平均数	标准差	变异系数	遗传力	
				单元内同胞相关法	混合家系法
宰前体长	117.10cm	3.84cm	3.28%	0.61	0.46
宰前体高	57.80cm	2.25cm	3.89%	0.38	0.30
宰前胸围	100.60cm	4.48cm	4.45%	0.66	0.50
宰前活重	79.15kg	4.62kg	5.84%	0.45	0.35
屠宰率	69.39%	1.60%	2.31%	0.52	0.41
胴体重	54.50kg	1.74kg	3.19%	0.66	0.50
胴体长	78.50cm	2.43cm	3.10%	0.58	0.45
瘦肉率	45.93%	3.30%	7.18%	0.58	0.51
6～7肋膘厚	3.53cm	0.60cm	17.00%	0.69	0.54
三点平均膘厚	3.24cm	0.36cm	11.11%	0.73	0.55
肩部膘厚	4.74cm	0.49cm	10.30%	0.56	0.44
腰部膘厚	2.34cm	0.46cm	19.70%	0.47	0.37
荐部膘厚	2.63cm	0.39cm	14.80%	0.57	0.45
眼肌面积	17.20cm²	2.21cm²	12.80%	0.49	0.38
后腿重	7.38kg	0.43kg	5.83%	0.63	0.49
后腿比例	27.48%	1.08%	3.93%	0.54	0.42
肋骨数	13.82根	0.38根	2.75%	0.90	0.68
脂肪率	32.30%	3.76%	11.64%	—	—
板油重	2.61kg	0.47kg	18.01%	0.94	0.71
花油重	2.09kg	0.42kg	20.10%	—	—
脂肪重	—	—	—	0.63	0.49
瘦肉重	—	—	—	0.59	0.45
皮重	—	—	—	0.57	0.44
骨重	—	—	—	0.73	0.45

资料来源：龙世发等（1991）。

二、遗传相关

（一）几个繁殖性状间遗传相关和表型相关估测

断奶窝重是评定母猪繁殖性能的良好指标，其遗传力又高于总产仔数、产活仔数、初生个体重、双月断奶仔数、双月断奶个体重的遗传力，而且与这些性状间有极显著的遗传正相关（表 9-4）。对其进行选择，其余相关性状可随之提高。产活仔数几乎制约所有繁殖性状，虽与初生个体重呈负相关，也应成为选种的重要指标。

表 9-4 荣昌猪繁殖性状间遗传相关和表型相关

相关性状	遗传相关		表型相关
	r_A	t	
泌乳力与断奶窝重	0.883	1.469	0.802**
产活仔数与断奶窝重	0.630	0.827	0.254**
乳头数与断奶窝重	0.530	0.092	0.091
产活仔数与乳头数	0.116	0.118	0.113
初生个体重与断奶个体重	0.869**	2.699	0.425**
总产仔数与产活仔数	0.780**	2.179	0.88**
产活仔数与初生窝重	0.460		0.84**
产活仔数与初生个体重	−0.029		−0.22

资料来源：龙世发等（1984）。

（二）育肥、屠体间遗传相关和表型相关估测

从部分育肥、屠体间遗传相关和表型相关系数（表 9-5）看，遗传相关与表型相关不尽相同，有的甚至符号相反，所以不能满足于表面现象，应由表及里、深入探讨其遗传实质。各阶段体重与瘦肉率、6 月龄体长的遗传相关系数随着体重增加呈现出由中等相关向负相关变化的趋势，而与背膘厚的关系和前述相反。2～6 月龄日增重、育肥期平均日增重与瘦肉率及背膘厚的遗传相关系数分别为 0.41、−0.81 和 0.02、0.49；各阶段体长和胴体长与瘦肉率呈中等遗传正相关，与背膘厚呈中等遗传负相关，而腹围与瘦肉率和 6 月龄体长呈中等以上遗传负相关；腹围与背膘厚呈高遗传正相关。瘦肉率与所有背膘性状呈强遗传负相关，其系数为−0.83～−0.68，与眼肌面积、后腿比例呈中等遗传正相关，分别为 0.61、0.49。后腿比例与瘦肉重、2～6 月龄日增重、眼肌

面积呈中等以上遗传正相关，分别为0.90、0.48、0.47。

表9-5　荣昌猪育肥、胴体性状间遗传相关和表型相关

性状	相关性状	表型相关系数	遗传相关系数
瘦肉率	3月龄体重	0.24	0.38
	4月龄体重	0.45	0.39
	5月龄体重	0.19	0.06
	6月龄体重	0.08	−0.15
	宰前体重	−0.04	−0.26
	2～6月龄日增重	0.20	0.41
	育肥期平均日增重	−0.02	−0.81
	4月龄体长	0.32	0.59
	4月龄腹围	−0.07	−0.49
	6月龄体长	0.44	0.58
	6月龄腹围	−0.13	−0.36
	宰前体长	0.33	0.43
	胴体长	0.23	0.67
	6～7肋膘厚	−0.44	−0.74
	三点平均膘厚	−0.56	−0.68
	肩部膘厚	−0.47	−0.76
	腰部膘厚	−0.50	−0.83
	荐部膘厚	−0.43	−0.72
	眼肌面积	0.47	0.61
	后腿比例	0.33	0.49
背膘厚	4月龄体重	−0.27	−0.12
	6月龄体重	−0.19	0.24
	宰前体重	0.11	0.30
	2～6月龄日增重	−0.22	0.02
	育肥期平均日增重	−0.13	0.49
	4月龄体长	−0.41	−0.53
	4月龄胸围	−0.19	0.08
	4月龄腹围	−0.06	0.44
	6月龄体长	−0.48	−0.67
	6月龄腹围	0.20	0.78
	宰前体长	−0.27	−0.32
	胴体长	−0.33	−0.38
	眼肌面积	−0.18	−0.26
	后腿比例	−0.22	−0.17
	瘦肉重	−0.27	−0.49

（续）

性状	相关性状	表型相关系数	遗传相关系数
6月龄体长	3月龄体重	0.50	0.70
	4月龄体重	0.64	0.53
	5月龄体重	0.65	0.22
	6月龄体重	0.67	0.05
	4月龄体长	0.64	0.67
	6月龄腹围	0.36	−0.81
	2～6月龄日增重	0.70	0.27
后腿比例	瘦肉重	0.30	0.90
	2～6月龄日增重	0.10	0.48
	眼肌面积	0.23	0.47

资料来源：龙世发等（1991）。

第二节　选育目标

荣昌猪虽然具有很多优点，但在体型、毛色的一致性、后躯发育等方面还存在着不足之处；在产仔数、生长速度、瘦肉率等方面不如国内外一些优良猪种，需要进行不断的选育提高。

荣昌猪选育目标：按照纯繁保种、选育提高与推广利用相结合的原则，建立、保持稳定的荣昌猪保种选育核心群并推进持续选育。在选优去劣保持品种原有经济成熟较早、配合力较好、肉质好、独特毛色特征、母性好、泌乳力强、发情间隔短等优良特性基础上，提高高产基因、基因型频率，增加种群一致性的同时，以提高瘦肉率、生长速度、饲料利用效率与配合力以及挖掘获得高遗传力的特色优势性状为主要选育目标，培育高产特色品系，丰富品种结构，为发展现代化养猪生产提供优良的杂交母本。为此确定的选育目标性状有产仔数、泌乳力、经济早熟性、生长速度、料重比、瘦肉率及肌肉品质等。

第三节　测定与记录系统

一、测定性状与方法

（一）测定性状

1. 繁殖性状　总产仔数、产活仔数、初生个体重、初生窝重、泌乳力、断奶个体重、断奶仔数、断奶窝重、乳头数等。

2. 生长育肥性状　日增重、料重比、5 月龄体重、5 月龄或达 50kg 体重时活体背膘厚。

3. 体尺性状　5 月龄或达 50kg 体重时的体长、胸围、腹围、臀围、体高、背高、胸宽、胸深、体长指数（体长/胸围）等。

4. 屠宰与胴体性状　宰前重、胴体重、屠宰率、胴体长、6～7 肋皮厚、6～7 肋膘厚、三点平均膘厚、胴体眼肌面积、后腿比例、胴体瘦肉率等。

5. 肉质性状　肉色评分、pH、大理石纹评分、滴水损失、肌内脂肪含量等。

（二）性状测定方法

1. 繁殖与体尺性状　按《种猪登记技术规范》（NY/T 820—2004）执行。

2. 生长育肥性状与肉质性状　按《种猪生产性能测定规程》（NY/T 822—2019）执行。

3. 屠宰与胴体性状　按《瘦肉型猪胴体性状测定技术规范》（NY/T 825—2004）执行。

二、记录系统

荣昌猪的个体编号、亲属信息、后备猪测定成绩、产仔记录、淘汰记录构成种猪自身性能及相关亲属信息的基础，是性能测定工作的最后环节，为以后育种参数计算与选种选配及查询核对打下基础。

（一）系谱记录

按图 9-1 所示信息项目登记。

（二）性能测定记录

性能测定记录是评价种猪性能、计算育种值及种猪选留利用的依据。基本信息包含该猪起试、结束日期，体尺、体重、背膘厚、眼肌厚度、眼肌面积、测定部位、料重比，以及测定场号、测定人员与记录人员信息等。体尺信息包括体长、胸围、腹围、臀围、管围、体高、胸宽、胸深、腰角宽；测定部位信息如肋数。记录信息完整，便于日后核查、追溯。

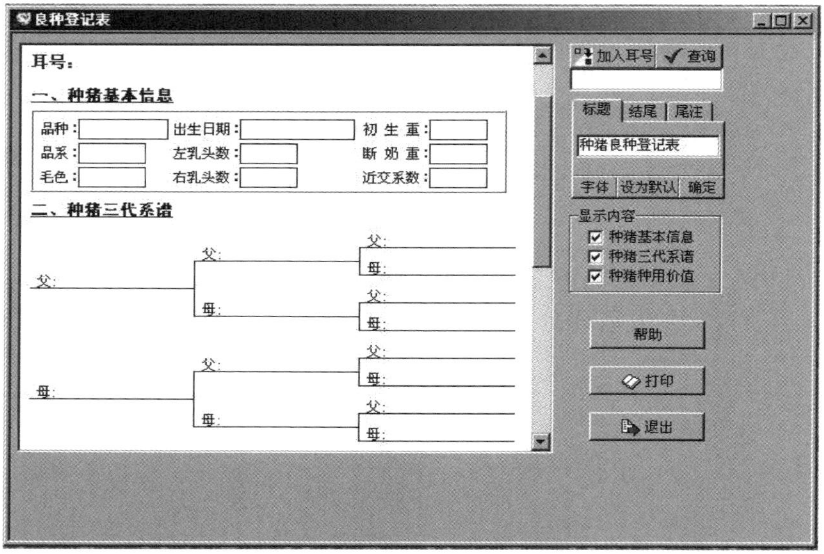

图 9-1　荣昌猪选育系谱记录

（三）产仔记录

产仔记录信息能综合反映种猪产仔潜能、母猪泌乳能力、哺育护仔能力，是评价母猪繁殖能力的原始依据，包括母猪信息、仔猪信息和计算汇总信息三类。母猪信息有分娩日期、母猪号、品种、特征、公猪号、交配日期、总产仔数、产活仔数、畸形数、死胎数、木乃伊数等；仔猪信息有仔猪号、性别、初生重、20 日龄重、双月重、乳头数、仔猪寄养、去向等说明；计算汇总信息有初生窝重、泌乳力、断奶窝重、断奶仔数、育成率。

（四）育种数据管理软件与使用

采用重庆市养猪科学研究院开发的《NetPig 种猪场网络管理信息系统》软件进行育种数据管理。该软件采用三层结构网络技术、DELPHI5.0 语言及 SQL SERVER 大型数据库开发。基本模块有编辑控制、数据录入、统计查询、遗传评估、统计报表与系统设置六大板块。基本功能有：①种猪系谱、测定记录、产仔记录、屠宰与胴体性状及肉质评定记录、基因型及淘汰记录输入与核对。②近交、亲缘系数计算。③已输入信息查询、遗传缺陷查询。④育种值计算与查询、亲属信息查询、遗传评估与选种。⑤在“遗传评估”→“选种选配”菜单下，依据育种值与亲缘关系自动制订配种计划。在“遗传评估”→“选种选配”→“参数设置”菜单下，公猪配种频率、最大亲缘系数、追系谱代数的自选设置及配种计划“指数限制”的启停，以及“最小父系指数”“最小母系指数”的自定功能，使得制订配种计划适合本交与人工授精，猪场保种、新品系选育、新品种培育、猪群扩繁与生产，甚至杂交繁育等不同情况，并能真正实现按育种值进行选种选配来繁育后代，从而提升高产基因传递效率，加快遗传进展。⑥自动报表：良种登记表（方便种猪出售与管理）、遗传进展报表及多种图片展示功能、后备猪选种记录，这些有利于育种人员对育种计划的实施进行效果评价与调整改进。⑦密码修改、权限设置、分场设置、品种设置、基因型设置，耳号查询年限与耳号查询位数设置等功能，方便种猪场品种与分子育种业务的扩展，有利于大型种猪集团公司内各分公司遗传评估与育种工作的拓展。⑧采用“统计查询”——选择数据记录类型（种猪记录查询等）——记录过滤——“编辑控制”——“导出”功能，配合利用育种数据交换接口软件与结构化查询语言（SQL）代码软件，可方便实现 NetPig 与 Excel 等数据载体间的数据转换与互导功能。

第四节　遗传评估

育种值实质上是反映种畜禽利用价值的数值。当有新的批量数据录入后且需对已测种猪进行种用价值评价，决定种猪选留时，应及时对猪群进行遗传评估，估计出核心群种猪的育种值和综合选择指数，作为选种的主要依据。遗传评估是指通过性能测定、系谱审查，由表型值采用数量遗传分析方法获得育种值的过程。

一、单性状育种值估计

将个体本身、祖先、同胞、后代的单一性状的测定成绩作为反映个体遗传素质的重要信息来源，进一步计算出反映个体种用价值的方法，称为单性状育种值估计（单性状 EBV 估计），大致有单一亲属信息育种值估计与多种信息来源的育种值估计两种情形。

（一）单一亲属信息育种值估计

当利用个体本身或某一亲属的性状表型值来估计该个体育种值时，通用方法是建立表型值对育种值的回归方程，即：

$$A = b_{AP}(P^* - \overline{P})$$

式中，A 为个体估计育种值；b_{AP}为某一信息来源的表型值对个体育种值的回归系数；P^* 为用于评定个体育种值的某一信息来源的表型值；$\overline{P}$为相同条件下该信息来源所有个体的表型均值。

b_{AP}计算公式如下：

$$b_{AP} = \frac{r_A n h^2}{1 + (n-1) r_P}$$

式中，r_A为提供某一信息来源表型值的个体与被估计育种值个体之间的亲缘相关系数，当利用个体本身表型值估计个体育种值时，$r_A = 1$，提供表型值的是被估个体的父亲、母亲、全同胞、子女时，$r_A = 0.5$；h^2 为性状遗传力；r_P为性状重复力；n 为表型值度量次数或同类亲属个体数。

（二）多种信息来源的育种值估计

当被估个体存在多种信息来源的表型值数据时，估计个体育种值可采用选择指数法来计算。

利用多种亲属信息计算育种值 A 时，采用多元回归方法。

$$A = \sum b_i X_i = b'X$$

式中，X_i为第 i 种亲属的表型信息；b_i 为被估个体育种值对 X_i 的偏回归系数；X 为信息表型值向量；b 为偏回归系数向量。

二、综合指数制定

在荣昌猪育种实践中，不仅希望单个性状得到改进，同时更加期望多个性状得到改良提高。在荣昌猪选育实践中运用综合选择指数法制定了荣昌猪的综合选种指数，取得了较好结果。

在多性状选择时，用不同性状的经济加权值对多个性状的育种值进行加权，得到多个性状的综合育种值 H。设有 n 个目标性状，多个性状育种值为 a_1、$a_2 \cdots a_n$，相应的经济加权值为 w_1、$w_2 \cdots w_n$，则 H 计算式为：

$$H = \sum_{i=1}^{n} w_i a_i = w'a$$

式中，$w' = [w_1、w_2 \cdots w_n]$；$a' = [a_1、a_2 \cdots a_n]$。

个体的综合育种值 H 可用个体本身或亲属的相关性状的表型值来估计，这些性状称为选择性状，而在综合育种值中包含的性状为目标性状。选择性状与目标性状名称可以相同，也可以不同，甚至个数也可不一样，但必须与目标性状有较高的遗传相关。由选择性状估计综合育种值的简单方法就是建立选择性状的线性函数即选择指数 I，用它来估计 H，常用方法是使 I 与 H 相关最大化以求得 I 各选择性状偏回归系数的正规方程。

三、性能综合评定与选择指数计算数学模型

育种值实质是反映畜禽种用价值的数值。遗传评估是指通过性能测定、系谱审查，由表型值采用数量遗传分析方法获得育种值的过程。根据数量遗传学原理，对多个性状进行选择与性能综合评定，采用选择指数法能获得最快的遗传进展（相比顺序选择法、独立淘汰法）。

现以龙世发等论文“综合选择指数的制订与在猪育种中的应用”为例简述荣昌猪选育中选择指数的数学模型与计算方法。

猪的育种往往涉及多个性状的选择，期望对多个性状的育种值获得一个估计值，以便多个指标同时获得提高。如需选育出背膘更薄、生长更快、瘦肉更多的品系，采用背膘厚、2～6 月龄日增重、6 月龄体长指数（间接反映瘦肉含量的指标）3 个性状构成的综合选择指数法进行育种值估计与选种，能得到预期结果，方法与应用结果如下：

（一）综合选择指数数学模式

$$I=b_1x_1+b_2x_2+b_3x_3$$

式中，x_1、x_2、x_3 分别为背膘厚、2～6 月龄日增重、6 月龄体长指数（体长/胸围）的测定数据；b_1、b_2、b_3 分别为 x_1、x_2、x_3 3 个性状的偏回归系数向量。

（二）综合选择指数中回归系数的确定

1. 每一性状的遗传改进量

$$Rx=\frac{i}{\sigma_I}Gb$$

式中，Rx 为指数选择时，x_1、x_2、x_3 3 个性状的每代遗传改进向量；G

为选择性状 x_1、x_2、x_3 的遗传方差-协方差矩阵；b 为 x_1、x_2、x_3 3 个性状的偏回归系数向量；i 为选择强度；σ_I 为选择指数的标准差。

由此推导出回归系数表达式：

$$b=G^{-1}Rx$$

式中，i 与 σ_I 对每个 b 都相同，略去不影响各 b 的相对值；Rx 为性状每代遗传改进向量，G^{-1} 为 G 的逆矩阵；b 为回归系数向量。

2. 各性状的遗传和表型参数　见表 9-6。

表 9-6　荣昌猪各性状的遗传和表型参数

性状	表型方差（σ_p^2）	遗传力（h^2）	遗传相关（r_A）
x_1（背膘厚）	0.42	0.5	$r_{A12}=-0.2$
x_2（日增重）	482	0.3	$r_{A13}=-0.58$
x_3（体长指数）	0.048 2	0.36	$r_{A23}=-0.30$

3. 各性状的育种指标和遗传改进量　见表 9-7。

表 9-7　荣昌猪各性状的育种指标和遗传改进量

性状	基础群	育种指标	总遗传改进量	每代遗传改进量
x_1（背膘厚）(cm)	2.98	2.42	−0.56	−0.093
x_2（日增重）(g)	450	510	60	10
x_3（体长指数）	1.23	1.32	0.09	0.015

注：预计选育 6 个世代。

由上述参数计算出：$b_1=-0.152\,6$，$b_2=0.008\,4$，$b_3=14.440\,7$。

4. 育种值估计表达式（综合选择指数估计法）

$$I=-0.152\,6x_1+0.008\,4x_2+14.440\,7x_3$$

式中，I 为综合选择指数；x_1、x_2、x_3 分别为背膘厚、2～6 月龄日增重、6 月龄体长指数（体长/胸围）的测定数据。

第五节　体型外貌评定

体型外貌评定又称体质外形评定，或简称外形评定。通过肉眼观察、触摸、测量猪的外形来评价猪的外部特征。它能反映个体的品种特征、体质结实性、性征表现、发育状况、健康状态、有无遗传缺陷，它是选种的一种基本方法。在数量遗传学在我国广泛兴起传播之前（约 1977 年前），外形评定是荣昌猪选种的一种常用方法。它在荣昌猪首次系统组群选育（1953—1957 年）、荣Ⅰ系品系繁育（1975—1980 年）、荣昌猪纯系选育（1986—1990 年）及荣昌种猪鉴定中发挥过应有作用，并将在今后选育工作中被继续应用。

荣昌猪外形评定基本项目有：品种特征特性、体质、皮毛、头和颈、前躯、背腰、后躯、四肢、性征、主要优缺点。1979 年以前种猪鉴定标准采用 100 分制，各部位评分细目及最高评分分配表见表 9-8。

表 9-8　种猪体质外貌鉴定标准表（1979 年以前）

序号	指标	最高评分	
		公	母
1	品种特征特性	6	6
2	体质	12	12
3	皮毛	5	5
4	动作	5	5
5	头、颈	6	6
6	鬐甲	8	6
7	前肢	5	5
8	胸	8	8
9	背、腰	8	10
10	胸侧	3	3
11	腹与肷	3	3
12	乳房乳头	4	9
13	十字部	6	8
14	大腿	8	8
15	后肢	8	6
16	公猪生殖器官	5	
合计		100	100

资料来源：四川省农业厅种猪试验站 1959 年编印的《荣昌种猪鉴定标准》。

上述外形评定标准经过 20 多年的使用，在实践中存在过分烦琐费时的问题，1978 年进行了简化并更名为“荣昌猪体质外貌鉴定标准表”（表 9-9），并降低了外形评分在种猪鉴定标准中的比重，在 100 分制中后备种猪体质外貌评分占 10 分，种猪体质外貌评分占 5 分。该外貌评定表简化后在后备猪 7～8 月龄终选及种猪组群鉴定与等级划分时使用。

表 9-9　荣昌猪体质外貌鉴定标准表（1979 年以后）

序号	项目	结构良好的特征	备注
1	品种特征特性	肉脂型：发育良好，体格健壮，四肢结实，除眼圈为黑色外，全身纯白无花。体型要求长、宽、高	
2	体质	健康，结实，发育匀称、丰满，肥瘦适中，性情温和	
3	皮与毛	皮薄细，结实，飞节部无皱折，毛白稀而有光泽，鬃毛刚韧、粗长	
4	头和颈	头大小适中，公猪头雄壮而粗大，面部微凹，额宽、鼻嘴短，口角深，上下唇吻合良好，耳叶薄。耳包硬，颈长短适中，头颈躯结合良好	
5	前躯	宽、深，肩胛高而平，肌肉发达丰满，与背腰结合良好，肩胛骨间无凹陷	
6	背腰	宽平直长，肌肉丰满，与十字部结合良好，肩胛后无凹陷	
7	后躯	长短适中，宽平丰满，尾根粗，大腿圆厚丰满无皱折	
8	四肢	前后肢开阔直立，骨骼结实，发育良好，系短不卧，蹄质坚实，形似单蹄	
9	性征	母猪乳头 12 个以上，排列整齐均匀，乳房发育良好，丁字乳房。公猪睾丸发育良好，大小一致	
10	外形评分	5 分	后备种猪为 10 分

资料来源：四川省农业科学院种猪试验站 1979 年编印《荣昌猪选种方法和鉴定标准（修正草案）》。

第六节　选种与选配

一、选种标准与流程

荣昌猪的选种方法是灵活应用数量遗传学原理，将多种方法融为一体，即将多性状表型选择、突出的单性状选择与综合指数选择相结合，资料评选与外形评定及现场鉴定相结合的方法。

（一）断奶初选

后备公猪按父系血缘在产仔健康且无遗传缺陷的窝中选择，参考父系血缘在群体中的分布数量进行初选，分布数量少者适当多选，每个公猪血缘选择 2～5 头后代公猪，一般要求在不同母猪窝中选择；后备母猪在产母仔较多、同窝仔猪整齐度较好的窝中选择，要求健康且无遗传缺陷。公母猪选种的共同要求：符合品种特征、四肢结实，个体重在窝均值以上，毛色为小黑眼、大黑眼、金架眼、小黑头，不选洋眼（全白）、单边罩、大黑头；外生殖器发育正常，有效乳头 6 对以上，无瞎乳头、小乳头、内翻乳头等异常乳头。

培育的后备猪比例（终选留种头数与初选后备猪培育头数之比）为公猪 1∶4、母猪 1∶3。

选种时需留意去除的遗传缺陷：锁肛、隐睾、脐疝、阴囊疝、先天性八字腿、表皮缺损等。

（二）起试-测定前选择

从上圈培育到 5 月龄测定前进行第二次的选择，中途剔除发育差的个体，将生长受阻、肢蹄严重受伤、跛行、外形显露明显损征者淘汰。

（三）综合评定选择

在性能测定结束时进行性能综合评定选择，即选种的主选阶段，结合体型外貌进行留种个体终选。

在保证延续关键公猪血缘前提条件下，对后备猪主选性状的测定值进行核实校正、计算综合选择指数值，分公母按个体综合选择指数值从高到低排序，根据荣昌猪现有基础母猪规模以及保种、选育、生产与种群更新或扩繁需要，确定合理的后备公母猪终选头数，依据比终选头数预增 5%～20%的比例计算公母猪初选头数，对照公母综合指数排序表，按指数大小确认初选公母猪个体耳号。然后参照表 9-9“荣昌猪体质外貌鉴定标准表”进行体型外貌评定，淘汰不合要求的预增头数的公母猪，即得到终选公母猪个体耳号与头数。由此综合选择指数在种猪个体终选中占 80%～95%的权重。

（四）终选后配种前观察及种猪初配阶段的选择

对终选的后备种猪进行发情及配种能力观察，到7～8月龄时进行初配种猪的选择。该时期重点考察母猪发情与受胎情况、公猪的精液质量与配种表现。对至7月龄毫无发情征兆、连续2～3个情期配种未受胎的初配母猪可考虑淘汰；对性欲低下、精液品质差、超过8月龄不能使用的后备公猪经治疗无效后予以淘汰。对表现遗传疾患与先天性生殖器官疾病、生长发育差、患病严重经1个月治疗无效者进行淘汰。根据保种、生产及选育需要确定优良后备猪，更新补充核心群。

（五）已有繁殖成绩母猪及有后代、同胞测定成绩公猪的选择

当有了第二胎繁殖记录，这时主要依据个体本身繁殖成绩，对下列母猪予以淘汰：连续2胎及以上胎均总产仔数低于6头；母性差，连续2胎及以上咬仔猪或拒绝哺乳或其他异常癖好者；断奶后2个月无发情征兆者；连续2个情期配种返窝者；连续2胎胎均断奶仔数（哺乳仔数）低于5头者。

对繁殖母猪还可参考同胞、母亲、女儿的繁殖成绩决定是否留种，对已有后代、同胞生长、育肥、胴体性能测定数据的公猪进行性能评估及决定公猪是否更替留用。

二、选配

（一）制订选配计划时亲缘系数的确定方法

依据公母猪间亲缘系数大小确定公母猪配种组合，在荣昌猪资源保护、生产群繁殖及新品系培育方面对于调节近交速度、满足特定目标起着重要作用。这可通过NetPig软件人工调整与配公母猪亲缘系数来完成，一般设置：保种群，0～0.06；生产群或本品种选育群，0～0.10；新品系选育群，0～0.25。在选育的不同阶段或对于特定公母猪组合还可自主灵活调整亲缘系数大小或与配对象。

（二）公母猪配种年龄上的考虑

公母猪配种时年龄的选择主要考虑如下因素：世代间隔与更新速度、公母

猪在遗传改良中的不同效果及种猪体重随年龄而增大等因素。由于公猪在性状改良速度及遗传进展传递效果上均大大优于母猪，因此公猪更新速度快于母猪，整体上配种公猪年龄小于母猪年龄约 2 岁，经常存在年轻公猪配老母猪的情况。公猪使用年限 1～3 年，母猪 3～5 年，少数 5 年以上。

第七节　本品种选育案例

在荣昌猪品种选育及持续改良过程中，合理确定育种目标，综合运用遗传参数、性能测定、遗传评估、选种选配等技术手段，在荣昌猪育种实践中取得较好成绩。

一、传统选种选配技术及获得的明显选育效果

据荣昌猪早期组群选育资料（1953—1959 年），1953 年建立荣昌猪育种猪群。当时确定的选育目标是：在巩固提高荣昌猪增重快、成熟早、易育肥、繁殖力高、耐粗饲等优良特性基础上，增大体型、活重、产肉率，加强适应性，改正其体躯单薄、骨骼极细、前胸狭窄、凹腰、卧系等缺点，育成肉脂型良种。

1. 选育方法及改良途径　一边观察测定，一边选育提高，主要注重在本品种内选育。

2. 选育措施

（1）建立育种群　选购良种 167 头，自繁良种 296 头进行培育测定，一面改良繁殖，一面推广。

（2）种猪的鉴定淘汰　鉴定指标包括历年生长发育、生产性能、体质外貌，依据是荣昌猪等级鉴定标准。

（3）配种目的　增大体型、活重，改进体质外貌，提高生长、繁殖性能，增强生活力。

（4）配种原则与方法　注重以远血刺激、避免近亲繁殖。根据每头种猪血缘、年龄、生长发育、生产性能、体质外貌等优缺点，采用等级选配与个体选配相结合的原则制订配种计划，在此基础上对效果良好的配对加以固定，使优良性能得以逐步创新积累。

（5）良种猪选留办法　在建立种猪卡片和种猪等级评定的基础上选出核心公猪。

3. 选育效果　以1954年数据为基础，到1957年时经过3年多的世代选育，取得如下效果：

（1）初产仔数　从9.56头增加到10.67头，增加11.61%。经产仔数从10.09头增加到12.76头，增加26.46%。

（2）出生个体重　初产出生个体重从0.728kg增加到0.832kg，经产出生个体重从0.670kg增加到0.815kg。

（3）双月断奶个体重　初产猪从6.149kg增加到9.571kg，经产猪从7.081kg增加到9.410kg。

（4）后备猪生长发育　1957年1岁母猪体重86.56kg、体长117.07cm、体高58.90cm、胸围100.45cm，比1955年同龄母猪分别增大26.42%、10.81%、3.24%、8.42%。

（5）育种猪群等级结构　1957年8月猪群等级评定统计，82头育种猪群中特等18头占21.95%，一等30头占36.59%，二等27头占32.93%，三等7头占8.54%，与1956年初比较，出现高等级种猪比例增加的结果，猪群结构得到优化。

（6）育肥性能　在相同饲养管理条件下，四川省农业厅种猪试验站经过选育后的仔猪与选自农村的仔猪（各12头），到10月龄时体重分别为107.5kg、91.52kg，选育后猪的育肥性能提高了17.46%。

二、单性状选择策略

针对某一性状的选择为单性状选择。只对单一性状进行选择来提高某一品种的性能，这种情况在育种实践中是较少发生的。但在顺序选择法或改进某一缺点的改良育种或培育某种单一特色品系（如快长系或多瘦肉系的培育）的某一阶段，重点对某一性状进行攻关提高具有实际意义。荣昌猪单性状选择常常根据性状遗传力高低、性状与育种目标的关联以及性状的活体可度量性来决定性状育种值估计方式与选择方法。

如针对繁殖性状，总产仔数、产活仔数、泌乳力、断奶仔数、断奶个体重均属低遗传力性状，需采用家系、家系内或二者结合的选择方法。由于断奶窝重属中等遗传力，又与上述繁殖性状存在较强的遗传相关，故多性状的繁殖性能选育常可简化为断奶窝重、产活仔数两个性状或单个性状的选择。

例如，在“荣昌猪荣Ⅰ系选育”（1975—1980年）中确定的选育目标为：

通过5个世代的选育，育成一个增重快、产肉率高、胴体品质好的品系。测定选择的性状有体重、体长、胸围、体高；同胞育肥性状有日增重、料重比及屠体品质性状。由于体重、体尺具有中到高的遗传力，采用的是个体表型选择法；育肥性状及屠体品质性状的遗传力也为中到高，但因不可活体度量或测量困难，采用同胞测验来估计。

三、综合选择指数应用于品系选育

在“荣昌猪纯系选育”（1985—1990年）项目实施过程中，采用背膘厚（x_1）、日增重（x_2）、体长指数（x_3）构成了选择指数：$I=-0.1526x_1+0.0084x_2+14.4407x_3$。

随之在“荣昌猪瘦肉型品系选育”项目中对荣昌猪新品系进行多性状选育，间接选择瘦肉率（Y）。经5个世代的选育，3个主选性状及间接选择性状的每代进展分别为：-0.166（x_1）、29.8（x_2）、0.02（x_3）和0.654（Y），均超过育种目标（-0.093、10、0.015和0.38），提前1个世代完成计划，取得良好效果。

四、荣昌猪烤乳猪专门化品系的培育

荣昌猪烤乳猪品系是在深层挖掘荣昌猪早期脂肪沉积特性和经济早熟性以及繁殖力强、适应性广等优良种性的基础上，对荣昌猪品种资源进行再创新。运用系统选育方法，结合分子生物技术、信息技术等现代育种技术手段，培育产仔数多、早熟易肥、骨细皮薄的荣昌猪烤乳猪专门化新品系。

（一）基础群组建

课题组在荣昌猪核心选育场及荣昌猪资源调查数据的基础上，以荣昌猪选育亲本群的种猪血缘清理和性能资料分析为依据，对拟进入选育基础群的个体生产性能进行了全面评估，共对来源于荣昌猪资源保种场共10个血缘的14头公猪、120头母猪，以及来源于荣昌猪保护区的6头公猪、30头母猪进行了全面的性能评价，从中筛选出10头公猪、100头母猪，于2008年4月组建成了荣昌猪烤乳猪专门化品系基础群。

（二）品系选育进展

烤乳猪品系从2008年开始组建选育核心群，经2个世代选育，2010年品系基础母猪的规模保持在110头；繁殖性能好，经产仔数12.54头；达6kg体重时的日龄为34.8d、膘厚0.62cm、眼肌面积3.41cm²。

1. 早期生长及脂肪沉积性状选育进展　早期生长性能是选育的主要目标与重点，在选育过程中，采用多性状生长性能指数来估计个体种用价值，根据生长性能指数高低决定每世代的选留公母猪，提高了选种的准确性。经过2年的选择，烤乳猪品系早期生长性能得到提高。

加大后备猪培育、测定力度是提高选种准确性、加快遗传进展的重要手段。为此扩大了后备猪选留群规模，2009年培育后备猪485头，2010年培育后备猪551头。由于扩大了群体规模、提高了选择强度，品系猪的早期生长速度、背膘厚、生长性能指数3个经济性状选育取得了一定的进展。

烤乳猪品系2009—2010年度后备猪性能测定结果列于表9-10中，从表9-10中可以看出，随着选育工作的开展，品系猪达6kg体重日龄有所缩短，早期生长性能提高，达到了选育目标的要求。

表9-10　荣昌猪烤乳猪品系后备仔猪性能

年度	头数	达6kg体重校正日龄（d）	6kg体重校正背膘厚度（cm）	生长性能指数
2009	587	35.57±10.71	0.67±0.149	21.71±5.23
2010	666	34.80±11.40	0.62±0.143	22.21±5.03

2. 繁殖性能性状选育进展　繁殖性能是烤乳猪品系选育的重要指标，从各项性能指标看，均表现出了好的繁殖性能（表9-11）。2010年度经产成绩中，总产仔数、产活仔数、初生窝重分别达到12.54头、11.29头、9.57kg。

表9-11　荣昌猪烤乳猪品系繁殖性能

年度	胎次	窝数	总产仔数（头）	产活仔数（头）	初生窝重（kg）
2008	初产	14	11.12±2.52	10.47±2.99	9.63±3.35
	经产	108	12.47±3.41	11.49±3.52	9.99±3.66
2009	初产	51	10.25±4.06	8.56±4.25	7.28±3.30
	经产	53	12.46±3.82	11.03±3.69	9.43±3.45

（续）

年度	胎次	窝数	总产仔数（头）	产活仔数（头）	初生窝重（kg）
2010	初产	42	10.89±3.36	9.62±3.42	7.31±2.45
	经产	87	12.54±3.47	11.29±3.65	9.57±3.24

3. 生长发育　荣昌猪烤乳猪专门化品系 6kg 体重时的体尺（样本数为 10 头）见表 9-12。

表 9-12　荣昌猪烤乳猪品系 6kg 体重时体尺

项目	体重（kg）	躯长（cm）	体长（cm）	胸围（cm）	腹围（cm）	臀围（cm）	管围（cm）	体高（cm）	胸宽（cm）	胸深（cm）	腰角宽（cm）	躯长指数	体长指数
均值	6.25	30.67	43.00	40.50	45.67	34.50	7.55	24.50	8.67	10.12	6.62	0.76	1.06
标准差	0.625	1.862	1.414	2.510	4.274	4.087	0.423	0.837	1.046	0.886	0.397	0.021	0.057

（三）品系特征

经过近三年的选育，烤乳猪品系基础群具有一定规模，毛色、体型外貌基本一致，遗传性能较稳定，生产性能达到了育种目标。

烤乳猪品系保持了荣昌猪的独特毛色特征，绝大部分全身被毛除两眼四周或头部有大小不等的黑斑外，其余均为白色；烤乳猪品系体型较大，结构匀称，鬃毛洁白、粗长、刚韧。头大小适中，面微凹，额面有皱纹，有旋毛，耳中等大小而下垂，体躯较长、发育匀称，背腰微凹，腹大而深，臀部稍倾斜，四肢细致、坚实，乳头 6～7 对。

五、荣昌猪高肌内脂肪含量专门化品系的培育

利用新发现的分子遗传标记，筛选出荣昌猪群体内的超级脂肪沉积个体，采用定向选配和人工授精技术迅速扩大高肌内脂肪含量个体。

（一）特色资源群组建

在荣昌猪肌内脂肪沉积分子标记氯离子通道 5 基因（*CLIC5*）和镁离子依赖性磷脂酸磷酸酶基因（*Lipin1*）筛查初步结果基础上，依据肌内脂肪的有益分子标记，参照体型外貌，进行血缘清理，在大群中选择了 12 头公猪和 61

头母猪，于 2009 年 7 月组建了选育资源群。

（二）品系扩繁

采用定向选配和人工授精技术对组建的初始资源群进行了扩繁，2010 年群体规模达到 10 头公猪、120 头母猪。

（三）品系特征与主要性能指标

到 2010 年，荣昌猪高肌内脂肪专门化品系有公猪 10 头、基础母猪 120 头，经产仔数 12.51 头、肌内脂肪含量 6.24%、瘦肉率 40.15%。

1. 体型外貌　荣昌猪高肌内脂肪品系具有正常荣昌猪毛色特征，同时由于其沉积脂肪能力强，因此体型较矮、体躯较短、胸围较大，整体显得短而圆，外观为典型脂肪型猪，其躯长指数（躯长/胸围）为 0.74，大群为 0.80。

2. 胴体品质　据对高肌内脂肪含量专门化品系的 6 头猪测定，宰前重、屠宰率、三点平均膘厚、眼肌面积分别为 84.4kg、72.54%、40.46mm、19.74cm^2，瘦肉率 40.15%（表 9-13）。对胴体性状各指标进行综合分析可以确定，新品系属典型的脂肪型猪。

表 9-13　高肌内脂肪品系胴体性状

项目	宰前重（kg）	屠宰率（%）	瘦肉率（%）	三点平均膘厚（mm）	眼肌面积（cm^2）
平均数	84.4	72.54	40.15	40.46	19.74
标准差	2.14	2.18	1.09	2.98	1.29

3. 肉质性状　测定 6 头高肌内脂肪品系猪重要的肉质指标，肉色评分、pH_1、滴水损失、大理石纹评分分别为 3.84 分、6.24、2.58%、3.04 分，表现了良好的肌肉品质；肌内脂肪含量 6.14%（表 9-14）。

表 9-14　高肌内脂肪品系肉质性状

项目	肉色评分（分）	pH_1	pH_{24}	滴水损失（%）	大理石纹评分（分）	肌内脂肪含量（%）
平均数	3.84	6.24	5.62	2.58	3.04	6.14
标准差	0.22	0.13	0.07	0.17	0.42	1.06

4. 繁殖性能　测定高肌内脂肪品系初产成绩，总产仔数、产活仔数、初生窝重分别为 10.01 头、8.54 头、6.79kg（表 9-15）。

表 9-15　高肌内脂肪品系初产繁殖性能

胎次	窝数	总产仔数（头）	产活仔数（头）	初生窝重（kg）
初产	41	10.01±3.51	8.54±3.68	6.79±2.74
经产	30	12.51±3.91	11.40±2.47	10.43±3.46

主要参考文献

陈四清，王金勇，等，2003. 对数量遗传学的几点思考［J］. 畜禽业（11）：20-21.
龙世发，黄谷诚，廖均华，等，1984. 荣昌猪繁殖性状遗传参数测定［J］. 中国畜牧杂志（5）：12-13.
龙世发，黄谷诚，魏以忠，等，1991. 荣昌猪肥育及屠体性状遗传参数研究［J］. 畜牧与兽医，23（5）：219-221.
盛志廉，陈瑶生，1999. 数量遗传学［M］. 北京：科学出版社.
王林云，2004. 养猪词典［M］. 北京：中国农业出版社.
朱军，2002. 遗传学［M］. 3 版. 北京：中国农业出版社.

第十章
荣昌猪新品种培育

第一节　新荣昌猪Ⅰ系

从20世纪80年代开始，重庆市畜牧科学院龙世发等开始进行“荣昌猪瘦肉型品系选育”项目研究，以荣昌猪为基本育种素材，采取杂交与选择相结合，先纯选2个世代后再一次性导入适当比例的丹系长白猪血液，丰富基础群的遗传组成，增加遗传方差，制订综合选择指数，按综合选择指数评定种猪和选留种猪。初产留种，一年一个世代，保持世代分明，各世代维持同一饲养方案，稳定饲养管理和环境条件，减少环境偏差，提高选育效率。经过5个世代的群体继代选育，育成了国内第一个低外血含量（25%）的瘦肉型猪专门化母系——新荣昌猪Ⅰ系。与原种荣昌猪相比，新荣昌猪Ⅰ系猪的胴体瘦肉率提高了6.3%；饲料转化率提高了19.3%；20～90kg体重阶段日增重提高了33.5%；膘厚降低了21.7%，到2001年底，累计推广新荣昌猪Ⅰ系种猪79 505头。1995年11月通过四川省畜禽品种审定委员会的审定，1995年12月四川省畜牧食品办公室批准命名为新荣昌猪Ⅰ系。该品系的选育获1996年度四川省人民政府科学技术进步一等奖，同时该品系的推广亦被列为农业部“九五”全国科技兴农项目。

一、培育背景

国外猪的育种经历了由脂肪型向兼用型进而向瘦肉型转化的过程。其方法由常规育种转向专门化品系育种，巴克夏、杜洛克、汉普夏等猪种经过纯种选育已由原来的脂肪型培育成瘦肉型猪种。针对我国地方猪种具有肉质好、繁殖性能高的特点，在开展地方优良猪种瘦肉型品系选育的同时，有重点地进行瘦肉型猪专门化品系育种，对我国猪的育种和生产以及满足市场需要都有重大的意义。荣昌猪为我国著名优良地方猪种之一，在地方猪种中具有瘦肉含量高、肉质优良、配合力好等特点。四川省养猪研究所对荣昌猪瘦肉含量的研究表明，在限饲和稳定的环境条件下，育肥猪屠宰体重 80kg，胴体瘦肉率 46%左右，产区抽样屠宰同一体重育肥猪 40 头，胴体瘦肉率与此接近，肉色和大理石纹的评分均在 3.5 分左右，显著优于一般猪种。荣昌猪与外种猪的二元杂交效果显著，尤以汉普夏×荣昌猪、杜洛克×荣昌猪最为突出，90kg 体重屠宰，胴体瘦肉率均在 56%以上，达到或接近国内其他猪种三元杂交水平，表明荣昌猪在肉用性能方面具有培育专门化品系的基础。经农业部批准，“荣昌猪瘦肉型品系选育”被列为重点科研项目。

二、育种素材

新荣昌猪Ⅰ系的育种素材是长白猪和荣昌猪。长白猪来源于从湖北引入的 22 头丹系长白猪公母猪（7 个血缘），荣昌猪来源于 14 头荣昌公猪、80 头荣昌母猪（24 个血缘）组成的纯系选育基础猪群。

三、培育过程

农业部从“七五”期间开始立项，“八五”期间继续将“荣昌猪瘦肉型品系选育”列为部属重点科研项目，要求培育成的瘦肉型品系“基本保持荣昌猪原有的毛色、肉质等优良特征，主攻瘦肉率，适当提高生长速度和饲料转化率”。1986 年由四川省养猪研究所与四川农业大学共同派出育种、营养、微机等方面的专家教授和骨干技术力量组成联合攻关的科研课题组开始进行荣昌猪瘦肉型品系选育（图 10-1）。

荣昌（公）×荣昌（母）
↓
荣昌（公）×荣昌（母）　　　丹系长白猪×荣昌猪
↓　　　　　　　　　　　　　↓
荣昌（母）　　　×　　　长荣（公）
↓
新荣昌猪Ⅰ系

图 10-1　新荣昌猪Ⅰ系育种路线

（一）荣昌猪纯系选育基础群的组建

1986年，在整理分析荣昌猪历史资料和近期试验及主产区抽宰调查的基础上，以个体为主，在原有的13个血缘22头公猪、29个血缘111头母猪群中选择了瘦肉率较高、繁殖性能较好、体躯较长、无遗传疾病的荣昌公猪13个血缘14头、母猪24个血缘80头组成了一个质量较高、具有广泛遗传基础的纯系选育基础群。

（二）外血亲本的选择和导血适宜比例试验

根据既定的技术路线和历次杂交组合试验结果，确定导入长白猪血液为宜，先后采用不同来源的长白猪进行杂交试验，两次用四川省内长白猪导血，导入血缘比例50%，其结果不理想，其瘦肉率分别为50.43%和50.70%；导入25%和75%外血，其瘦肉率分别为47.3%和56.53%。用湖北引入的丹系长白猪进行了两次导入50%外血试验，其瘦肉率较高，也能重复，分别为54.14%和54.20%；导入37.5%和25%外血时，其瘦肉率分别为52.83%和51.73%。另外，所有试验随着外血比例增高，肉质有下降趋势，对保持荣昌猪优良肉质和毛色特征不利，荣昌猪导入25%外血后，其肉质较好，基本保持了荣昌猪毛色和肉质优良等特征特性，最后选取了从湖北引入的重复试验效果最好的丹系长白猪7个血缘22头公母猪作为导血亲本，导入其血缘比例为25%。

（三）新品系0世代猪群的组建与继代选育

在进行2个世代纯系选育后，导入了25%的外血，然后横交建立了新品系0世代猪群，在此基础上又进行了5个世代的选育，各性状逐代有所提高，新品系猪体长变长，胸围相对缩小，体长指数明显变大，其体型已相似于瘦肉型猪体型，毛色仍保持原种荣昌猪的毛色特征，肉质基本保持原种荣昌猪肉质优良特性。

四、审定情况

1995年11月，四川省畜禽品种审定委员会对该品系进行了审定，将其正式命名为“新荣昌猪Ⅰ系”，也简称“新荣Ⅰ系”。

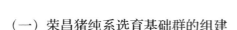

五、特征特性

（一）体型外貌

新荣昌猪Ⅰ系体型中等，体质强健，结构匀称。头部有旋毛，头大小适中。嘴筒直、中等长。耳中等大、稍下垂。背腰平直，后躯丰满。四肢较高而结实，臀部较丰满。具有10种毛色特征（铁嘴、单边罩、金架眼、小黑眼、大黑眼、小黑头、大黑头、飞花、头尾黑、全白），其中以体躯白色而头部有黑斑和全身白色为主，乳头6～7对。

（二）体尺体重

新荣昌猪Ⅰ系20头成年公猪、50头成年母猪体尺体重测定结果见表10-1。

表10-1　新荣昌猪Ⅰ系体重、体尺

猪类别	测定数量（头）	体重（kg）	体长（cm）	体高（cm）	胸围（cm）
成年公猪	20	170.4±16.9	180.6±10.2	86.4±4.2	130.6±8.1
成年母猪	50	175.5±15.8	176.1±9.61	82.9±3.9	134.5±7.7

（三）繁殖性能

1. 母猪　初情期日龄（92±2.3）d，性成熟日龄（168.0±9.4）d，初配日龄（207.0±19.2）d，妊娠期（114.5±2.4）d，经产窝产仔数（12.74±1.32）头，初生窝重（11.2±2.7）kg，20日龄窝重（55.8±4.6）kg。

2. 公猪　出现爬跨日龄（95±4.78）d，初配日龄（224.0±19.1）d，初配体重（93.3±19.2）kg，配种频率5～6次/周。

（四）生长发育性能

在中等营养水平条件下，育肥猪（189.5±15.2）日龄达到90kg，体重20～90kg日增重（599±71.1）g，料重比（3.39±0.30）：1。

（五）胴体性能

在中等营养水平条件下，育肥猪90kg屠宰，胴体瘦肉率（55.0±

2.72)%，屠宰率（72.9±1.51)%；肉质性状：pH_1为6.32±0.12，肌内脂肪含量（3.15±0.59)%。

六、杂交效果

新荣昌猪Ⅰ系在培育过程中，与专门化父系进行了3次二元杂交试验及最优杂交组合的重复试验，结果见表10-2。

表10-2　新荣昌猪Ⅰ系杂交效果

组合	头数（头）	达90kg体重日龄（d）	日增重（g）	料重比	瘦肉率（%）	肉色评分（分）	pH	系水率（%）	肌内脂肪含量（%）
杜洛克×新荣Ⅰ系	50	172.90	668	3.17∶1	58.78	3.09	6.14	22.58	3.27
长白×新荣Ⅰ系	42	188.90	610	3.15∶1	58.29	2.82	6.10	34.72	2.51
约克夏×新荣Ⅰ系	41	187.20	613	3.22∶1	54.21	3.10	6.26	28.49	2.31

新荣昌猪Ⅰ系与专门化父系杂交效果较好，从各性状综合比较分析看，杜洛克×新荣昌猪Ⅰ系为最优配套组合，长白×新荣昌猪Ⅰ系次之，约克夏×新荣昌猪Ⅰ系仅瘦肉率较低，其他指标较好，若能引入生产性能较高的大约克夏父系，约克夏×新荣昌猪Ⅰ系也可在生产上推广应用。

七、推广应用

在新荣昌猪Ⅰ系选育的后期阶段，采取边选育边推广的办法，曾先后向四川省简阳市、泸县、隆昌县等地推广，后结合四川省科学技术委员会下达的“优质瘦肉猪生产综合技术开发与示范”课题重点在资阳市、内江东兴区推广，到1995年，共推广品系种猪2 334头。1996年至1997年，全国畜牧兽医总站下达了科技兴农计划项目——新荣昌猪Ⅰ系推广及配套利用，在四川资阳市、资中县、泸县、内江市等地推广，共推广品系种猪24 000多头。1999年至2000年，农业部下达了丰收计划项目——新荣昌猪Ⅰ系的推广及配套利用，在重庆市垫江县、大足区、江津区、綦江区等地推广，两年共推广品系种猪27 911头。2000年到2001年，科学技术部下达了重点科技推广项目——三峡库区新荣昌猪Ⅰ系示范与推广，在重庆市涪陵区、忠县、丰都县、奉节县、巫溪县、长寿区、万州区等地推广，两年共推广品系种猪25 260头。到2001年底，累计推广新荣昌猪Ⅰ系种猪79 505头。新荣昌猪Ⅰ系母猪产仔数比本地猪增加2.49头，配套商品杂优猪比一般二元杂交肉猪日增重提高8.74%～

13.75%，料重比降低5.41%～10.08%。

第二节　渝荣Ⅰ号猪配套系

渝荣Ⅰ号猪配套系（CRP配套系）是由重庆市畜牧科学院历经9年、利用荣昌猪优良基因资源培育而成的新配套系猪。该配套系采用三系配套模式，母本母系（B系）由优良地方猪种荣昌猪与大白猪杂交选育而成，母本父系（C系）由丹系与加系长白猪杂交合成，父本父系（A系）由丹系与台系杜洛克猪杂交合成。渝荣Ⅰ号猪配套系克服了现有瘦肉型猪种（配套系）生产类型单一、抗逆境能力差、繁殖性能较低及肌肉品质差等不足，具有肉质优良、繁殖力好、适应性强等突出特性。

一、培育背景

改革开放（特别是1990年）以来，世界养猪发达国家纷纷抢占我国巨大的种猪市场，目前我国几乎进口了所有养猪发达国家的长白、约克、杜洛克等纯种种猪，此外国外大的育种公司也纷纷以其配套系抢占我国猪肉生产市场，如PIC、Dekalb、施格、达兰等，所有这些都给我国种猪业带来巨大的冲击。我国加入世界贸易组织后，国外大的育种公司更是虎视眈眈，国内种猪业面临着严峻的形势。

国外品种（配套系）虽然具有生长速度快、瘦肉率高的优点，但其生产类型单一，适应环境能力差，抗逆境能力弱，猪肉风味品质差，而这些正是我国地方猪种的优点，这也正是我国地方猪种的优势。因此，为了紧跟国际猪育种和养猪生产趋势，重庆市科学技术委员会于2003年6月向重庆市畜牧科学院正式下达了渝荣Ⅰ号猪配套系的培育及其产业化技术开发项目。项目拟利用荣昌猪广泛的环境适应能力、极强的抗逆境能力、优良的猪肉风味品质、优秀的繁殖能力，在渝荣Ⅰ号猪配套系的培育与利用项目的基础上，培育出适合我国特殊环境条件的、有我国特色的、肉质优良和繁殖性能优秀的渝荣Ⅰ号猪配套系，以满足人们对优良猪肉品质的追求和市场的多元化需求；并对其营养需要、饲养管理、疫病净化和综合防治等综合配套技术进行研究，进行产业化运作模式探索，使渝荣Ⅰ号猪配套系在养猪生产中迅速发挥作用，提升我国养猪业的市场竞争能力。

二、育种素材

(一) 母系母本——B系

重点放在繁殖性能、猪肉品质、体质和适应性4个性状上。经过多次试验和比较，综合多方面的因素决定采用荣昌猪和大白猪进行杂交合成。荣昌猪来源于重庆市畜牧科学院荣昌猪保种群、1998年荣昌猪赛猪会部分获奖猪，大白猪来源于四川省原种猪场和内江市种猪场。

(二) 母系父本——C系

重点放在产仔数、生长速度和瘦肉率3个性状上。选用直接来源于丹麦的丹系长白猪和来源于内江的加系长白猪为材料，通过系间杂交选育而来。

(三) 终端父系——A系

重点放在猪肉品质、瘦肉率和生长速度3个性状上。选用直接来源于丹麦的丹系杜洛克、重庆市畜牧科学院育种猪场的台系杜洛克和北京浩邦猪人工授精服务有限责任公司的台系杜洛克（精液）为材料，通过系间杂交选育而来。

三、培育过程

(一) 杂交组群阶段

1. B系　1998年开始着手杂交亲本的选择工作，最终选择了62头母猪（其中来源于重庆市畜牧科学院荣昌猪保种核心群10个父祖、18个母祖的荣昌母猪42头，来源于荣昌猪保种区参加过赛猪会的荣昌猪后代母猪18头，来源于内江的加系大约克母猪2头）作为杂交母本，10头公猪（来源于从四川省原种猪场加系大约克种公猪4头，来源于内江中国与加拿大合作项目种猪场的加系大约克种公猪5头，来源于重庆市畜牧科学院荣昌猪保种核心群的荣昌公猪1头）作为杂交父本。1999年春季开始配种，秋季开始产仔。2000年完成基础群组建工作。

2. C系　2001年末，由直接来源于丹麦的丹系长白猪7个公猪血缘的8头公猪、40头母猪，来源于内江的加系长白猪3个公猪血缘的3头公猪、12

头母猪组成了C系基础群。

3. A系　2001年末，由直接来源于丹麦的丹系杜洛克6个公猪血缘的7头公猪、10头母猪，来源于重庆市畜牧科学院育种猪场的台系杜洛克3个公猪血缘2头公猪、30头母猪组建成了A系基础群，2002年初引进北京浩邦猪人工授精服务有限责任公司的2头台系杜洛克精液进行配种。

（二）配套系的自群繁育及世代选育

从2001年至2006年，B系由基础群组建的完成过渡到理想型个体的横交配种及自群繁育；C系、A系由引种、选择、组建核心群过渡到世代选育阶段，采取一年一个世代，其过程如下：

2001年：完成B系一世代选育及繁育二世代的配种工作。

2002年：完成B系二世代选育及繁育三世代的配种工作；A、C系一世代选育。

2003年：完成B系三世代选育及繁育四世代的配种工作；B系与C系杂交做配合力实验；A、C系二世代选育。

2004年：完成B系四世代选育及繁育五世代的配种工作；根据C×B配合力测定成绩淘汰配合力差的B、C系家系；B系与C系杂交做配合力实验；C×B与A系杂交做配合力实验；A、C系三世代选育。

2005年：完成B系五世代选育；根据C×B以及C×B与A的配合力测定成绩淘汰配合力差的A、B、C系家系；A、C系四世代选育；扩群。

2006年：B、C、A系进一步扩群。

四、审定情况

国家畜禽遗传资源委员会猪专业委员会于2007年1月19—20日在重庆市对重庆市畜牧科学院申报的渝荣Ⅰ号猪配套系进行了审定。猪专业委员会听取了培育单位的育种技术工作报告，质疑、查阅育种记录和系谱资料及农业部种猪质量监督检验测试中心（武汉）对商品猪的检验报告，并实地考察了渝荣Ⅰ号猪配套系选育核心场和重庆市万州区、开县2个示范推广基地。经认真审查和充分讨论，猪专业委员会专家组一致同意通过品种审定。并于同年6月29日获得国家畜禽遗传资源委员会颁发的新品种证书——畜禽新品种（配套系）证书（农01）新品种证书第14号。

五、特征特性

（一）体型外貌

1. 母本母系　毛色为白色，少数头部有暗斑，体型匀称、体质结实，头型清秀、耳直立、鼻直，腮小，中躯长、腿臀丰满。乳头6～7对。

2. 母本父系　全身白色，体躯较长，头型清秀，耳较大而略前倾，腰线平直，后腿及臀部肌肉丰满，骨细结实，系部强健有力。乳头6～7对。

3. 终端父系　毛色为红棕色，耳中等大小、尖部下垂，体躯深广，高大结实，腹线平直、背腰微弓，四肢强健，全身肌肉丰满。乳头6对以上。

4. 商品猪　毛色为白色，偶见花斑，耳中等大，腮小，背腰平直，腹部上收，前后匀称，臀部丰满，肌肉发达，四肢强健。

（二）体重体尺

渝荣Ⅰ号猪配套系各品系成年猪体重体尺见表10-3。

表10-3　渝荣Ⅰ号猪配套系成年猪体重、体尺

品系	性别	头数（头）	体重（kg）	体长（cm）	体高（cm）	胸围（cm）
母本母系（B系）	公	5	256.1±50.4	170.1±7.4	91.2±5.6	151.3±9.1
	母	20	229.8±47.6	168.5±6.1	88.5±5.1	140.4±8.0
母本父系（C系）	公	4	323.9±50.6	184.2±8.1	89.3±8.1	161.3±12.2
	母	6	258.5±26.0	169.2±4.5	88.4±2.8	150.2±7.0
终端父系（A系）	公	5	283.0±27.1	171.9±4.5	92.9±2.8	156.3±9.2
	母	8	251.3±26.4	163.3±3.9	91.4±0.9	146.2±1.2

（三）繁殖性能

渝荣Ⅰ号猪配套系各系繁殖性能指标列于表10-4。从表10-4中可看出，B系、C系、A系的初产总产仔数分别为10.91头、10.36头、9.14头，经产分别为12.77头、11.49头、10.43头，反映该配套系核心群的母系、父系均具有良好的产仔性能；父母代CB系初产总产仔数12.83头，经产为13.14头，表现出更加良好的产仔性能，这反映配套系育种模式在遗传进展传递、杂种优势体现上具有重要作用。

表 10-4　渝荣Ⅰ号猪配套系各品系及组合的繁殖性能

品系及其组合	胎次	窝数	数据分析口径	总产仔数（头）	产活仔数（头）	21 日龄窝重（kg）	21 日龄仔数（头）
母本母系（B 系）	初产	482	平均值±标准差	10.91±2.09	10.11±2.12	40.29±10.09	8.88±1.94
			变异系数（%）	19.16	20.97	25.04	21.85
	经产	73	平均值±标准差	12.77±2.38	11.15±2.43	44.40±11.83	9.86±2.06
			变异系数（%）	18.64	21.79	26.64	20.89
母本父系（C 系）	初产	92	平均值±标准差	10.36±1.93	8.42±1.90	37.70±11.21	7.33±1.64
			变异系数（%）	18.63	22.57	29.73	22.37
	经产	182	平均值±标准差	11.49±2.27	9.99±2.10	44.33±12.38	8.78±1.82
			变异系数（%）	19.76	21.02	27.93	20.73
终端父系（A 系）	初产	93	平均值±标准差	9.14±1.83	7.44±2.02	32.46±8.73	6.47±1.74
			变异系数（%）	20.02	27.15	26.89	26.89
	经产	115	平均值±标准差	10.43±1.83	8.63±2.03	36.51±9.46	7.54±1.80
			变异系数（%）	17.55	23.52	25.91	23.87
父母代（CB）	初产	71	平均值±标准差	12.83±1.94	12.33±2.07	55.17±13.85	11.11±1.89
			变异系数（%）	15.12	16.79	25.10	17.01
	经产	85	平均值±标准差	13.14±2.19	12.60±2.15	55.54±13.30	11.50±1.98
			变异系数（%）	16.67	17.06	23.95	17.22

（四）育肥性能

2004 年，对渝荣Ⅰ号猪配套系生长育肥性能进行测定，其中商品猪 ACB 组合由农业部种猪质检中心（重庆）测定，结果见表 10-5。从表 10-5 中可以看出，B 系、C 系和 A 系达 100kg 体重日龄分别为 179.3d、158.4d 和 164.5d；商品猪全期日增重为 827g，料重比为 2.75∶1，反映出该配套系核心群各系生长发育性能优秀、商品猪增重快、耗料少。

表 10-5　渝荣Ⅰ号猪配套系各品系及组合生长育肥性能

品系及其组合	头数（头）	料重比	数据分析口径	达 100kg 体重日龄（d）	活体背膘厚（mm）	全期日增重（g）
母本母系（B 系）	40	2.95∶1	平均值±标准差	179.3±17.80	13.9±1.74	807±79
			变异系数（%）	9.93	12.52	9.79
母本父系（C 系）	12	2.54∶1	平均值±标准差	158.4±15.54	13.1±2.35	1037±101
			变异系数（%）	9.81	17.94	9.74
终端父系（A 系）	12	2.62∶1	平均值±标准差	164.5±16.22	12.8±1.75	941±92
			变异系数（%）	9.86	13.67	9.78
父母代（CB）	24	2.76∶1	平均值±标准差	157.3±14.32	14.00±2.12	877±95
			变异系数（%）	9.10	15.14	10.8

（续）

品系及其组合	头数（头）	料重比	数据分析口径	达 100kg 体重日龄（d）	活体背膘厚（mm）	全期日增重（g）
商品猪（ACB）	98	2.75∶1	平均值±标准差	158.1±15.62	14.15±1.87	827±59
			变异系数（%）	9.88	13.22	7.1

（五）胴体性能

从各品系屠宰及胴体品质性状指标的变异系数看（表 10-6），除胴体平均背膘厚和 B 系的眼肌面积及 CB 系宰前活重的变异系数大于 10%以外，其余性状均小于 10%。瘦肉率变异系数 B 系为 8.46%，CB 系为 8.05%，其余各系均小于 5%，达到了较高的遗传纯度和稳定性。商品猪胴体瘦肉率 62.79%，与国内引进、培育的配套系相比处于中等水平。

表 10-6　渝荣Ⅰ号猪配套系各品系及组合的屠宰性能

品系及其组合	头数（头）	数据分析口径	宰前活重（kg）	屠宰率（%）	平均背膘厚（mm）	眼肌面积（cm²）	后腿比例（%）	瘦肉率（%）
母本母系（B 系）	20	平均值±标准差	97.9±4.34	72.23±1.95	21.72±7.49	38.42±6.02	30.97±1.42	59.93±5.07
		变异系数（%）	4.43	2.70	34.48	15.67	4.59	8.46
母本父系（C 系）	8	平均值±标准差	102.3±7.17	71.00±3.36	18.3±3.11	43.79±2.01	32.15±2.12	67.14±1.79
		变异系数（%）	7.01	4.73	16.99	4.59	6.59	2.67
终端父系（A 系）	8	平均值±标准差	101.3±3.52	72.33±1.52	19.1±3.37	46.36±2.70	31.71±1.13	63.57±1.37
		变异系数（%）	3.47	2.10	17.64	5.82	3.56	2.16
父母代（CB）	12	平均值±标准差	103.4±12.42	74.05±1.58	24.7±3.1	38.83±3.88	30.48±1.14	60.22±4.85
		变异系数（%）	12.01	2.13	12.55	9.99	3.74	8.05
商品猪（ACB）	30	平均值±标准差	98.26±2.81	72.64±1.93	22.90±2.79	38.20±3.70	30.85±1.91	62.79±2.36
		变异系数（%）	2.86	2.66	12.18	9.67	6.19	3.75

（六）肌肉品质

各品系及其组合肌肉品质测定见表 10-7。由表 10-7 可知，渝荣Ⅰ号猪配套系 A、C 系各项肉质指标均在正常范围之内，B 系表现出了优良的猪肉品质。商品猪肉色评分 3.83 分，pH_1 6.22，肌内脂肪含量 2.59%，储存损失 2.92%，失水率 16.43%，肉质表现良好。

表 10-7　渝荣Ⅰ号猪配套系各品系及组合肌肉品质

品系及其组合	头数（头）	数据分析口径	肉色评分（分）	pH_1	肌内脂肪含量（%）	储存损失（%）	失水率（%）	大理石纹评分（分）
母本母系（B系）	12	平均值±	3.76±	6.26±	2.89±	1.87±	19.49±	2.98±
		标准差	0.85	0.53	0.74	0.67	8.34	0.79
		变异系数（%）	22.61	8.47	25.61	35.83	42.79	26.51
母本父系（C系）	8	平均值±	3.63±	5.87±	1.01±	—	13.75±	1.50±
		标准差	0.25	0.25	0.31		0.73	0.41
		变异系数（%）	6.89	4.26	30.69	—	5.31	27.33
终端父系（A系）	8	平均值±	3.67±	5.97±	1.88±	—	16.48±	2.83±
		标准差	0.29	0.28	0.48		6.84	0.58
		变异系数（%）	7.90	4.69	25.53	—	41.5	20.49
父母代（CB）	12	平均值±	3.88±	6.18±	2.60±	1.85±	14.13±	3.23±
		标准差	0.51	0.33	1.09	0.73	6.23	0.48
		变异系数（%）	13.14	5.34	41.9	39.46	44.09	14.86
商品猪（ACB）	30	平均值±	3.83±	6.22±	2.59±	2.92±	16.43±	3.62±
		标准差	0.54	0.15	0.40	0.77	3.27	0.78
		变异系数（%）	14.10	2.41	15.44	26.37	19.90	21.55

六、推广应用

在配套系培育过程中，采取边选育边中试推广的策略，选取典型生态条件地区作为配套系的中试基地，以养猪协会、畜牧兽医行业管理组织、屠宰加工企业联合体为主要推广纽带和形式，在重庆市的武隆、万州、开县、云阳和四川威远等地推广，2003—2006 年，累计推广祖代母系母猪 830 头，祖代父系公猪 550 头、母猪 500 头，父母代母猪 1.18 万头，共生产杂优商品猪 104.92 万头。

该配套系育成后，又选择了四川、贵州和云南的部分区县作为重点推广示范区。2007 年又以技术成果入股的形式与重庆农工商集团联合组建了重庆市荣大种猪发展有限公司，用“龙头企业＋专业合作组织＋适度规模农户”的模式开始渝荣Ⅰ号猪配套系的产业化经营；同时，项目实施过程中的一些自主知识产权也在进行推广与应用。2007—2010 年累计推广祖代种猪 1 万余头、父母代种猪 3.67 万头，年出栏商品猪 60 多万头。

通过产业化推广，建立优质猪配套系原种场 3 个、祖代猪场 6 个、父母代示范场 47 个，建立优质肉猪示范基地 49 个，建立辐射基地 67 个，辐射范围覆盖重庆市全境和周边的四川、云南、贵州、湖北等省，促进重庆及周边地区生猪养殖业的快速发展。

第十一章
荣昌猪开发利用

第一节　杂交改良与推广的历史回顾

一、新中国成立以前荣昌猪的杂交改良与推广（1949 年以前）

20 世纪 20—30 年代，泰姆华斯猪、波中猪、约克夏猪、巴克夏猪、汉普夏猪、杜洛克猪等外种猪相继被国内各大学涉农院系、农场引入以改良我国猪种。20 世纪 30 年代初期，四川中心农事试验场、四川玉森农场、四川平教会江津实验区农场等一批畜种改良机构分别在重庆磁器口、化龙桥、江津白沙镇等地落户（任百鹏，1936）。外种猪的引进与荣昌猪的杂交改良也由此开始。

1932 年，四川中心农事试验场畜牧科技师陈万聪先后在河北定县平教会农场、南京国立中央大学购入纯种波中猪 6 头、纯种巴克夏猪数头，同时在四川购荣昌种猪多头，进行杂交改良试验。其中，波中猪与荣昌猪杂交的第一代改良猪颇受民众欢迎（任百鹏，1936）。

1934—1936 年，农学家任百鹏分别从河北定县、上海虹桥购得波中猪数头，同时在四川省荣昌县、隆昌县选购荣昌小猪 200～300 头，在玉森农场开展波中猪与荣昌猪杂交第一代改良猪育肥饲养试验。2 年的试验结果表明，第一代改良猪育肥饲养至 1 年时，佳者屠宰可获净肉 136kg 以上。

1933 年秋冬，江津县县长高显鉴在江津白沙镇设实验区农场，畜牧部分由任百鹏主持。随后从荣昌隆昌等地选购猪种多头，进行异地白猪引种饲养试验。1934 年，任百鹏从北京带回波中猪数头，以做研究及改良工作。1935 年高显鉴离职，后因经费等原因农场处于停顿状态。

1936年3月14日，四川省家畜保育所在成都南门外省农场成立（陈岗，2012）。四川家畜保育所初立创期（1936年3—6月）下设畜牧、兽医及事务三科，其中畜牧科下设种猪股，种猪股下设种猪场及猪鬃研究室，专司种猪场筹建与猪鬃问题研究。四川家畜保育所的工作分为事务工作和技术工作两个方面，事务工作之一为收集猪种，而技术工作按照调查、计划和推广3个步骤，力求解决猪种、猪鬃等5个问题（陈岗，2012；四川省家畜保育所，1936b）。1936年4月26日—5月7日，保育所副所长汪国兴完成了“调查隆昌猪种及重庆猪鬃牛羊皮羊毛出口贸易状况报告”。从报告反映的数据来看，1932—1935年，尽管在出口贸易量上白猪鬃是黑猪鬃的30%左右，但贸易额白猪鬃至少是黑猪鬃的60%，1935年两者贸易额相当，1934年白猪鬃贸易额甚至超过黑猪鬃，达60余万元（汪国兴，1936）。荣昌猪作为四川省唯一的白毛色地方猪种，其鬃毛质量优良、享誉世界，因此荣昌猪的改良与推广备受重视。报告同时指出，荣昌猪的改良应在增进其育肥效率的同时兼顾保持其鬃质优良的特性。四川省家畜保育所成立后，就收集了约克夏猪、巴克夏猪、江苏如皋猪、浙江金华猪、江西临川猪、广西桂林猪、湖南长沙猪、上海猪、河南项城猪、云南宣威猪及内江猪、荣昌猪、宜宾猪、彭山猪等于成都畜牧场，开展育种及饲养观察试验（四川省家畜保育所，1936；王成，2012）。两年（1936—1938年）之内，大多品种被淘汰，仅留下成华猪、内江猪、荣隆猪3个地方品种（东北农学院，1984）。

1936年8月31日、11月16日，四川省家畜保育所先后在重庆荣昌县安富镇、重庆北碚乡文星湾新桥蒋家院子设立了荣隆实验区和江巴实验区（后改为三峡实验区）。1937年春，三峡实验区从四川省家畜保育所引进1头腌肉型约克夏公猪，运至新桥种猪场饲养，与本地猪配种，生产二元杂交猪育肥，这被认为是有计划的重庆地方猪杂交改良的开始。北碚原为黑猪区，1937年曾试引荣昌公母仔猪以替换当地黑猪，至1939年，共运输荣昌猪500头以上。另据《四川省畜牧兽医史料》记载，1935—1949年，北碚共引进约克夏猪3批54头、巴克夏猪3头、波中猪3头、荣昌猪600头。其中，约克夏猪与本地猪特别是荣昌猪杂交效果显著，杂交面不断扩大。因经费匮乏，逐渐造成猪群混乱杂交，出现了约本（约克夏×本地猪）一、二、三代杂交猪、荣本（荣昌猪×本地猪）、约荣（约克夏×荣昌猪）杂交猪。至1944年，北碚8个乡镇杂交母猪已占当时存栏母猪的60%。

1938年9月，四川省府农业机关改组，合并为四川省农业改进所，前家畜保育所之事业由改进所畜牧兽医组继续发展。1939年3月，四川省农业改进所和国立中央大学农学院联合建立了内江种猪场，划定内江以西包括内江、资阳、资中、简阳4县为内江黑猪推广区，内江以东为荣昌白猪繁殖推广区。1939年4月，四川省农业改进所和国立中央大学农学院，邀请四川农村合作委员会及重庆中国银行在内江黑猪推广区（内江、资阳、资中、简阳4县）、荣昌猪主产区（荣昌、隆昌两县）分别设立了家畜保育促进委员会，以推动内江黑猪和荣昌白猪推广。1939年5—9月，许振英主持完成“荣隆内江两中心区养猪调查”。通过调查，对荣昌公母猪分级登记，以上等的后代备充将来种畜，顶替预备淘汰的劣猪，希望3年内将劣猪全部淘汰。1940年11月，四川省农业改进所在三台县建立了三台白猪繁殖场，以推广荣昌白猪。

二、新中国成立初期及改革开放之前荣昌猪的杂交改良与推广（1949—1976年）

1949年11月30日，中国人民解放军进入重庆，随后成为西南军政委员会驻地。重庆农业场、站和科研、教学单位陆续引进约克夏猪进行繁殖推广。1951年4月，中国人民银行重庆分行曾发放养猪贷款1.55亿元，贷给近郊区农民购买荣昌母猪1 000头、约克夏公猪50头、杂交公猪500头，以帮助发展养猪。重庆近郊杂交面不断扩大，杂交猪自群繁殖数量逐年上升。至1967年，重庆5个区杂交猪20万头，占该地区生猪总数的90％以上。杂交猪80％系自群繁殖，体型外貌趋于一致，生产性能与本地猪及双亲比有显著优势，形成了特色的重庆白猪类群，即渝白猪。1972年，有关单位曾成立渝白猪育种协作组，制定了渝白猪选育规划实施方案，但因意见不统一，未能坚持下去。

1951年1月，川东行署在荣昌猪产地荣昌县建立川东荣昌种畜场。同年12月，更名为川东荣昌种猪场，即重庆市畜牧科学院的前身（其间经四川省种猪试验站、四川省农业科学院种猪试验站、四川省养猪研究所、重庆市养猪科学研究院等多次更名和变更隶属）。20世纪60—70年代，荣昌猪的本品种选育与经济杂交工作交替进行。

1961—1963年，四川省种猪试验站黄谷诚、雷锡斌、刘树橙等以荣昌猪纯繁群体为对照，以引进的英国约克夏猪为基础，开展了中等营养条件下荣昌母猪×约克夏公猪（杂交一代）、荣昌母猪×荣约 F1 公猪（回交）、荣约 F1 母猪×约克夏公猪（级进杂交二代）共 3 个杂交组合对比试验，分析比较了各杂交组合的繁殖成绩、哺育成绩、育肥性能、屠宰性状及胴体组成。研究结果表明：荣昌猪导入不同程度外血，对胚胎发育能起到促进作用，表现在仔猪出生重增大、活产率提高、采食时间提早。而生长育肥期，导入 25%外血（回交组）能加速生长，降低饲料消耗，提前 11d 达到 75kg 的屠宰体重；而导入 50%及以上外血（杂交一代组和级进杂交二代组），因现有营养条件不能满足其生长需要而表现为生长迟缓，分别延迟 18d 和 40d 达到 75kg 的屠宰体重。

1970—1971 年，四川省农业科学院种猪试验站先后两次进行以长白公猪为父本、荣昌母猪为母本的经济杂交组合育肥试验。1974 年，四川省农业科学院种猪试验站用长白、约克夏、巴克夏公猪与荣昌猪进行了经济杂交组合育肥试验。结果表明：长×荣、约×荣、巴×荣比纯种荣昌猪日增重分别提高 9.6%、9.9%、5.6%，精饲料用量分别降低 12.4%、12.1%、7.2%。

三、改革开放至重庆直辖前荣昌猪的杂交改良与推广（1978—1996 年）

依据时间先后顺序及工作的主要内容，这一时期可分为两个阶段：第一阶段（1978—1985 年），在荣昌猪杂交组合筛选试验基础上，通过猪人工授精技术推广，荣昌猪二元杂交猪全面推广；第二阶段（1985—1995 年），在荣昌猪纯繁选育基础上，通过导入 25%的丹系长白猪血液，经闭锁继代选育 5 个世代最终培育成新荣昌猪Ⅰ系。

1979—1980 年，四川省农业科学院种猪试验站、江津地区农业局畜牧站在新胜茶场农科所、大足龙水农场、荣昌县、铜梁县、潼南县农场组织实施了“荣昌猪两品种杂交在不同营养水平（以能量为主）条件下经济效果观察”项目。项目以荣昌猪与长白、约克夏、巴克夏 3 个外种猪进行正反杂交，并以 4 个纯种猪群为对照，开展了高、中、低 3 个营养水平下各组合的生长发育性状及胴体性状测定，试验共进行 7 次，涉及 64 个组、493 头猪。研究结果表明：长白与荣昌杂交猪日增重的优势率为 14%～18%，饲料利用率的优势率为 8%～14%，优于约克夏×荣昌和巴克夏×荣昌。项目筛选的长白×荣昌组合增重快、节省饲料（头均比荣昌猪节省混合料 40kg），每头多盈利 11 元，经济效益较显著。据荣昌猪产区的永川、宜宾、内江 3 个地区 8 个县粗略统计，长白×荣昌肉猪有 20 万头左右。该项目于 1981 年 10 月进行了成果登记，并获当年四川省科技进步三等奖。1982—1983 年，四川省种猪试验站联合大足县畜牧局实施了四川省畜牧局科技成果新技术推广项目“长荣杂交猪有效组合推广”。1983 年底，大足县长白×荣昌杂交配种面达 63.14%，出栏长白×荣昌杂交肥猪84 910头。项目调查显示，在农村饲养条件下，长白×荣昌杂交育肥猪比荣昌育肥猪日增重提高 29.7%。

1981—1983 年，四川省种猪试验站刘树橙等开展了“瘦肉型猪与荣昌猪多元杂交组合试验”。试验结果表明：二元杂交的汉普夏×荣昌、三元杂交的汉普夏×长白×荣昌和杜洛克×长白×荣昌为最优杂交组合。杂交组合杂种猪在生后 6.5～7 月龄体重达 90kg，比亲本荣昌猪缩短饲养期 1 月以上，20～90kg 日增重分别高 16.2%、19.83%和 25.27%，混合料消耗低 17%～22%，瘦肉每头分别多 7.52kg、7.48kg 和 7.8kg，瘦肉率分别为 60.73%、60.84%、58.8%，比荣昌猪提高 10%～12%，每头增加收益分别为 19.25 元、20.26 元和 23.18 元。

1985 年，重庆市人民政府确定在北碚区和永川、大足、潼南三县建设首批商品瘦肉猪示范基地，以一代杂交猪来生产商品猪。其中部分以三元杂交来生产商品瘦肉型猪。杂交改良的主要父本为长白猪和约克夏猪，母本主要是荣昌猪，其次是本地黑猪。同年，随着生猪杂交优势利用工作的不断推进，重庆市猪人工授精配种达540 864窝（次），杂交改良面达 68.17%。

1985 年，四川省养猪研究所联合四川农业大学开始开展了“荣昌猪瘦肉型品系选育研究”项目。研究在荣昌猪纯繁选育 2 个世代基础上导入 25%的丹系长白猪血液，闭锁选育 5 个世代最终培育成新荣昌猪Ⅰ系。新荣昌猪Ⅰ系既保持了原荣昌猪繁殖力高、配合力好、肉质优良、适应性强等优良特性，又在瘦肉率、生长速度和饲料转化率等重要经济性状上有较大幅度的提高。该成果获 1996 年四川省科技进步一等奖。

四、重庆直辖后荣昌猪的杂交改良与推广（1997 年以后）

这一时期最大的两项成果是新荣昌猪Ⅰ系的大面积推广和渝荣Ⅰ号猪配套系的培育与产业化开发。

1997—2002 年，新荣昌猪Ⅰ系及商品猪试验示范研究、新荣昌猪Ⅰ系核心群建设、三峡库区新荣昌猪Ⅰ系推广及配套利用、新荣昌猪Ⅰ系综合配套技术推广及瘦肉型猪生产生态良性循环利用技术等一系列项目的实施，使得新荣昌猪Ⅰ系得到大面积推广。该品系先后在四川简阳等30多个县（市）、重庆大足等40多个县（区）扩繁推广，并同时推广到云南、贵州、陕西、海南、甘肃等省。仅1999—2001年统计，该品系配套商品猪出栏达234.64万头，新增纯收益7 707.73万元。

1999—2000年的研究结果表明，加系长白猪与荣昌猪的杂种在生长速度和饲料转化率上表现良好，日增重达759.79g，料重比3.33：1，胴体瘦肉率为56.60%，已达到一般三元杂交水平，而肉质基本保持了荣昌猪肉质优良的特性（郭宗义等，2000）。

1998—2006年，在重庆市科学技术委员会项目新荣昌猪Ⅱ系选育、渝荣Ⅰ号猪配套系的培育与利用、渝荣Ⅰ号猪配套系的培育利用及产业化技术开发，以及科学技术部项目优质母本品系的培育与利用等支持下，重庆市畜牧科学院以优良地方猪资源——荣昌猪优良基因资源利用为基础，采用现代分子生物技术、信息技术、系统工程技术与常规育种技术有机结合的新育种技术体系，由20余位科技人员、历经9年深入研究和艰苦攻关，成功培育了渝荣Ⅰ号猪配套系。渝荣Ⅰ号猪配套系具有肉质优良、繁殖力好、适应性强等突出特性；配套系遗传性能稳定，体型外貌一致，综合生产性能优秀。2007年渝荣Ⅰ号猪配套系通过国家审定并获得畜禽品种证书（农01新品种证字第14号）。

2007—2010年，重庆市畜牧科学院联合众多科研单位、企业成功实施了科学技术部农业科技成果转化资金项目渝荣Ⅰ号猪配套系种猪生产技术示范与推广、农业部跨越计划项目渝荣Ⅰ号猪配套系标准化生产技术推广与产业化示范，以及国家“十一五”科技支撑计划项目荣昌猪品种资源开发关键技术研究与产业化示范，从良种繁育体系构建、配套技术集成、产业化运作模式开发等方面加大了渝荣Ⅰ号猪配套系的推广与示范。据初步统计：3个项目在重庆潼南、綦江分别建立了1 000头基础母猪规模的渝荣Ⅰ号猪配套系原种猪场各1个，在万州、开县、忠县、武隆等县建立祖代猪场10个，在重庆及周边建立父母代猪场67个，在潼南、开县、万州、垫江、綦江、武隆等区县建立优质肉猪示范基地69个，形成了以“原种场＋祖代示范场＋父母代示范场＋商品猪养殖小区”为主要模式的完整繁育体系。项目实施期间，累计示范推广祖代种猪9 705头，父母代种猪 10 万余头，出栏商品猪 397 万头（王金勇等，2011）。2009 年，“渝荣Ⅰ号猪配套系的培育及产业化开发”获重庆市科技进步一等奖。2016 年，“荣昌猪品种资源保护与开发利用”荣获国家科技进步二等奖。

2011—2015 年，重庆市畜牧科学院以荣昌猪为母本，分别以不同来源长白猪、大约克猪为第一父本，以不同来源杜洛克猪为终端父本，进行了荣昌猪二元、三元杂交组合筛选试验。研究结果表明：荣昌猪二元杂交组合中，美系长白公猪×荣昌母猪的杂交后代育肥性能最优，丹系长白公猪×荣昌母猪的杂交后代的胴体肉质性能最优，加系长白公猪×荣昌母猪杂交和丹系约克夏公猪×荣昌母猪组合的繁殖性能最优。综合以上几方面性能测定数据，最终选择了美系约克夏猪、美系长白猪、丹系约克夏猪、丹系长白猪与荣昌猪的杂交组合母猪作为生产三元杂交猪的母本组合。荣昌猪三元杂交组合中，以丹系长白公猪为第一父本、美系杜洛克公猪为终端父本配套生产的杜洛克猪×长白猪×荣昌猪商品后代生长速度快、饲料转化率较高、肉质优良，可获得较好的经济效益（张亮等，2016）。

第二节　荣昌猪的二元杂交

生产上由于以长白猪和大白猪做父本、荣昌猪为母本的二元杂交仔猪毛色为全白，各项性能优秀，因此以长白猪和大白猪为父本、荣昌猪为母本的二元杂交最为广泛。但在 20 世纪 60—80 年代，我国猪生产有一段时间提倡“母猪本地化、公猪外来良种化”。因荣昌猪具有很好的适应性、较高的瘦肉率和生长速度快等特点，荣昌公猪被很多地方引去做父本，与本地母猪杂交生产二元杂交商品猪。近年来，由于市场对黑猪的追捧，以杜洛克猪和巴克夏猪为父本、荣昌猪为母本的杂交模式也开始用于优质品牌肉生产。

一、毛色遗传规律

长白（大白）猪与荣昌猪杂交：长白、大白猪毛色全白，早期的长白、大白猪的肥大细胞生长因子受体（KIT）基因位点一般为Ⅱ基因型，杂交后代毛色为全白。近年从国外引进的长白、大白猪偶见身体有暗斑，若身体有暗斑的长白（大白）与荣昌猪杂交，则杂交一代猪绝大多数为白毛色，极少量以白毛色为主，部分躯体有少量黑毛或黑斑。

杜洛克猪与荣昌猪杂交：杜洛克猪毛色为棕色，以荣昌猪为母本、杜洛克猪为父本进行二元杂交，杂交一代猪毛色类型以全黑色、黑毛白蹄两种类型为主，另外还有少量为飞花等其他毛色。

巴克夏猪与荣昌猪杂交：巴克夏猪六白特点十分醒目，即嘴筒、四肢、尾尖毛色为白色，其余部分是黑色。以荣昌猪为母本、巴克夏猪为父本进行二元杂交，杂交一代猪 90％个体毛色为上黑下白、飞花、大黑头和头尾黑四种类型。

二、与地方猪的二元杂交

1964—1984 年，荣昌猪被引入浙江、四川、北京、安徽、云南等省份，与金华猪、成华猪、北京黑猪、皖南花猪、丘北大黑猪等地方猪开展了二元经济杂交。在这些二元杂交组合中，荣昌猪多数用于二元杂交的父本，也有同时被用于二元杂交的父本和母本，如与北京黑猪的组合。

在育肥性状上荣昌猪与地方猪二元杂交的效果因杂交的品种不同而有所差异（表 11-1）。荣昌猪与金华猪杂交在育肥性状上杂交效果不明显：荣×金组日增重相对于金×金纯繁组仅提高了 4.57％。荣昌猪与皖南花猪杂交在育肥性状上杂交效果显著：在标准和当地两种饲养水平下，平均日增重荣×皖组相对于纯种繁殖组皖×皖分别提高了 33.26％和 34.14％；体重达 90kg 的饲养天数，荣×皖组相对于纯种繁殖组皖×皖分别缩短了 29d 和 35d。

以荣昌猪为父本、丘北大黑猪为母本的二元杂交猪杂交优势明显。荣×丘杂交猪比丘北大黑猪生长快，日增重提高 15％～18％，育肥时间缩短 3～5 个月（文山州、县地方猪种调查组，1974）。

荣昌猪与成华猪杂交在育肥性状上无杂交优势。荣昌猪与北京黑猪的二元杂交，无论正交还是反交，在育肥性状上均有明显的杂交优势，且反交优于正交。体重 22～90kg 期间以荣昌猪为父本的正交组合平均日增重为 627g，杂交优势率为 5.2％，育肥期为 107d，杂交优势率为－7.76％；而以荣昌猪为母本的反交组合平均日增重为 711g，杂交优势率为 19.3％，育肥期为 95d，杂交优势率为－18.10％。综合正反交结果，荣昌猪与北京黑猪二元杂交，体重 22～90kg 期间，平均日增重的杂交优势率为 12.25％；育肥期的杂交优势率为－12.93％。

表 11-1 荣昌猪与地方猪二元杂交组合的育肥性能

地方猪种	组合	日增重（g）	育肥期（d）	每增重 1kg 的耗料（kg）		资料来源
				混合精饲料	青饲料	
金华猪	荣×金	359.3	—	2.9	12.01	孙源滢等，1966
	金×金	343.6	—	2.95	12.27	
成华猪	荣×成	402±20.4	187	4.51	4.83	四川省农科院畜牧所育种研究室，1976
	荣×荣	392±13.1	193	4.93	3.80	
	成×成	409±10.1	184	4.08	4.65	
北京黑猪	荣×北	627	107	3.72	—	陈隆等，1979
	北×荣	711	95	3.58	—	
	荣×荣	517	131	3.93	—	
	北×北	675	101	3.55	—	
皖南花猪	荣×皖^1	468.04±53.62	176	4.67	—	皖南花猪杂交组合试验协作组，1985
	皖×皖^1	351.22±31.37	205	5.40	—	
	荣×皖^2	368.95±54.08	222	6.00	—	
	皖×皖^2	275.05±37.58	257	7.76	—	
丘北大黑猪	荣×丘	490	330	—	—	云南省畜牧兽医研究所，1975
	丘×丘	317	540	—	—	

注：成华猪杂交试验育肥期自 15kg 开始，至 90kg 结束；北京黑猪杂交试验育肥期自 22kg 左右开始，至 90kg 结束；皖南花猪杂交试验育肥期自 75 日龄开始，至 90kg 结束，上标 1 是在较好饲养水平条件下，上标 2 是在当地饲养水平（较低）条件下；荣×丘组和丘×丘组分别为 11 月龄（80.9kg）结束和 18 月龄（85.4kg）结束的生产统计数据。

在胴体性状上，相对于本×本纯繁组，荣×本组在屠宰率、背膘厚、瘦肉率等指标上无明显改善（表 11-2）。这可能基于亲本群均为脂肪型猪，亲本群间在上述指标上差异不明显所致。但是特定的组合在特定指标上也可能存在一定的杂交优势，如荣×成组合眼肌面积的杂交优势率可达 8%，荣×北组合的腿臀比为 31.1%，其杂交优势率高达到 25.15%。这说明杂交对胴体性状有改进作用。

表 11-2 荣昌猪与地方猪二元杂交组合的胴体性状

地方猪种	组合	宰前重（kg）	屠宰率（%）	瘦肉率（%）	三点平均膘厚（cm）	眼肌面积（cm²）	后腿比例（%）
金华猪	荣×金	71.25	68.20	52.83	3.79	19.36	—
	金×金	69.80	65.70	53.56	3.16	18.32	—

（续）

地方猪种	组合	宰前重（kg）	屠宰率（%）	瘦肉率（%）	三点平均膘厚（cm）	眼肌面积（cm^2）	后腿比例（%）
成华猪	荣×成	84.1	68.0	—	4.23	18.9	25.5
	荣×荣	86.0	68.5	—	3.45	17.3	26.1
	成×成	85.3	70.7	—	4.73	17.7	25.2
北京黑猪	荣×北	—	—	—	—	—	31.1
	北×荣	—	—	—	—	—	25.9
	荣×荣	—	—	—	—	—	24.20
	北×北	—	—	—	—	—	25.5
皖南花猪	荣×皖	95.25	—	36.59	3.93	18.19	26.13
	皖×皖	84.34	—	42.55	3.21	21.30	26.83

注：资料来源同表 11-1。

在肉质性状上（表 11-3），荣昌猪与皖南花猪杂交，对于肉色、大理石纹和 pH，两组间均无显著差异；对于失水率，荣×皖组显著高于皖×皖纯繁组；对于熟肉率，荣×皖组显著低于皖×皖纯繁组。另外，对于肌纤维直径和肌纤维密度，两组间均无显著差异。

表 11-3　荣昌猪与地方猪二元杂交组合的肉质性状

地方猪种	组合	肉色（分）	大理石纹（分）	pH	失水率（%）	熟肉率（%）	肌纤维直径（μm）	肌纤维密度（根/cm^2）
皖南花猪	荣×皖	3.41	2.97	6.48	22.06	74.89	51.86	378.45
	皖×皖	3.34	3.13	6.66	16.57	78.13	56.72	367.68

注：资料来源同表 11-1。

在繁殖性状上，荣×丘杂交母猪的繁殖力高于丘北大黑猪。据 1974 年丘北县荣×本杂交组合改良调查报告统计，3～7 胎的窝产仔总数，荣×丘杂交母猪比本地黑母猪分别高 1.3 头、0.3 头、1.4 头、1.4 头和 2.8 头。另有报道，3 胎以上的杂交母猪平均每窝产仔数比本地母猪提高 28.2%、杂交仔猪双月窝重比本地猪提高 36.3%～75.0%。

三、与外种猪的二元杂交

荣昌猪与外种猪的二元杂交通常以荣昌猪为母本，以引进的长白猪、约克夏猪、巴克夏猪、汉普夏猪、杜洛克猪为父本进行杂交。二元杂交猪在生长育肥性状和繁殖性状上表现出明显的杂种优势，产肉性能相比荣昌猪有很大的提高，肉质性状基本保持了荣昌猪的特性。由于不同时期亲本来源、饲养水平、饲养条件及试验设计的差异，同一杂交组合在不同时期的各项性能指标有显著差异，杂交后代的性能随亲本性能的改善而不断提高。

（一）生长育肥性状

无论正交还是反交，二元杂交猪的生长速度均明显快于纯种荣昌猪，二元杂交猪在日增重上表现出非常明显的杂交优势（表 11-4）。不同二元杂交组合（20～90kg 体重）的日增重增幅在 16.12%～27.23%。其中，以荣×长组合增幅为最高。因日增重增大，二元杂交猪的育肥时间较荣昌猪明显缩短。其中，汉×荣组合 20～90kg 体重阶段的饲养日减少 22d，而荣×长组合 20～90kg 体重的饲养日减少 32.6d。

表 11-4　荣昌猪与外种猪二元杂交猪的育肥性能

组合	头数	20～90kg 体重日增重			20～90kg 体重饲养日（d）	资料来源
		均值±标准差（g）	与荣昌猪相比（%）	杂种优势率（%）		
荣×荣	27	459±7.27	100	—	152.6	刘树橙等，1981—1983
长×长	18	490±15.31	106.75	—	142.6	
大×大	25	514±10.43	111.98	—	135.6	
杜×荣	24	550±11.00	119.83	—	127.0	
汉×荣	24	533±8.99	116.12	—	130.6	
大×荣	23	546±12.87	118.95	12.23	128.7	
荣×大	16	568±14.51	123.75	16.75	123.3	
长×荣	23	550±9.06	119.83	15.91	127.0	
荣×长	16	584±11.93	127.23	23.08	120.0	
荣×荣	8	520±28.6	100	—	132	张明本等，1979
巴×巴	8	554±61.7	106.54		126	
荣×巴	6	598±43.6	115	11.36	116	
巴×荣	8	599±37.9	115.19	11.55	115	

注：1. 数据来源于刘树橙等于 1981—1983 年在四川省种猪试验站进行荣昌猪两品种杂交育肥试验总结。试验猪营养为中等水平，20～35kg、35～60kg、60～90kg 三体重阶段的消化能分别约为 13.16MJ、13.02MJ、12.93MJ，能量蛋白比分别为 20.5∶1、23.9∶1、28.9∶1，粗蛋白质分别为 21.75%、18.44%、15.07%。

2. 数据来源于张明本等于 1979 年在国有新胜茶场农科所进行荣昌猪两品种杂交育肥试验高水平试验Ⅰ期的总结。试验猪营养为高水平，20～35kg、35～60kg、60～90kg 三体重阶段的消化能分别约为 14.43MJ、14.06MJ、13.75MJ，可消化粗蛋白质分别为 172.5g、155g、116.5g。

与荣昌猪相比，二元杂交猪的饲料转化率明显提高（表 11-5）。不同二元杂交组合每增重 1kg 所消耗的混合料、消化能、可消化粗蛋白质较荣昌猪分别减少 9.89%～17.37%、10.92%～17.66%、10.4%～17.15%。

表 11-5　荣昌猪与外种猪的二元杂交猪的饲料转化性能

组合	混合饲料		青饲料	消化能		可消化粗蛋白质		资料来源
	数量（kg）	与荣昌猪相比（%）	数量（kg）	数量（MJ）	与荣昌猪相比（%）	数量（g）	与荣昌猪相比（%）	
荣×荣	3.98	100	5.77	57.31	100	548	100	刘树橙等，1981—1983
长×长	3.68	92.49	5.34	53.13	92.73	508	92.70	
大×大	3.76	94.38	5.43	53.79	93.86	518	94.53	
杜×荣	3.42	85.83	4.97	48.96	85.42	468	85.40	
汉×荣	3.29	82.63	4.74	47.19	82.34	454	82.85	
大×荣	3.57	89.7	5.23	51.16	89.26	491	89.60	
荣×大	3.59	90.11	5.22	51.06	89.08	490	89.42	
长×荣	3.46	86.87	5.08	49.71	86.74	478	87.23	
荣×长	3.52	88.34	5.13	49.25	85.94	482	87.96	
荣×荣	3.98	100	4.62	61.38	100	574	100	张明本等，1979
巴×巴	3.64	91.46	4.22	53.85	87.73	537	93.55	
荣×巴	3.76	94.47	4.38	55.68	90.71	565	98.43	
巴×荣	3.58	89.95	4.06	52.86	86.12	536	93.38	

注：资料来源的注释同表 11-4。

荣昌猪与长白猪、大白猪的二元杂交，正交组与反交组在日增重、饲料转化上无显著差异，而荣昌猪与巴克夏的二元杂交，正交组与反交组在日增重上无显著差异，在料重比上正交组优于反交组。

（二）胴体性状

与荣昌猪相比，荣昌猪与长白猪、大白猪的二元杂交组合的皮厚、膘厚均显著降低，眼肌面积、腿臀比例、瘦肉率均显著增大，而屠宰率均无显著变化（表 11-6）。荣昌猪与长白猪、大白猪的二元杂交，在瘦肉率上的杂种优势率为−2.34%～3.09%。

表 11-6 荣昌猪与外种猪的二元杂交猪的胴体性能

组合	屠宰率（%）	皮厚（cm）	膘厚（cm）	眼肌面积（cm^2）	腿臀比例（%）	瘦肉率（%）		资料来源
						均值±标准差	杂种优势率	
荣×荣	72.64±0.35	0.51±0.02	3.94±0.14	18.95±0.65	27.11±0.31	48.7±0.56	—	刘树橙等，1981—1983
长×长	74.32±0.56	0.24±0.01	2.73±0.09	34.66±1.21	31.13±0.26	62.75±0.83	—	
大×大	75.20±0.34	0.23±0.01	2.96±0.21	27.24±0.86	29.19±0.3	57.81±0.86	—	
杜×荣	72.60±0.33	0.36±0.02	3.09±0.12	23.16±0.73	28.11±0.29	56.72±0.65	—	
汉×荣	72.20±0.41	0.39±0.01	2.74±0.15	25.17±0.03	29.52±0.24	60.73±0.81	—	
大×荣	71.84±0.49	0.39±0.02	3.13±0.14	22.07±0.59	28.3±0.23	54.90±0.71	3.09	
荣×大	71.99±0.87	0.38±0.02	2.8±0.18	23.63±0.98	28.71±0.23	54.33±0.92	2.02	
长×荣	72.65±0.39	0.37±0.01	3.37±0.12	25.59±0.95	29.06±0.38	54.66±0.92	−1.91	
荣×长	72.08±0.99	0.39±0.02	2.96±0.17	24.73±1.01	28.84±0.48	54.42±0.93	−2.34	
荣×荣	70.86±2.42	0.46±0.04	3.42±0.29	17.67±2.23	28.36±1.13	40.03	—	张明本等，1979
巴×巴	73.14±0.94	0.21±0.04	3.60±0.34	32.18±1.72	28.76±1.33	54.47	—	
荣×巴	73.22±0.79	0.35±0.05	4.02±0.46	21.80±3.02	29.69±1.46	41.25	−12.66	
巴×荣	72.23±2.06	0.34±0.07	3.37±0.28	23.29±2.97	28.36±1.42	45.01	−4.74	

注：资料来源的注释同表 11-4。

长白猪、大白猪与荣昌猪的二元正反交，在瘦肉率指标上无明显差异，二元杂交猪的瘦肉率约为两个亲本的均值。荣昌猪与长白猪的杂交表现出一点弱的杂种劣势，荣昌猪与大白猪的杂交也表现出一点弱的杂种优势。

（三）肉质性状

从常规肉质指标综合比较看，荣昌猪在肉质上优于外种猪及其与外种猪的各类二元杂交猪（表 11-7）。杜×荣杂交猪除在 96h 储存损失、粗脂肪含量上显著高于荣昌猪外，其他肉质指标与荣昌猪无显著差异；荣×大杂交猪除在 96h 储存损失上显著高于荣昌猪，在粗脂肪含量上显著低于荣昌猪外，其他肉质指标与荣昌猪无显著差异；大×荣杂交猪在系水力、粗脂肪含量上显著低于荣昌猪，其他肉质指标无显著差异；长×荣、荣×长杂交猪在肉色评分、系水力、粗脂肪含量上显著低于荣昌猪，其他肉质指标无显著差异；汉×荣杂交猪在肉色评分、系水力上显著低于荣昌猪，在肌纤维直径上较荣昌猪细，在 96h 储存损失上显著高于荣昌猪，其他肉质指标无显著差异。

二元杂交猪在肉质上优于外种猪。如长×荣、荣×长杂交猪在 pH_1 上显著高于长白猪，在 24h 储存损失、96h 储存损失、肌纤维直径上显著低于长白猪，其他肉质指标无显著差异；荣×大、大×荣杂交猪在 24h 储存损失上显著低于大白猪，其他肉质指标无显著差异。

荣昌猪作为二元杂交母本，长×荣、大×荣在 24h 储存损失和 96h 储存损失的杂种优势率依次分别高达－27.35%和－14.94%、－17.53%和－13.79%。由此可见，长×荣、大×荣表现为明显降低 24h 储存损失和 96h 储存损失的正向效应。荣昌猪作为二元杂交父本，荣×长、荣×大在 24h 储存损失的杂种优势率分别达－20.32%和－21.06%。由此可见，荣×长、荣×大表现为明显降低 24h 储存损失的正向效应。

荣昌猪与长白猪二元杂交，正交组长×荣与反交组荣×长在肉质指标上无显著差异。荣昌猪与大白猪二元杂交，正交组大×荣在系水力、96h 储存损失、肌纤维直径上显著低于反交组荣×大，其他肉质指标无显著差异。

肌肉中氨基酸的种类、数量和组成比例是猪肉蛋白质营养价值的高低重要标准，并与肉的品质和风味相关。从肌肉氨基酸总量来看，3 个亲本以大白猪最高，长白猪次之，荣昌猪最低；6 个二元杂交组合中，汉×荣最低，大×荣最高，大×荣与大白猪相当。必需氨基酸含量，3 个亲本以荣昌猪最高，大白

表 11-7　荣昌猪与外种猪的二元杂交猪肉质性能

组合	肉色评分（分）	pH	系水力（%）	大理石纹评分（分）	熟肉率（%）	24h 储存损失（%）	96h 储存损失（%）	粗脂肪（%）	肌纤维直径（μm）
荣×荣	3.48 ± 0.11^{a}	6.11 ± 0.04^{ab}	76.33 ± 4.12^{a}	3.33 ± 0.26^{ab}	69.03 ± 1.37^{a}	4.26 ± 0.26^{c}	10.24 ± 0.83^{e}	3.82 ± 0.61^{b}	64.06 ± 1.49^{bc}
长×长	2.06 ± 0.21^{d}	5.62 ± 0.08^{c}	52.36 ± 1.92^{d}	2.50 ± 0.65^{bc}	62.95 ± 1.41^{a}	7.11 ± 0.48^{a}	17.13 ± 0.83^{a}	2.38 ± 0.27^{bc}	69.94 ± 1.40^{a}
大×大	2.75 ± 0.13^{bc}	6.05 ± 0.06^{ab}	64.71 ± 3.81^{bc}	1.75 ± 0.48^{c}	66.00 ± 0.81^{a}	5.95 ± 0.32^{ab}	14.63 ± 0.46^{b}	1.58 ± 0.03^{c}	64.66 ± 1.43^{bc}
杜×荣	3.25 ± 0.14^{ab}	6.09 ± 0.04^{ab}	77.11 ± 2.88^{a}	3.91 ± 0.31^{a}	65.87 ± 0.90^{a}	5.32 ± 0.62^{bc}	13.47 ± 0.99^{bcd}	5.52 ± 0.58^{a}	67.38 ± 1.62^{ab}
汉×荣	2.80 ± 0.16^{bc}	5.88 ± 0.08^{b}	63.49 ± 1.38^{c}	2.50 ± 0.15^{bc}	68.70 ± 1.54^{a}	4.85 ± 0.32^{bc}	14.14 ± 0.51^{bc}	2.49 ± 0.28^{bc}	59.11 ± 1.24^{d}
大×荣	3.20 ± 0.14^{ab}	6.17 ± 0.07^{a}	61.48 ± 2.29^{c}	2.36 ± 0.20^{bc}	68.97 ± 1.67^{a}	4.21 ± 0.20^{c}	10.72 ± 0.40^{e}	2.11 ± 0.44^{c}	61.82 ± 1.4^{cd}
荣×大	3.0 ± 0.27^{abc}	6.12 ± 0.10^{ab}	76.4 ± 3.61^{a}	2.50 ± 0.29^{bc}	66.61 ± 1.67^{a}	4.03 ± 0.48^{c}	13.04 ± 0.49^{bcd}	1.41 ± 0.17^{c}	67.37 ± 1.25^{ab}
长×荣	2.63 ± 1.61^{cd}	5.87 ± 0.08^{b}	58.27 ± 2.62^{cd}	2.60 ± 0.31^{bc}	67.10 ± 1.16^{a}	4.13 ± 0.37^{c}	11.64 ± 0.49^{de}	1.72 ± 0.15^{c}	63.92 ± 1.42^{bc}
荣×长	2.88 ± 0.3^{bc}	5.91 ± 0.18^{ab}	58.72 ± 2.58^{cd}	2.50 ± 0.50^{bc}	65.15 ± 0.83^{a}	4.53 ± 0.47^{c}	12.12 ± 0.66^{cde}	1.61 ± 0.13^{c}	62.66 ± 1.24^{cd}

注：1. 数据来源：刘树橙等于 1981—1983 年在四川省种猪试验站进行荣昌猪两品种杂交育肥试验总结。

2. 肩标字母相同为组间差异不显著，字母相邻者为差异显著，字母既不相同又不相邻者为差异极显著。

猪次之，长白猪最低；6个二元杂交组合中，汉×荣最低，大×荣最高且与荣昌猪相当，杜×荣、长×荣与长白猪接近，荣×大、荣×长与大白猪接近。鲜味氨基酸含量，3个亲本以大白猪最高，长白猪次之，荣昌猪最低；6个荣昌猪二元杂交组合均高于荣昌猪，以荣×大最高。具体数据见表11-8。

表11-8　二元杂交猪股二头肌每100g鲜肉中蛋白质水解氨基酸含量（g）

氨基酸	荣×荣	大×大	长×长	汉×荣	杜×荣	大×荣	长×荣	荣×大	荣×长
天门冬氨酸	1.67	1.97	1.91	1.73	1.8	2.0	1.89	1.88	1.97
苏氨酸	0.87	0.9	0.86	0.86	0.92	0.9	0.87	0.9	0.89
丝氨酸	0.61	0.77	0.72	0.74	0.7	0.78	0.73	0.78	0.73
谷氨酸	2.71	3.72	3.55	3.4	3.45	3.71	3.55	3.69	3.65
甘氨酸	0.93	0.87	0.82	0.88	0.91	0.84	0.85	0.9	0.44
丙氨酸	1.3	1.17	1.12	1.07	1.2	1.17	1.14	1.17	1.23
胱氨酸	0.33	0.31	0.32	0.28	0.25	0.33	0.33	0.22	0.32
缬氨酸	1.04	0.98	0.95	0.82	0.91	0.99	0.95	0.96	1.0
蛋氨酸	0.62	0.66	0.62	0.53	0.56	0.65	0.61	0.61	0.62
异亮氨酸	0.88	0.92	0.89	0.8	0.84	0.88	0.88	0.91	0.92
亮氨酸	1.72	1.69	1.63	1.51	1.62	1.71	1.64	1.68	1.67
酪氨酸	0.85	0.82	0.8	0.74	0.84	0.83	0.8	0.69	0.76
苯丙氨酸	0.91	0.87	0.86	0.78	0.87	0.89	0.85	0.91	0.89
赖氨酸	1.69	1.66	1.62	1.57	1.68	1.69	1.61	1.67	1.67
游离氨	0.32	0.28	0.28	0.06	0.06	0.31	0.31	0.14	0.28
组氨酸	0.92	0.88	0.84	0.81	0.89	0.89	0.85	0.85	0.84
精氨酸	1.58	1.6	1.56	1.43	1.46	1.58	1.51	1.56	1.62
脯氨酸	0.6	0.56	0.64	0.66	0.42	0.53	0.57	0.67	0.43
羟脯氨酸				0.19	0.32			0.11	
氨基酸总量	19.55	20.63	19.99	18.86	19.7	20.68	19.94	20.3	19.93
必需氨基酸	8.75	9.7	9.37	9.06	9.14	9.62	9.36	9.8	9.07
鲜味氨基酸	7.73	7.68	7.43	6.87	7.4	7.71	7.41	7.64	7.66

注：1. 数据来源于刘树橙等于1981—1983年在四川省种猪试验站进行荣昌猪两品种杂交育肥试验总结。

2. 测定必需氨基酸：赖氨酸、苯丙氨酸、蛋氨酸、苏氨酸、异亮氨酸、亮氨酸和缬氨酸共7种，色氨酸未测定。

3. 测定鲜味氨基酸：丝氨酸、谷氨酸、甘氨酸、丙氨酸、异亮氨酸、亮氨酸和脯氨酸共7种。

（四）繁殖性状

刘树橙等于1981年在四川省种猪试验站开展了瘦肉型猪与荣昌猪的二元杂

交效果观察试验。研究结果（表 11-9）表明：初生个体重，汉×荣组的高于其他杂交组及荣昌猪纯繁组；断奶个体重，杂交各组与荣昌猪纯繁组间，汉×荣组与其他杂交组间，杜×荣、大×荣与长×荣间，均有显著或极显著的差异；其他性状，组间差异均未达到显著水平。

表 11-9　二元杂交组合的繁殖性能（1981—1983 年）

组合	窝数	总产仔数（头）	活产仔数（头）	初生窝重（kg）	初生个体重（kg）	断奶仔猪数（头）	断奶窝重（kg）	断奶个体重（kg）
杜×荣	10	9.3±0.57	9.20±0.57	9.01±0.44	0.973±0.05	8.8±0.54	153.53±1.88	17.5±0.61
汉×荣	3	8.0±0.94	8.0±0.94	9.76±1.08	1.22±0.07	8.0±0.94	157.23±4.07	19.65±0.40
大×荣	4	12.5±0.73	11.25±0.74	10.62±0.44	0.952±0.07	10.5±0.69	177.00±1.96	16.85±0.31
长×荣	8	12.13±0.48	11.0±0.46	10.28±0.43	0.934±0.05	9.63±0.49	148.45±7.3	15.36±0.21
荣×荣	4	12.0±0.82	11.25±0.74	10.04±0.76	0.892±0.05	10.00±0.59	124.28±2.42	12.42±0.29

注：1. 数据来源于刘树橙等于 1981 年在四川省种猪试验站进行瘦肉型猪与荣昌猪二元杂交效果的初步试验报告。

2. 试验选择胎次和生产性能相近的荣昌成年母猪做母本，除长×荣组合中有 2 头母猪采用本交外，其余均采用人工授精方式配种。

3. 试验母猪集中在两栋猪舍内，饲养管理条件与大群保持一致。仔猪 60 日龄断奶。

2011—2015 年，张亮等研究了不同来源长白猪、大约克猪与荣昌猪二元杂交组合筛选试验。研究结果（表 11-10）表明：长×荣杂交组合的繁殖性能优于约×荣杂交组合，其中丹约×荣和加长×荣杂交组合在总产仔数上高于其他杂交组合，但差异不显著。此外，加长×荣组合的产活仔数达 12.50 头，显著高于加约×荣杂交组合 10.40 头，初生窝重达 15.7kg，高于其他杂交组合相应指标。综合比较后发现，加长×荣和丹约×荣杂交组合生产母猪用于配套系生产繁殖性能较好。

表 11-10　二元杂交组合的繁殖性能（2011—2015 年）

组合	测定窝数	窝总产仔数（头）	窝产活仔数（头）	初生窝重（kg）
美长×荣	20	13.25±2.15	12.24±2.73[a]	13.77±2.64
加长×荣	17	13.50±1.77	12.50±2.71[a]	15.70±2.06
丹长×荣	40	12.43±2.60	11.30±2.86[a]	13.30±3.42
美约×荣	20	12.88±3.02	11.65±2.82[a]	14.72±2.90

（续）

组合	测定窝数	窝总产仔数（头）	窝产活仔数（头）	初生窝重（kg）
加约×荣	32	11.40±2.70	10.40±4.22[b]	12.82±2.38
丹约×荣	22	13.60±2.53	12.50±2.71[a]	14.2±2.42

注：1. 肩标中小写相同表示差异不显著，小写不同表示差异显著，大写不同表示差异极显著。

2. 美长为美（国）系长白；加长为加（拿大）系长白；丹长为丹（麦）系长白；美约为美系约克；加约为加系约克；丹约为丹系约克。

资料来源：张亮等（2016）。

（五）二元杂交猪主要性状指标的变化趋势

从表11-11中可以看出，随着时间的推移，荣昌猪与外种猪的二元杂交猪的生长性能和产肉性能在不断地提高，这主要是由于饲料营养水平的改善和亲本群性能的不断提高。这也提示人们在荣昌猪杂交生产体系中，一定要不断地对荣昌猪亲本群进行选育提高，同时选择最优秀的公猪进行杂交，才会使杂交后代的生产性能不断提高，取得良好的经济效益。

表11-11　不同时期二元杂交猪日增重及瘦肉率

指标	年代	荣×荣	大×大	长×长	大×荣	长×荣
日增重（g）	1974	302	—	—	332	331
	1979	520	609	488	536	599
	1981	459	514	490	546	550
	2000	—	682	—	—	760
瘦肉率（%）	1974	—	—	—	—	—
	1979	40.03	45.9	55.08	41.69	45.85
	1981	48.7	57.81	62.75	54.90	54.66
	2000	—	63.67	—	57.98	56.60

注：大×荣二元杂交猪达100kg体重日龄为195.5d。

资料来源：陈四清等（2000）；郭宗义等（2000）。

第三节　荣昌猪的三元杂交

一、与外种猪的三元杂交组合筛选

荣昌猪的三元杂交通常以荣昌猪为母本，以引进的长白、大白、汉普夏、杜洛克为第一和第二父本，进行杂交试验。20世纪80年代，筛选了杜×长荣、汉×长荣2个优质杂交组合。无论是从三元杂交组（12个三元杂交组合）和二元杂交组（6个二元杂交组合）的平均综合经济效益，或优质杂交组合（杜×长荣、汉×长荣分别与汉×荣比较）的平均综合经济效益，或特定杂交组合（杜×长荣、汉×长荣与分别与长×荣比较）的平均综合经济效益来看，与同期的二元杂交相比，三元杂交的综合经济效益均较高，但影响综合经济效益的原因并不相同。从三元杂交组和二元杂交组的均值来看，日增重和饲料转化率是增加三元杂交组饲养成本的主要因素，而瘦肉率是提高综合经济效益的主要因素。从杜×长荣与汉×荣比较来看，综合经济效益提高得益于日增重增大、饲料转化率提高两个因素；从汉×长荣与汉×荣比较来看，综合经济效益提高得益于日增重增大、饲料转化率提高和瘦肉率提高三个因素；从杜×长荣与长×荣比较来看，综合经济效益提高得益于日增重增大、饲料转化率提高和瘦肉率提高三个因素；从汉×长荣与长×荣比较来看，综合经济效益提高得益于饲料转化率提高和瘦肉率提高两个因素。综上所述，荣昌猪的三元杂交总体上优于同期的二元杂交。

二、与外种猪三元杂交组合的生产性能

（一）育肥性能

从育肥性能来看（表11-12），12个荣昌猪三元杂交组合中，杜×长荣的生长育肥性能最好，20～90kg体重平均日增重575g，混合饲料转化率3.09∶1，汉×长荣次之，20～90kg体重平均日增重550g，混合料转化率3.22∶1。杜×长荣、汉×长荣三元杂种猪日增重显著大于同期的汉×荣二元杂种猪，日增重分别高7.88%、3.19%；混合饲料转化率分别高6.08%、2.13%。杜×长荣、汉×长荣三元杂种猪日增重与同期的长×荣二元杂种猪相当；混合料转化率分别高10.69%、6.94%。由此可见，杜×长荣、汉×长荣优质三元杂交组合在育肥性能不但优于汉×荣二元杂交组合，而且优于对应的长×荣二元杂交组合。

表11-12　三元杂交猪的育肥性能

组合	20～90kg体重日增重（g）	20～90kg体重饲养日（d）	增重1kg的饲料消耗		
			混合饲料（kg）	青饲料（kg）	消化能（MJ）
杜×长荣	575±13.50	122.0	3.09	4.48	44.01
杜×大荣	522±13.13	133.4	3.23	4.68	47.05

（续）

组合	20～90kg 体重日增重（g）	20～90kg 体重饲养日（d）	增重 1kg 的饲料消耗		
			混合饲料（kg）	青饲料（kg）	消化能（MJ）
杜×汉荣	467±23.50	149.2	3.78	4.63	53.60
大×长荣	527±10.94	130.1	3.46	5.02	49.86
大×杜荣	532±14.71	132.0	3.72	5.43	53.94
大×汉荣	521±13.85	135.0	3.59	5.21	51.06
长×汉荣	519±12.09	135.6	3.58	5.19	50.90
长×杜荣	512±15.24	136.6	3.59	5.17	51.11
长×大荣	526±12.81	133.3	3.64	5.2	51.81
汉×杜荣	489±56.71	141.0	3.51	5.12	48.65
汉×长荣	550±23.84	127.4	3.22	4.70	46.64
汉×大荣	541±30.40	130.0	3.45	4.87	47.77

注：数据来源于刘树橙等于 1981—1983 年的荣昌猪三元杂交组合试验总结。

（二）胴体性状

从表 11-13 的产肉性能来看，12 个荣昌猪的三元杂交组合中，以杜×汉荣的瘦肉率最高，汉×长荣、汉×大荣次之，均在 60%以上。杜×长荣（58.8%）的瘦肉率略低于汉×荣（60.73%），而汉×长荣（60.84%）略高于汉×荣（60.73%）。与长×荣（54.66%）相比，杜×长荣（58.8%）、汉×长荣的瘦肉率分别高 4.14%和 6.18%。由此可见，杜×长荣、汉×长荣优质三元杂交组合在产肉性能上优于对应的长×荣二元杂交组合。

表 11-13　三元杂交猪的胴体性能

组合	宰前重（kg）	屠宰率（%）	皮厚（cm）	膘厚（cm）	眼肌面积（cm^2）	腿臀比例（%）	瘦肉率（%）
杜×长荣	89.19±1.67	73.88±0.73	0.34±0.03	2.85±0.19	27.64±1.09	30.06±0.36	58.80±1.08
杜×大荣	87.40±1.59	72.07±0.53	0.34±0.03	3.24±0.25	29.32±1.21	30.58±0.36	58.83±0.7
杜×汉荣	87.23±1.04	73.53±0.04	0.34±0.12	2.94±0.16	31.63±1.34	30.56±0.37	62.16±1.06
大×长荣	87.15±1.61	72.65±0.39	0.37±0.01	3.37±0.12	25.59±0.95	29.06±0.38	54.66±0.92
大×杜荣	89.30±1.68	73.41±0.44	0.33±0.02	3.46±0.15	23.41±0.88	28.94±0.62	52.72±1.29
大×汉荣	86.88±1.91	72.93±0.67	0.30±0.01	2.61±0.13	24.63±0.62	29.77±0.48	57.35±1.13
长×汉荣	88.16±1.47	73.83±0.56	0.30±0.03	3.11±0.10	30.63±0.90	30.75±0.79	58.89±0.79
长×杜荣	88.06±1.75	73.83±0.29	0.32±0.03	3.25±0.22	27.44±0.59	30.58±0.34	57.69±0.79

（续）

组合	宰前重（kg）	屠宰率（%）	皮厚（cm）	膘厚（cm）	眼肌面积（cm^2）	腿臀比例（%）	瘦肉率（%）
长×大荣	88.57±1.40	73.76±0.57	0.31±0.01	3.23±0.19	26.25±0.53	29.93±0.45	56.75±0.75
汉×杜荣	89.8±4.41	73.28±0.74	0.35±0.05	3.28±0.33	27.84±1.43	29.44±0.81	59.55±1.03
汉×长荣	88.3±3.30	71.15±0.76	0.36±0.04	2.12±0.24	25.98±0.74	31.31±0.30	60.84±0.98
汉×大荣	87.0±3.42	72.75±0.50	0.29±0.02	3.07±0.33	27.18±1.82	29.55±1.13	60.15±2.26

注：数据来源于刘树橙等于1981—1983年的荣昌猪三元杂交组合试验总结。

（三）肉质性状

1. 常规性状　从肉质常规性状（表11-14）来看，杜×长荣在肉色评分、pH_1、24h储存损失上与6个荣昌猪二元杂交组相当；在96h储存损失上除高于大×荣外，与其他5个荣昌猪二元杂交组相当；在系水力上除低于杜×荣、荣×大外，与其他4个荣昌猪二元杂交组相当；在大理石纹评分上除低于杜×荣外，与其他5个荣昌猪二元杂交组相当。由此可见，杜×长荣在多数肉质指标上与荣昌猪二元杂交相当，仅在少数指标上低于或高于少数荣昌猪二元杂交组合。

汉×长荣在pH_1、24h储存损失上与6个荣昌猪二元杂交组相当；在96h储存损失上除高于大×荣外，与其他5个荣昌猪二元杂交组相当；在肉色评分上除低于杜×荣、大×荣外，与其他4个荣昌猪二元杂交组相当；在系水力上除低于杜×荣、荣×大外，与其他4个荣昌猪二元杂交组相当；在大理石纹评分上低于6个荣昌猪二元杂交组。由此可见，汉×长荣在肉质上低于荣昌猪二元杂交。

总体来看，杜×长荣的肉质优于长白猪，与大白猪相当，次于荣昌猪。杜×长荣在肉色评分、pH_1上与荣昌猪、大×大无差异，高于长×长；在系水力上低于荣昌猪，与大×大无差异，高于长×长；在大理石纹上与荣昌猪、长×长无差异，高于大×大；在24h储存损失、96h储存损失上高于荣昌猪，与大×大无差异，低于长×长。

汉×长荣的肉质优于长白猪，次于荣昌猪。汉×长荣在肉色评分上低于荣昌猪，与大×大相当，高于长×长；在pH_1上与荣昌猪、大×大无差异，高于长×长；在系水力上低于荣昌猪，与大×大无差异，高于长×长；在大理石纹上低于荣昌猪、长×长，与大×大相当；在24h储存损失上高于荣昌猪，与长×长无差异，低于大×大；在96h储存损失上高于荣昌猪，与大×大无差异，低于长×长。

2. 氨基酸含量　从氨基酸总量（表11-15）来看，荣昌猪三元杂交组合中，

表 11-14 三元杂交猪肉质性能

组合	肉色评分（分）	pH	系水力（%）	大理石纹评分（分）	24h 储存损失（%）	96h 储存损失（%）	粗脂肪（%）	肌纤维直径（μm）
杜×长荣	3.0±0.19	5.99±0.08	63.6±1.58	3.25±0.48	5.54±0.75	13.5±1.76	3.33±0.35	69.62±1.64
杜×大荣	3.0±0.04	6.02±0.11	—	2.75±0.48	4.59±0.37	10.4±0.83	2.0±0.31	66.59±1.39
杜×汉荣	3.5±0.19	5.99±0.12	58.15±1.32	3.25±0.48	5.76±0.44	15.21±0.39	3.3±0.42	64.96±1.42
大×长荣	2.75±0.18	5.92±0.11	64.25±2.51	2.0±0.41	5.31±0.39	14.38±0.88	1.8±0.26	64.75±1.19
大×杜荣	3.0±0.19	6.11±0.09	77.29±1.36	2.5±0.29	4.0±0.49	12.02±1.26	1.78±0.19	66.42±1.56
大×汉荣	3.13±0.3	5.89±0.1	69.58±2.57	2.75±0.25	4.53±0.29	12.58±1.23	3.11±0.43	65.39±1.57
长×汉荣	2.75±0.31	5.87±0.21	53.38±1.31	2.25±0.48	6.58±0.4	14.49±0.36	2.05±0.37	60.11±1.27
长×杜荣	3.38±0.18	6.12±0.11	66.22±2.79	2.25±0.48	4.52±0.5	12.14±0.52	2.6±0.28	60.99±1.34
长×大荣	3.0±0.19	6.14±0.08	70.77±3.19	2.5±0.87	4.78±0.33	12.45±0.87	2.31±0.26	65.31±1.37
汉×杜荣	3.25±0.48	5.82±0.2	65.55±5.95	1.75±0.48	4.01±0.65	14.46±1.48	3.7±0.25	67.13±1.54
汉×长荣	2.67±0.33	6.08±0.06	66.05±3.95	2.0±0.41	5.18±0.7	13.21±0.57	2.6±0.35	58.4±2.02
汉×大荣	2.5±0.29	5.16±0.16	62.48±4.82	2.75±0.25	4.36±0.93	16.1±1.22	1.41±0.21	62.36±1.29

注：数据来源于刘树橙等于 1981—1983 年的荣昌猪三元杂交组合试验总结。

表 11-15　三元杂交猪股二头肌每 100g 鲜肉中蛋白质水解氨基酸含量（g）

氨基酸	荣×荣	大×大	长×长	杜×汉荣	杜×长荣	杜×大荣	汉×杜荣	汉×大荣	汉×长荣	长×杜荣	长×汉荣	长×大荣	大×杜荣	大×汉荣	大×长荣
天门冬氨酸	1.67	1.97	1.91	1.85	2.09	1.56	2.24	1.98	1.96	2.09	1.67	1.89	2.01	2.07	1.93
苏氨酸	0.87	0.9	0.86	0.91	0.98	0.84	0.93	0.97	0.98	1.0	0.84	0.94	0.95	0.99	0.9
丝氨酸	0.61	0.77	0.72	0.8	0.89	0.56	0.82	0.78	0.82	0.86	0.69	0.79	0.81	0.85	0.8
谷氨酸	2.71	3.72	3.55	3.54	3.97	2.55	3.95	3.40	3.81	4.01	3.2	3.61	4.02	3.93	3.7
甘氨酸	0.93	0.87	0.82	0.86	0.96	0.87	1.06	0.86	1.01	1.0	0.85	0.89	0.9	0.98	0.87
丙氨酸	1.3	1.17	1.12	1.13	1.26	1.34	1.30	1.14	1.23	1.30	1.10	1.15	1.26	1.27	1.16
胱氨酸	0.33	0.31	0.32	0.19	0.19	0.38	0.31	0.24	0.32	0.17	0.21	0.16	0.23	0.16	0.27
缬氨酸	1.04	0.98	0.95	0.91	1.07	1.08	1.04	0.90	0.95	1.08	0.86	0.88	1.05	1.06	0.99
蛋氨酸	0.62	0.66	0.62	0.54	0.66	0.57	1.39	0.59	0.54	0.67	0.52	0.58	0.66	0.65	0.62
异亮氨酸	0.88	0.92	0.89	0.85	1.0	0.98	0.96	0.90	0.89	1.02	0.82	0.87	1.0	1.01	0.94
亮氨酸	1.72	1.69	1.63	1.59	1.82	1.74	1.83	1.65	1.69	1.86	1.53	1.64	1.84	1.64	1.69
酪氨酸	0.85	0.82	0.8	0.67	0.75	0.81	1.02	0.82	0.85	0.76	0.76	0.82	0.75	0.75	0.69
苯丙氨酸	0.91	0.87	0.86	0.83	0.91	0.83	1.17	0.80	0.87	0.9	0.79	0.84	0.93	0.98	0.88
赖氨酸	1.69	1.66	1.62	1.61	1.82	1.61	1.80	1.81	1.75	1.85	1.5	1.32	1.8	1.81	1.72
游离氨	0.32	0.28	0.28	0.12	0.14	0.19	0.09	0.15	0.07	0.15	0.07	0.07	0.16	0.15	0.13
组氨酸	0.92	0.88	0.84	0.86	0.95	0.95	0.93	0.93	0.89	0.98	0.83	0.92	0.86	0.97	0.94
精氨酸	1.58	1.6	1.56	1.45	1.66	1.5	1.68	1.46	1.43	1.7	1.37	1.47	1.53	1.64	1.58
脯氨酸	0.6	0.56	0.64	0.33	0.76	0.65	0.81	0.92	0.7	0.78	0.57	0.61	0.71	0.77	0.65
羟脯氨酸	—	—	—	0.06	0.3	—	—	0.21	0.28	0.16	0.11	0.16	—	0.14	0.17
氨基酸总量	19.55	20.63	19.99	19.1	22.18	19.01	23.33	20.51	21.04	22.34	18.29	19.61	21.47	21.82	20.63
必需氨基酸	7.73	7.68	7.43	7.24	8.26	7.65	9.12	7.62	7.67	8.38	6.86	7.07	8.23	8.14	7.74
鲜味氨基酸	8.75	9.7	9.37	9.1	10.66	8.69	10.73	9.65	10.15	10.83	8.76	9.56	10.54	10.45	9.81

注：1. 数据来源于刘树橙等，1981—1983. 荣昌猪三元杂交组合试验总结。

2. 测定必需氨基酸：赖氨酸、苯丙氨酸、蛋氨酸、苏氨酸、异亮氨酸、亮氨酸和缬氨酸共 7 种，色氨酸未测定。

3. 测定鲜味氨基酸：丝氨酸、谷氨酸、甘氨酸、丙氨酸、异亮氨酸、亮氨酸和脯氨酸共 7 种。

汉×杜荣最高，长×汉荣最低；汉×杜荣高于同期的 3 个纯种群及 6 个荣昌猪二元杂交组合；长×汉荣低于同期的 3 个纯种群及 6 个荣昌猪二元杂交组合。必需氨基酸含量，荣昌猪三元杂交组合中，依然是汉×杜荣最高，长×汉荣最低；汉×杜荣亦高于同期的 3 个纯种群及 6 个荣昌猪二元杂交组合；长×汉荣亦低于同期的 3 个纯种群及 6 个荣昌猪二元杂交组合。鲜味氨基酸含量，荣昌猪三元杂交组合中，长×杜荣最高，长×汉荣最低；长×杜荣高于同期的 3 个纯种群及 6 个荣昌猪二元杂交组合；长×汉荣低于同期的 2 个外种猪纯种群及 6 个荣昌猪二元杂交组合，而与荣昌猪相当。

总体来看：在肉质品质上，荣昌猪最好，荣昌猪的二元杂交、三元杂交次之，而最优荣昌猪三元杂交组合与荣昌猪二元杂交相当。在育肥性能上，荣昌猪三元杂交最好，荣昌猪二元杂交次之，荣昌猪最差。在产肉性能上，最优荣昌猪三元杂交组合（杜×长荣）略低于最优荣昌猪二元杂交组合（汉×荣），但高于同期的对应的荣昌猪二元杂交组合（长×荣）。

以荣昌猪杂交进行优质肉生产，不同杂交组合的生产效率和肉质是不一样的，不能随便用一个组合进行生产，应该在准确的市场需求下，在肉质、生长速度、产肉效率之间找一个平衡点，筛选一个最优杂交组合进行生产，以取得最大的经济效益。

第四节　生态荣昌猪肉

一、生态荣昌猪肉的由来

生态荣昌猪肉是近年来由位于重庆市荣昌区昌州街道的重庆市荣牧科技有限公司全力打造的以荣昌猪二元杂交猪为主要品种的中高端品牌猪肉。2013 年 7 月 8 日，经重庆市农业委员会审核，重庆市荣昌县昌州街道被认定为无公害农产品产地（图 11-1）。2013 年 12 月 11 日，经农业部农产品质量安全中心审核，荣牧牌生态荣昌猪肉取得无公害农产品认证（图 11-2）。2015 年 1 月 22 日，经中国绿色食品发展中心审核，荣牧猪肉被认定为绿色食品 A 级产品（图 11-3）。

生态荣昌猪肉分为无公害化猪肉和绿色猪肉两个级别，包括热鲜肉、冷鲜肉和猪肉制品三类。热鲜肉是屠宰的猪胴体未经过冷却工艺处理而直接面向市场分割销售的猪肉。冷鲜肉是屠宰的猪胴体在冷却工艺处理基础上，经过简单分割与后续精细分割、包装并以冷链运输销售的猪肉产品。猪肉制品是以猪肉为主要原料，经调味制作的熟肉制品或半成品。

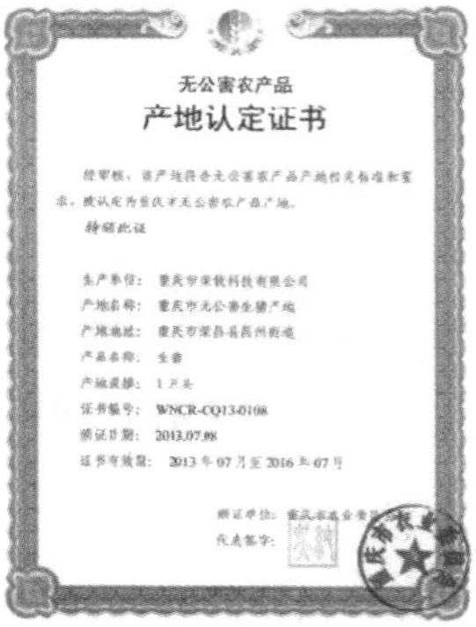

图 11-1　无公害农产品产地认证证书

图 11-2　无公害农产品认证证书

图 11-3　绿色食品认证证书

二、生态荣昌猪肉的生产体系

（一）全产业链模式

重庆市荣牧科技有限公司采用“公司＋基地＋农户”的养殖模式，倡导“猪生态，优生活”理念，注重绿色品牌与生态荣昌猪全产业链的打造，形成了饲料原料种植与加工、生猪养殖、猪肉加工、排污处理、终端销售等全产业链的发展模式（图 11-4）。

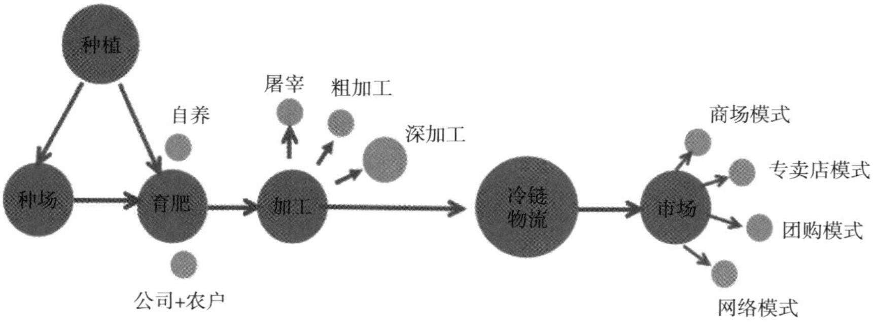

图 11-4　生态荣昌猪肉全产业链模式

（二）饲料生产与供应体系

生态荣昌猪饲养的关键点之一在于喂养的饲料必须是经过认证检验的绿色

饲料，饲料的原料及加工都必须具有相应的资质。重庆荣牧科技有限公司与嘉吉饲料（重庆）有限公司签署饲料代加工生产协议，由嘉吉饲料公司全面委托生产专供绿色饲料，建立了一整套绿色饲料生产、采购、检测规程和记录，保证公司绿色生猪养殖基地生猪饲料的供应。同时，结合荣昌的特点、作物布局及生产实际，在河包、仁义、观胜三镇建成约 333hm^2 的绿色玉米和秋大豆标准化种植基地（图 11-5）。

图 11-5　生态荣昌猪绿色玉米和秋大豆标准化种植基地

（三）品种繁育与杂交育肥生产基地

2013 年 2 月至 2014 年 12 月，重庆市荣牧科技有限公司通过改扩建，在重庆市荣昌县昌州街道石河村和双河街道八角井村建立了荣牧 1 号、2 号、3 号生态荣昌猪养殖场，荣牧 1 号猪场作为荣昌猪种猪繁育场，2、3 号猪场作为荣昌猪的二元杂交猪育肥场。

公司分别从荣昌猪国家资源保护场、荣昌新希望荣昌猪资源保护场及荣昌猪保护区（昌州街道、双河街道、峰高街道和清江镇）筛选引进纯种荣昌猪种母猪 320 头、荣昌公猪 16 头，3 个生态荣昌猪养殖场具备自繁自养年出栏 1.2 万头绿色荣昌猪或二元杂交猪的能力。同时，采取“公司＋基地＋农户”的利益捆绑养殖模式，与 6 个养殖户签订生态荣昌猪养殖协议，由公司统一提供猪源、饲料兽药、防疫管理技术，按协议价回收。代养户年出栏4 000头二元杂交猪。

（四）饲养管理体系

按照精心设计的养殖流程，整个饲养过程体现绿色、生态、安全理念，采用纯粮（玉米、豆粕、麦麸等）+青饲料饲喂，饮用水及每批次原料都经过严格检验；充分体现猪的福利，使其愉快健康生长；生长育肥阶段不使用抗生素，名副其实生产“无抗猪”；每头猪都有“身份证”，可通过射频识别（radio frequency identification，RFID）耳标进行溯源。高标准的饲养确保了生态荣昌猪的生态性、安全性。

（五）屠宰与加工体系

1. 屠宰体系　重庆市荣牧科技有限公司与荣昌昌元镇生猪定点屠宰场签订绿色生态猪屠宰协议。该屠宰场达到国家二级定点屠宰企业标准，实行“定点屠宰、集中检疫，统一纳税，分散经营”的管理模式。严格执行生猪进场检查验收制度、屠宰准宰制度、无害化处理制度、安全生产制度、屠宰车间管理制度、屠宰车间岗位责任制等相关制度，并严格按照荣牧绿色生态猪屠宰管理制度进行生猪屠宰。荣牧绿色生态猪入场检查验收打码后，在专用猪圈静养12h以上，并作为第一批猪于凌晨2：30开始屠宰。屠宰过程中，品质检验员及兽医防疫检疫员实行同步检疫并做相应的屠宰记录。屠宰前后赶猪通道及生产设备等均充分清洗并喷洒消毒，以保证屠宰品质及生产安全。

2. 冷鲜肉精细分割体系　重庆市荣牧科技有限公司下设荣牧食品公司，现有冻藏间34.8m^2、冷藏间57m^2、分割间85m^2、检验实验室42m^2，技术熟练的分割技术人员2名、检验人员1名，具有日冷却15头、分割20头的生产能力。公司严格按照标准程序进行胴体的冷却、精细分割和产品包装。

3. 猪肉制品加工体系　荣牧食品公司具有烤乳猪等猪肉制品加工生产线，烤乳猪日生产能力为100头。公司开发的猪肉制品达10余种，包括荣牧牌烤乳猪、腊猪蹄、腊猪脸、腊猪嘴、腊猪排等。

（六）废物处理体系

重庆市荣牧有机肥有限公司秉承“化污染为资源、建生态示范园”的经营理念，全心致力于国家现代畜牧科技产业示范园区规模养殖场污染治理与资源化利用产业发展示范。为解决示范园区规模养殖场粪污污染，配套兴建了一个年处理10万t规模养殖场固体粪污处理中心，年生产有机肥10万t，可实现年产值8 000万元。该中心在西南大学技术专家全程技术指导下，将固体粪便及农业有机副产品通过国内先进的高温密闭发酵工艺处理，经过处理的固体粪便及农业有机副产品成为现代农业种植专用的有机肥、有机无机复混肥、专用基质，从而实现了示范园区污染治理与循环再利用的有机结合。

（七）销售体系

生态荣昌猪肉的销售方式有直营店销售、入驻超市商场销售、加盟店销售、体验店销售和网上销售 5 种。目前，该公司已在重庆主城及其他区县建立加盟店 25 家、商场超市 14 家、猪体验店 2 家、直营店 3 家。另外，公司在京东旗舰店、淘宝店、1 号店面向全国销售生鲜和加工生态荣昌猪肉产品。具体见图 11-6 至图 11-8。

图 11-6　荣昌渝荣小区的专卖店

图 11-7　荣昌超市专柜

图 11-8　重庆主城区黄泥磅门店

第五节　荣昌猪烤乳猪

一、烤乳猪的特点及种类

（一）烤乳猪及其历史

烤乳猪是选择一定体重的仔猪，通过屠宰、整理、腌制、定形、烫皮、上色、烘烤、冷却、包装等一系列工艺流程而生产的具有特殊风味的猪肉制品。烤乳猪是中国饮食文化的一个亮点。早在南北朝时期，贾思勰已把烤乳猪作为一项重要的烹饪技术成果而记载在《齐民要术》中了。《齐民要术》描述炙豚法为：“用乳下豚，小开腹，去五脏，以茅茹腹令满，柞木穿，缓火遥炙，急转勿住。消酒数涂，以发色，色足便止，取新猪膏极白净者，涂拭勿住。”这样烤成的乳猪“色如琥珀，又类真金，入口则消，状若凌雪，含浆膏润，特异凡常也。”（朱尚雄等，2003）到清朝乾隆盛世，烤乳猪便传遍全国，不仅是御膳中的珍品，也是食肆中的佳肴。当代筛选定出 180 款极品佳肴，其中就有烤乳猪和烤鸭两道菜。在盛极一时的“满汉全席”上，这两道菜被列称“双烤”，传遍大江南北，享誉各地。

（二）烤乳猪种类

因消费口味的地域差异，我国的烤乳猪各具特色。广东的脆皮乳猪最为有名，是广东省地方传统风味名吃，居广东肴馔之首。另外，还有湖南的烤香猪、云南的五香乳猪、广西的烤香猪、中原的扒微猪和南京的烤乳猪等。

二、荣昌烤乳猪的生产现状

荣昌烤乳猪是以荣昌猪乳猪或二元杂交乳猪为原料，配以食盐、香辛料、小曲酒、味精等辅料，经腌制、烫皮整理、烘烤、真空包装等工艺制成的。荣昌拥有荣昌渝兴食品有限公司、重庆市怀乡食品有限责任公司、重庆荣盛达食品有限公司、重庆汇通肉类加工有限公司、重庆市荣牧食品有限公司等多家猪肉产品加工企业，拥有乳猪屠宰生产线，年屠宰乳猪可达 250 万余头，年可生产加工冻乳猪 80 万头、烤乳猪 40 余万头。

重庆市怀乡食品有限责任公司成立于 2002 年，系股份制民营企业，注册资产 530 万元，总资产1 500万元。企业占地面积 4.67 余 hm^2，生产用地 7 600m^2，有 300t 冻库 1 座，拥有乳猪屠宰生产线、烤乳猪加工生产线、腊制品等加工生产线，是全国首家商品化烤乳猪的供应商，年生产能力可达烤乳猪 10 万头、冻乳猪 50 万头。企业以市场为导向，以科技为支撑，根据“中国重庆畜牧科技城”建设发展需要，以“公司＋基地＋农户”的配套产业化模式，高起点、多层次进行绿色食品加工、销售的综合开发。目前，公司生产的产品有极具荣昌特色的荣昌冻乳猪、烤乳猪等，其中冻乳猪、烤乳猪已远销香港、澳门、广州、湖北等地。尤其是烤乳猪享有很高的市场知名度，深受广大消费者的欢迎与青睐。

三、荣昌烤乳猪制作工艺

（一）加工工艺流程

荣昌乳猪→选择→屠宰去内脏→－18℃储藏急冻→2～4℃解冻→原料修理→沸水浸烫→腌制料配制→腌制→挂钩定形→烫皮及晾干→上油、上色→冷却、涂保鲜液→真空包装、杀菌→成品。

（二）操作要点

1. 选料　选择5～10kg的健康荣昌乳猪，要求体型匀称、肥瘦适中。

2. 屠宰与冻藏　按常法进行屠宰放血、煺毛、去内脏后，清洗干净。要求体表完整，放血充分，体表无色斑、无浮水和血水。屠宰后的乳猪可−18℃急冻储藏。

3. 解冻与原料整理　冻藏的乳猪于2～4℃下解冻，并除去体表的残留的毛和水。用尖刀纵向切开下颌颈部，去掉舌头、气管以及腮颊多余的肉，去掉背大动脉，划开并割断脊柱两旁第1～10肋骨与脊柱连接。去掉前胸两侧各3片肋骨，从肩关节下刀割断肩关节，剥开肩胛骨周围的前夹肉，取下肩胛骨。在上腭部位用刀纵向砍开颅腔，用水冲洗去猪脑花，尤其是要冲洗干净颅腔。

4. 沸水浸烫　修整结束后的乳猪胴体在沸水中浸烫，浸烫过程是皮面向下，沸水完全淹没乳猪胴体。

5. 腌制料的配制与腌制　腌制的配料有食盐、白糖、曲酒及各种香辛料（花椒、肉蔻、茴香、甘草、八角、桂皮等）。一般以食盐2%、白糖1%、花椒0.5%、肉蔻0.5%、茴香0.5%的比例配制。配料调匀后涂抹在乳猪各部分，腌制约30min。

6. 挂钩定形　用铁叉支架撑开乳猪胴体内腔，使整个猪胴体呈扁平状。

7. 烫皮及晾干　将支撑好的乳猪用90℃的热水烫皮，以淋至皮硬为止，然后自然晾干。

8. 上糖浆　将调制好的糖浆均匀地涂抹在乳猪皮上，挂在通风处，吹干表皮。涂抹糖浆前必须将猪皮表面的水分揩干才能涂均匀；涂后风干方可烤制。

9. 烤制　不同企业采用各自企业特有的烤制程序进行烤制，烤制方式、烤制温度及烤制时间有差异。一般烤制的方法有三种：一是用明炉烤制。用铁制长方形烤炉，将炉膛烧红，放入叉好的乳猪，在火上烤制。先烤胸、腹部，约20min。再顺次烤头、背、尾及胸、腹部边缘部分，猪的全身特别是脖颈和腰部需用针刺排出水分。同时，要进行刷油，将体内外烤渗出来的油脂擦去或抹平，以免流在皮或肉上影响外观。二是用暗炉烤制。先将炉内烧至高温，把乳猪胴体放入炉膛内，烤制30min左右。在猪皮开始变色时，取出来用针刺，并刷平渗出的油脂，再烤制20～30min即熟。三是烘箱烤制，一般60℃低温先烘烤 24min，而后 135～140℃高温烘烤 5min。

10. 冷却、真空包装、杀菌　把烤好的乳猪取出后，待冷却后涂上保鲜剂，晾干后真空包装、杀菌。

四、烤乳猪产品

荣昌区烤乳猪产品品牌比较多，以重庆市怀乡食品有限责任公司“福喜金猪”烤乳猪（图 11-9）和重庆市荣牧食品有限公司“荣牧”烤乳猪（图 11-10）最为有名。

图 11-9　重庆市怀乡食品有限责任公司“福喜金猪”烤乳猪

图 11-10　重庆市荣牧食品有限公司“荣牧”烤乳猪

主要参考文献

陈岗，2012. 民国时期四川家畜保育所概述［J］. 农业考古（3）：289-293.

陈隆，谭淑琴，吴凤春，等，1979. 两品种杂交肉猪肥育效果的初步探讨［J］. 中国畜牧杂志（4）：2-5.

陈四清，魏文栋，王金勇，等，2000. 大约克专门化父系选育进展报告［J］. 畜禽业（5）：35-37.

东北农学院，1984. 许振英教授论著选集［M］. 哈尔滨：东北农学院.
郭宗义，王金勇，韩秋实，等，2000. 荣昌猪与加系长白猪杂交育肥实验研究［J］. 畜禽业（9）：19-20.
国家畜禽遗传资源委员会，2011. 中国畜禽遗传资源志·猪志［M］. 北京：中国农业出版社.
任百鹏，1936. 四川省公私畜牧场所概述［J］. 畜牧兽医月刊（1）：9-10.
四川省家畜保育所，1936a. 省府成立家畜保育所［J］. 四川月报（3）：145-147.
四川省家畜保育所，1936b. 四川省家畜保育所二十五年度九月份工作报告［J］. 畜牧兽医月刊（2）：1-12.
四川省农科院畜牧所育种研究室，1976. 成华猪杂交组合肥育试验（二）［J］. 畜牧兽医通讯（7）：37-45.
孙源滢，徐士清，方令河，等，1966. 猪的经济杂交组合的研究——约金、盘金、荣金一代杂种猪的肥育性能的研究［J］. 浙江农业科学（4）：14-18.
皖南花猪杂交组合试验协作组，1985. 皖南花猪杂交组合研究报告［J］. 安徽农学院学报（2）：31-42.
汪国兴，1936. 调查隆昌猪种及重庆猪鬃牛羊皮羊毛出口贸易状况报告［J］. 畜牧兽医月刊（1）：1-8.
王成，徐旺成，2012. 20世纪前50年的四川养猪业［J］. 猪业科学（7）：128-130.
文山州、县地方猪种调查组，1974. 文山州广南县、邱北县地方猪种和经济杂交改良效果调查报告［J］. 云南畜牧兽医（Z1）：15-32.
云南省畜牧兽医研究所，1975. 云南省猪杂种优势利用效果初报［J］. 云南畜牧兽医（4）：3-15.
张亮，郭宗义，2016. 不同父本品系对荣昌猪二元杂交后代生产性能的影响［J］. 畜禽业（7）：40-41.
张亮，郭宗义，2016. 不同父本品系对荣昌猪三元杂交后代生产性能的影响［J］. 中国猪业，11（8）：75-77.
朱尚雄，李锦钰，2003. 烤乳猪［J］. 养猪（4）：49-50.

第十二章
数字荣昌猪

数字化虚拟猪是结合养猪科学与计算机科学的新进展，应用现代信息技术建立起的猪不同层次的计算机数字化平台，通过这个平台能够准确描述猪的结构、功能、形态和内在联系，实现对猪从组织、器官、系统到整个个体的精确模拟。数字化虚拟猪分为虚拟可视猪、虚拟物理猪、虚拟生理猪和虚拟智能猪四个层次。

数字化猪可代替真实的猪体进行实验研究，并提供各种精确数据，有助于更深入、更细致地对猪本身进行研究，在数字化虚拟猪平台的基础上，人们可以通过对过去、现在和未来的猪科学科研数据和科研成果进行数字化处理，构建一些物理和生理模型，叠加在数字化可视猪模型上，使虚拟猪逐渐完善丰满，使其成为一个有真实个体一样反应的虚拟个体，最终建成能有真实群体一样反应的虚拟养猪场。

在虚拟养猪场内人们可以进行各种虚拟实验，如生长发育实验、遗传育种实验、营养需要实验、饲养实验、药物实验、代谢实验等，通过虚拟实验，人们可以预先对不同实验方案进行优化，最后选出最好的方案再进行实体猪实验，这样不但可以大大缩小实验规模和实验时间，也可以大大节约实验费用。同时，常规动物实验经常受环境条件的影响，影响到实验结果的准确性，而虚拟实验则可以完全排除环境干扰，甚至可以模拟一些极端环境下的各种实验。

第一节　猪数字图像集构建

一、猪选择

采用世界著名的优秀地方猪种—荣昌猪，挑选成年公猪、成年母猪、妊娠母猪、仔猪各 1 头，血缘清楚，具有本品种代表性与特征，发育正常，无器质性创伤，按照标准测量方法，对实验用猪进行外形测量，测量其体重、体长、体高、胸宽、胸深、胸围、腹围和臀围等外形数据（表 12-1）。

表 12-1　数字荣昌猪所选猪基本信息

指标	荣昌成年公猪	荣昌成年母猪	荣昌妊娠母猪	荣昌仔猪
月龄或日龄	4 月龄	5 月龄	6 月龄，妊娠 85d	28d
体重（kg）	45	55	66	4
体长（cm）	94	100	101	39
体高（cm）	44.3	50.5	55	21
胸深（cm）	27	29	38	14.6
胸围（cm）	83	88.5	96	39
腹围（cm）	102	103	123	46

二、标本制作、血管灌注及 CT 扫描

猪先用 1%戊巴比妥钠麻醉，每千克体重 40mg 静脉注射，将猪采用侧卧姿势放置于木架上，前后肢膝部弯曲，呈跪姿，再用钝性分离股动脉双向插管放血处死，连接压力瓶，灌注压强为 4.0×10^5Pa，10%甲醛灌注固定。随后取下插管，结扎动脉，缝合皮肤并清理切口。尸体灌注完成后放回倒模中，以保持电子计算机断层扫描（CT）、磁共振成像（MRI）检查时的姿势。CT 机：美国通用电气（GE）公司 LightSpeed VCT 64 层螺旋；CT 参数：120kV，50～500mA，机架旋转时间 0.8s；层数 544 层，扫描层厚 0.625mm，重建层厚 2.5mm，无间距容积扫描，采集矩阵 512×512，W：250，L：45，通过机器重建猪外形，可与切割猪的重建进行对照，校正偏差。随后用 5%蓝色明胶包埋，连同整个木箱置于地下特别建造的冰冻室，置入－30℃冰库中冰冻 1 周。然后在－25℃低温实验室中用改进的数控铣床铣切，使之更符合解剖学姿势下的形态位置。

三、数据集的获取

用改进的数控铣床铣切，可视化中国人（VCH）的理论切削厚度为 0.1mm（用直径 200mm 刀盘切局部器官）和 0.2mm（用直径 400mm 刀切整体），平面度 0.01/1 000mm，表面粗糙度 0.001 6mm。数据采集时将采集系统与铣头固定，铣头与采集系统同步运动，用 Canon EOS 1Ds 高清晰度数码

相机（分辨率为4 064像素×2 704像素）摄影，用标签图像文件格式（TIF）无损格式保存，借助铣头的移动，完成一个周期的数据采集。采用不同精度分别对 4 头猪铣切，获取了铣切照片集。为了与 CT 对照，对荣昌猪公猪还获取了相对应的 CT 图片集，精度与分辨率等参数见表 12-2。

表 12-2　4 头荣昌猪切削数据

标本类别	采集方式	层厚（mm）	总片数	分辨率（万像素）	数据集（Gb）	著作权登记号
成年母猪	铣切	0.5	2 314	1 100	73	31-2006-K-3692
成年公猪	铣切	0.2	7 254	1 100	229	31-2008-K-4957
	荣昌公猪 CT	0.625	544	26	0.267 7	
妊娠母猪	铣切	0.2	6 525	1 100	206	31-2008-K-4956
仔猪	铣切	0.2	2 495	1 100	79	31-2008-K-4958

从获取的数据集中分别选取部分图片组成图片选集，并标出相对应的图片号，见图 12-1 至图 12-9。

（一）荣昌母猪切片数据

图 12-1 列出了荣昌母猪较典型分段部分的切割图片选集，图 12-2 和图 12-3 标出了第 900 幅和1 600幅图的选注。

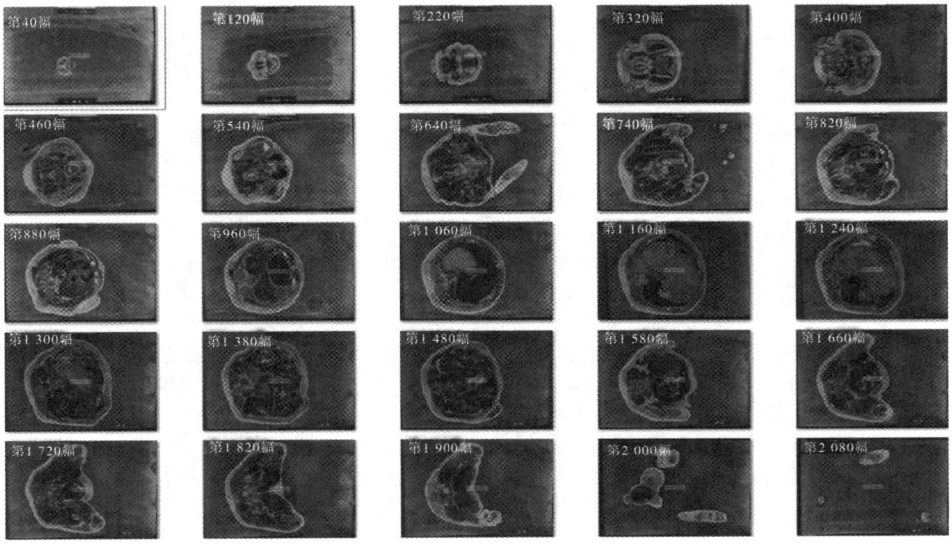

图 12-1　荣昌猪母猪切片选集

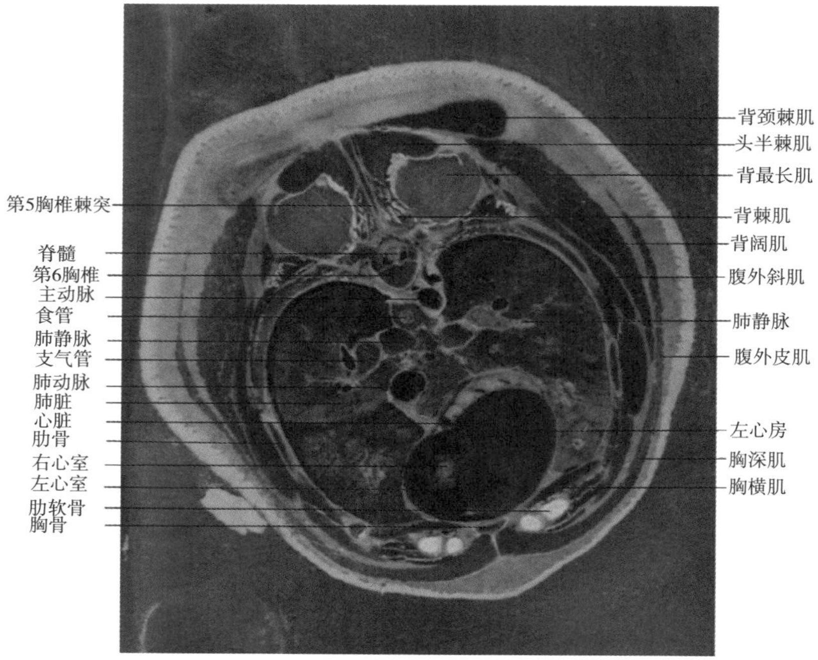

图 12-2　荣昌猪母猪第 900 幅切片选注

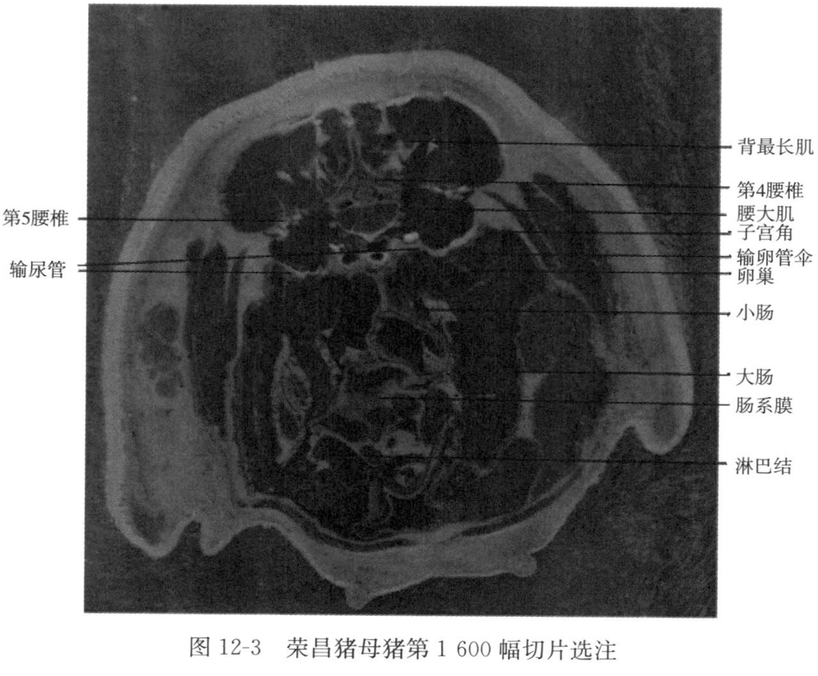

图 12-3　荣昌猪母猪第 1 600 幅切片选注

（二）荣昌猪公猪切片数据

图 12-4 列出了荣昌公猪较典型分段部分的切割图片选集，图集由荣昌猪公猪切片第 150 幅开始按间隔 300 幅选一幅构成选集；图 12-5 标出了荣昌猪公猪切片第 5 280 幅和第 6 250 幅图的选注。

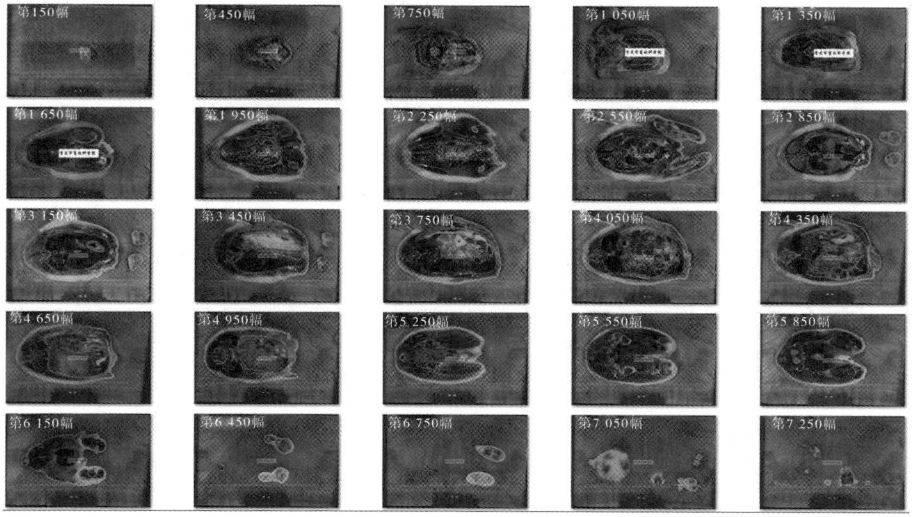

图 12-4　荣昌猪公猪切片选集

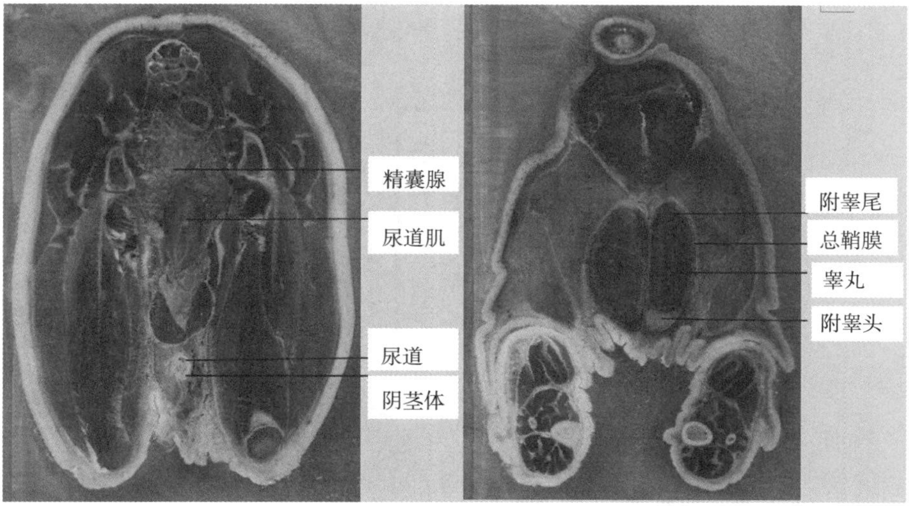

图 12-5　荣昌猪公猪切片选注

（三）荣昌猪妊娠母猪切片数据

图 12-6 为荣昌猪妊娠母猪切片从第 91 幅图片起，每间隔 196 幅取一幅图的选集，图 12-7 为荣昌猪妊娠母猪第4 010幅切片的选注。

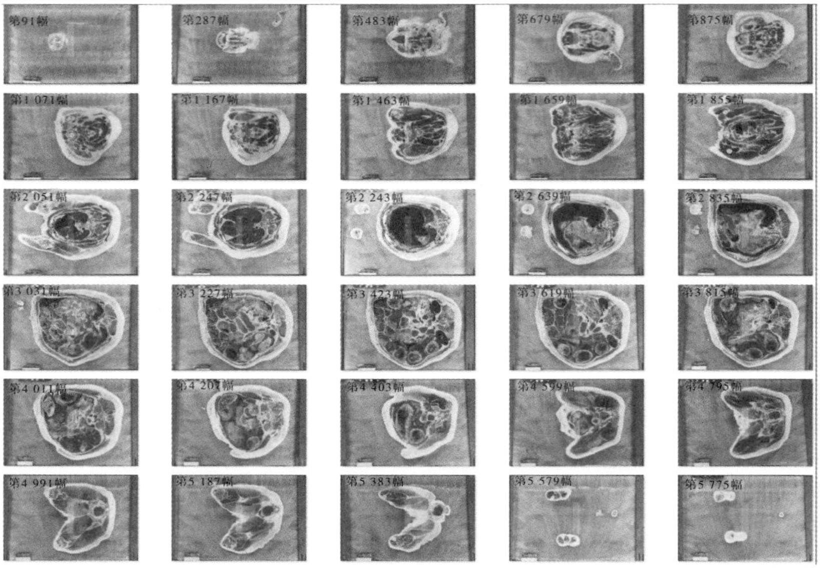

图 12-6　荣昌猪妊娠母猪切片选集

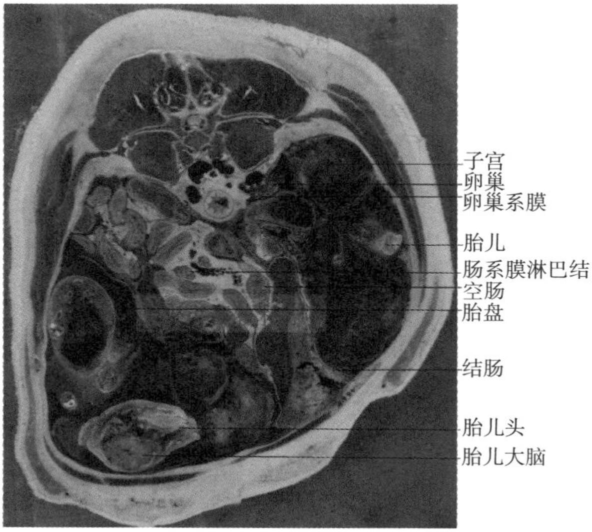

图 12-7　荣昌猪妊娠猪切片选注

（四）荣昌仔猪切片数据

图 12-8 为荣昌仔猪切片从第 43 幅起按每间隔 70 幅选取的部分切片的图集。

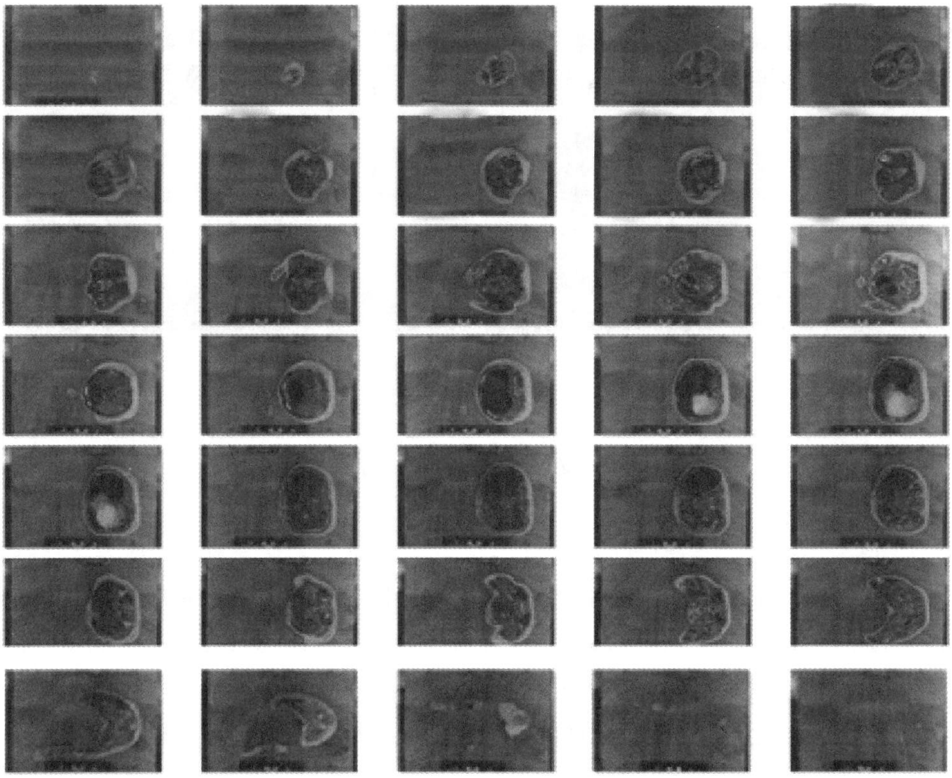

图 12-8　荣昌猪仔猪切片选集

（五）荣昌公猪 CT 片

为了达到铣切后合成猪与标本前的个体一致，避免铣切与灌注过程中造成猪体态变形，选用铣切中的荣昌公猪进行 CT 片扫描，双校对照以示一致，此处节选荣昌公猪部分 CT 片（图 12-9）以作参考。

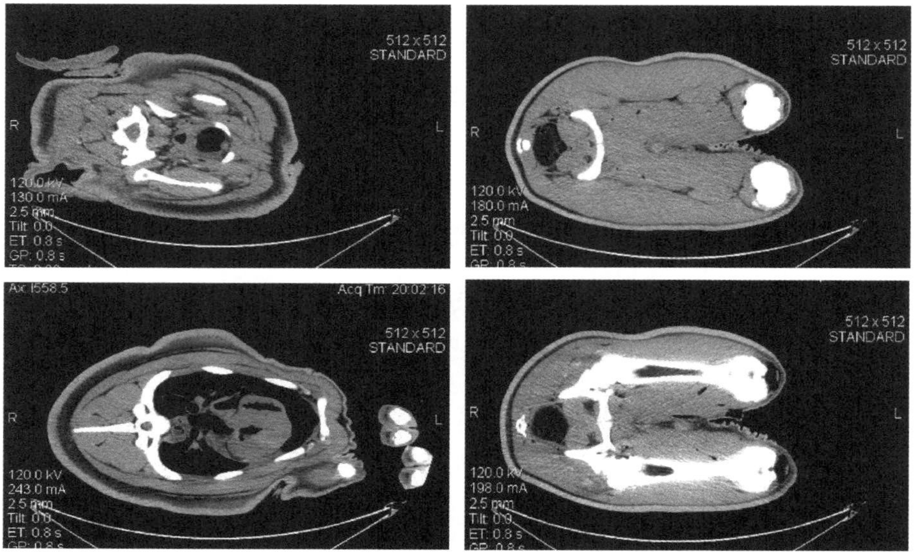

图 12-9　荣昌猪公猪可视化 CT 数据集

第二节　数字图像配准与分割

一、图像配准

从数字化猪铣切到图像的采集，每次都会因铣切猪机器的运转、照相机位移等因素出现个别图像位置偏差。这种偏差通过标本制作过程中设定的特殊标记采用计算机对采集图像达到相对位置完全还原称为图像配准。

图像配准就是寻求两幅图像间一对一的映射的过程，即将两幅图像中对应于空间同一位置的点联系起来。图像配准的关键问题是图像之间的空间变换或几何变换。设有两幅二维图像 I_1 和 I_2，I_1（x，y）和 I_2（x，y）分别代表各自对应点的灰度值，则映射过程可以用公式 $I_2=g(I_1(f(x, y)))$ 表示，这里代表一个二维空间坐标变换，即：$(x', y')=f(x, y)$。

多源图像配准是指依据一些相似性度量决定图像间的变换参数，使从不同传感器、不同视角、不同时间获取的同一场景的两幅或多幅图像变换到同一坐标系下，在像素层上得到最佳匹配的过程。待配准图像相对于参考图像的配准可定义为两幅图像在空间和亮度上的映射。

在数字化可视猪虚拟数据集采集过程中，由于各种各样的误差，有个别图像位置会有所偏差，为此，在标本填埋过程中，在四角分别埋了4条红色线，这样在切削出来的图片中就会有4个基准点，借助MatLab中的图像处理函数，编程实现图像的旋转，然后进行图像的平移操作，以达到配准的目的。

二、图像分割软件开发

二维分割软件Visview是基于Visual C++、GDI+开发，采用GDI+是因为它提供从简单到复杂图形绘制的大量方法，并且可以通过对路径和区域的操作构造出更加复杂的图形，这对于绘制不规则的器官边界尤其重要。另外，GDI+使得图形硬件和应用程序相互隔离，编写设备无关的应用程序变得非常容易。分割软件开发是为了方便人工描绘器官（骨、肌、血管、神经等）轮廓边界，然后对样条轮廓特征点采样，保存轮廓点的坐标数据供三维重建。

分割软件中可建立不同的分割取值标准，使用者可以自己设置相应的数据。

采用双重分割法：一是按系统，分为肌肉、骨骼、消化、呼吸、循环、神经、泌尿、内分泌八大系统（部分），每一系统（部分）再往下分，形成独立的树形结构；二是按部位，分为头、躯干、四肢、尾四部分，每一部分又可下分形成树形结构。数字库采用层次结构，最多可分到10层，每一结构或器官都用唯一的代码进行标识，建立ACESS数据库（图12-10）。

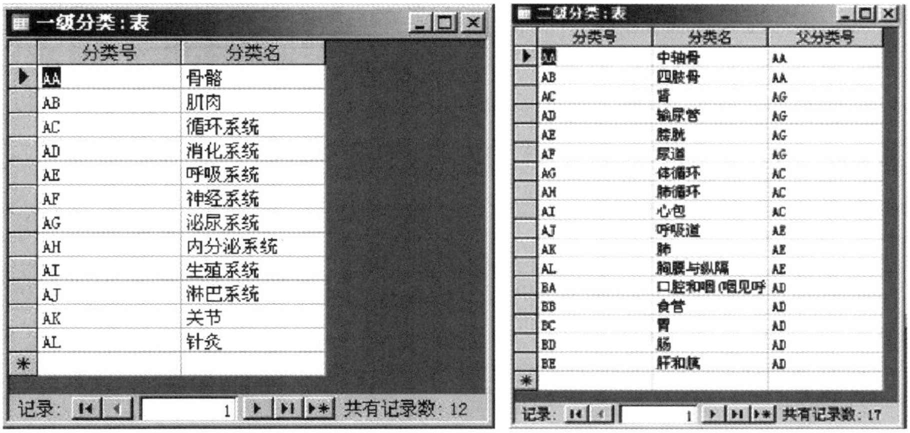

一级分类：表

分类号	分类名
AA	骨骼
AB	肌肉
AC	循环系统
AD	消化系统
AE	呼吸系统
AF	神经系统
AG	泌尿系统
AH	内分泌系统
AI	生殖系统
AJ	淋巴系统
AK	关节
AL	针灸

记录：1 共有记录数：12

二级分类：表

分类号	分类名	父分类号
AA	中轴骨	AA
AB	四肢骨	AA
AC	肾	AG
AD	输尿管	AG
AE	膀胱	AG
AF	尿道	AG
AG	体循环	AC
AH	肺循环	AC
AI	心包	AC
AJ	呼吸道	AE
AK	肺	AE
AL	胸膜与纵隔	AE
BA	口腔和咽(咽见呼	AD
BB	食管	AD
BC	胃	AD
BD	肠	AD
BE	肝和胰	AD

记录：1 共有记录数：17

图12-10　图像分割软件系统一级与二级分类

软件的主要功能是供用户浏览二维图像，并且在图像表面进行轮廓线的描绘、编辑，在同一切片中为了区别不同的器官，可采用不同颜色标注，最终生成三维立体数据文件（图 12-11）。

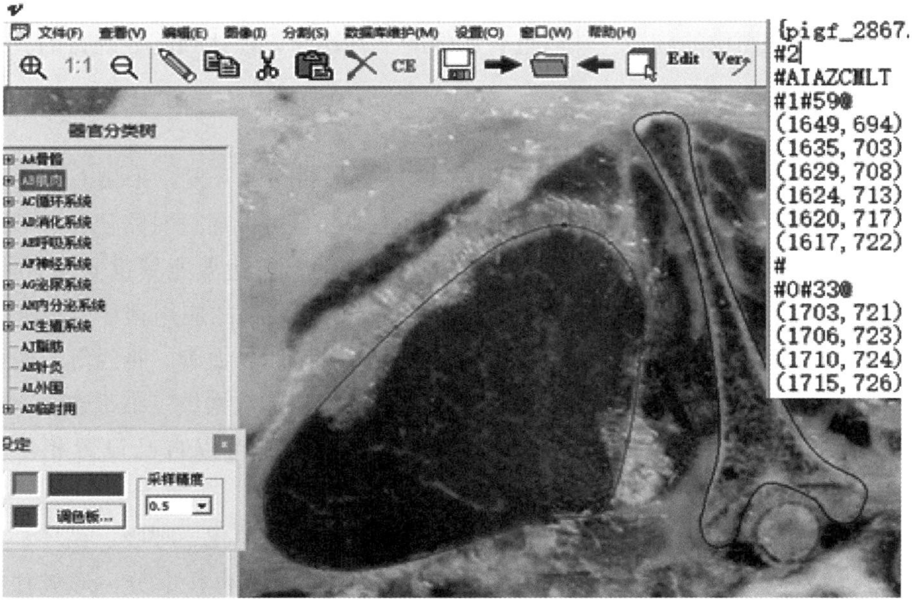

图 12-11　分割软件及生成的数据文件

三、几大系统图像分割图

分割中，采用系统作为大类建立分割方案，在不同的系统部分，对应地建立相应的子分割方案，主要采用的按头颈、躯干、四肢、尾四部分建立子分割方案，完全采用手工分割，避免了噪声影响以及部分边界容易混淆缺点，以更好地真实还原。下面按各系统选取部分典型代表分割图。

（一）骨骼系统分割图

椎骨易于独立，有不同的棱及不规则的形状，选取第 4 颈椎的分割数据构成图作为不规则骨的代表（图 12-12）；部分中空骨，需要取出空的部分，选用肱骨的分割数据构成图作为代表（图 12-13）。

（二）生殖泌尿系统构成图

母猪生殖系统按卵巢、输卵管、子宫、子宫颈部分，公猪按睾丸、附睾、输精管，泌尿系统按肾、输尿管、膀胱等部分。因其大多分界的部件仅人工分

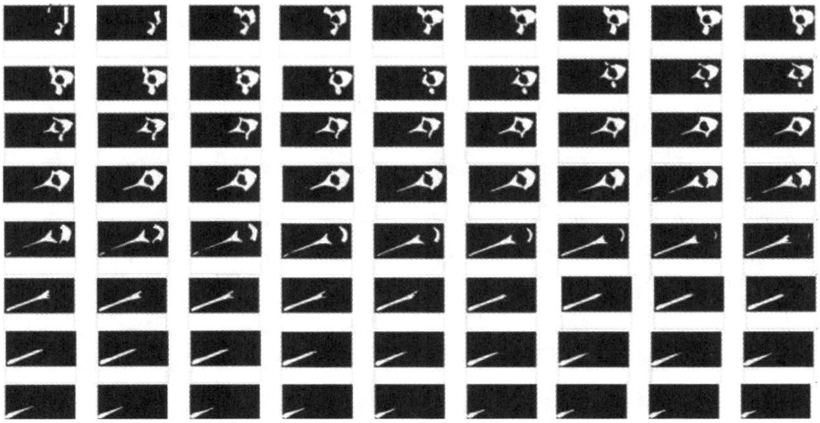

图 12-12　第 4 颈椎分割图集

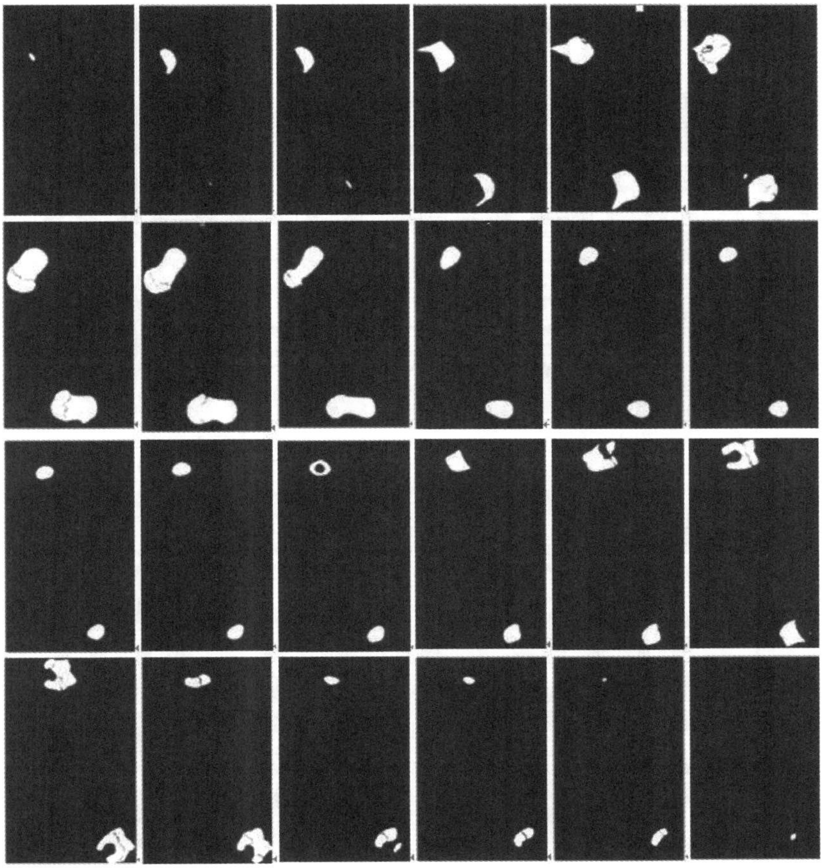

图 12-13　左右肱骨分割提取图

开，目前对更深更细的部分还没细分，下面选取的图片是：以母猪生殖泌尿系统肾分割数据代表泌尿系统分割构成图（图 12-14），以公猪生殖系统睾丸分割数据构建图（图 12-15）以及妊娠胎儿分割数据构建图代表生殖系统（图 12-16）。

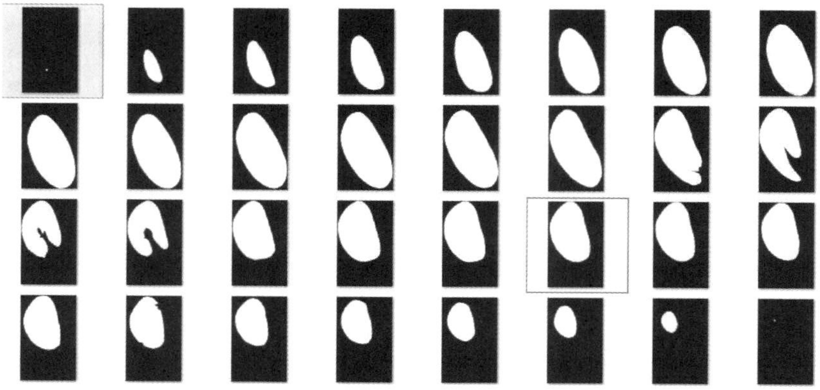

图 12-14　荣昌母猪左肾

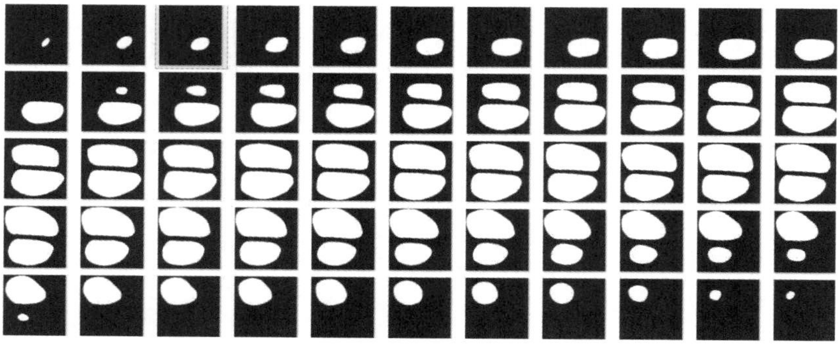

图 12-15　荣昌公猪睾丸提取图

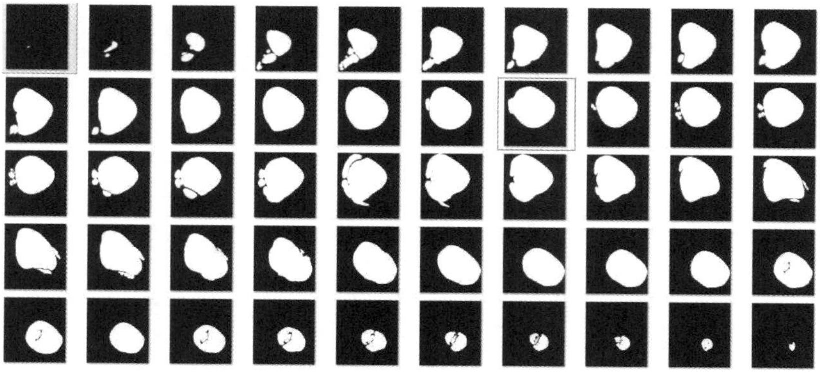

图 12-16　荣昌母猪其中一头胎儿提取图

（三）消化系统构成图

消化系统较大，包含器官较多，肝具有多叶性代表分支多，肠具有较多弯曲及空心化特征，容易造成分割后合成重叠，选取荣昌母猪肝（图 12-17）及小肠（图 12-18）分割数据构成图作为消化系统代表。

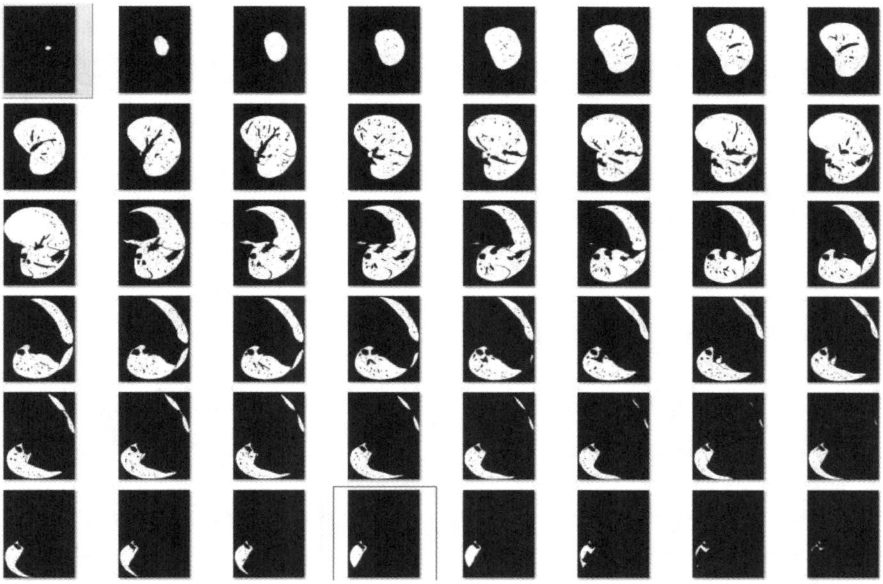

图 12-17 肝脏分割提取图

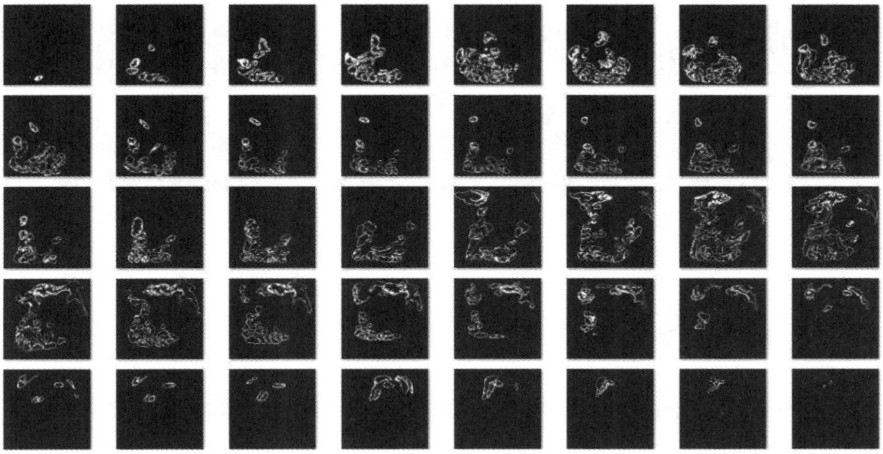

图 12-18 小肠分割提取图

（四）循环系统构成图

循环系统主要是心脏，血管除主干道，多数在不同的其他组织中进行相应的分割，血管合成繁杂，这里以心脏的分割数据构建提取图作为代表（图12-19）。

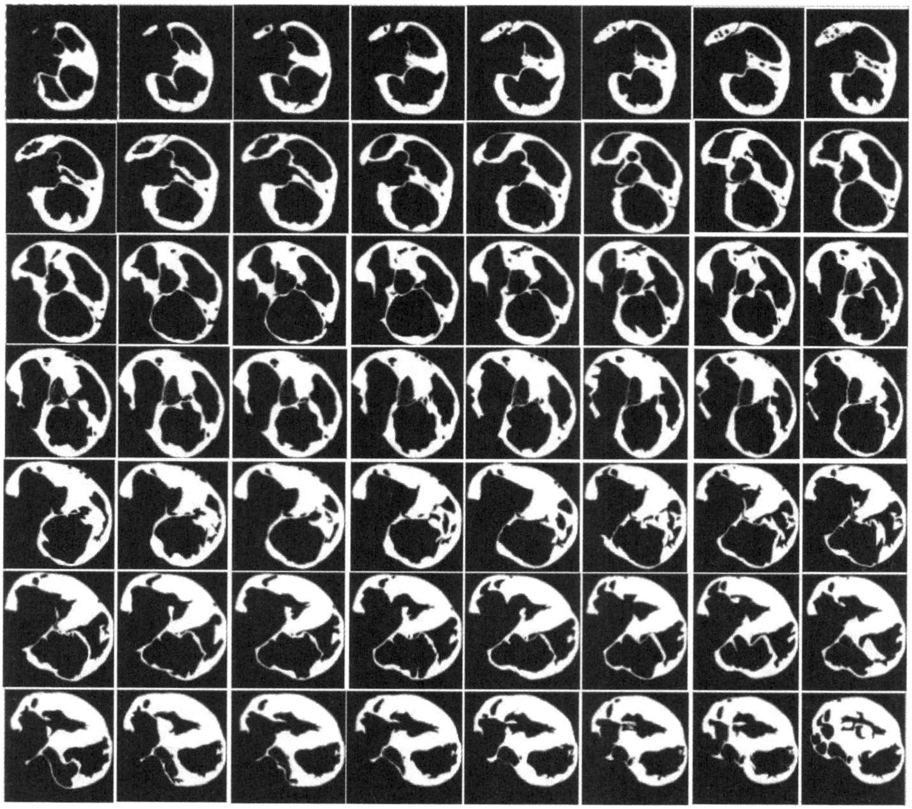

图 12-19　心脏部分分割图

（五）呼吸系统构成图

完整的呼吸道中前端是以机体的其他组织构成的腔隙，不能独立形成，这里仅以肺脏的提取图作为代表（图 12-20）。

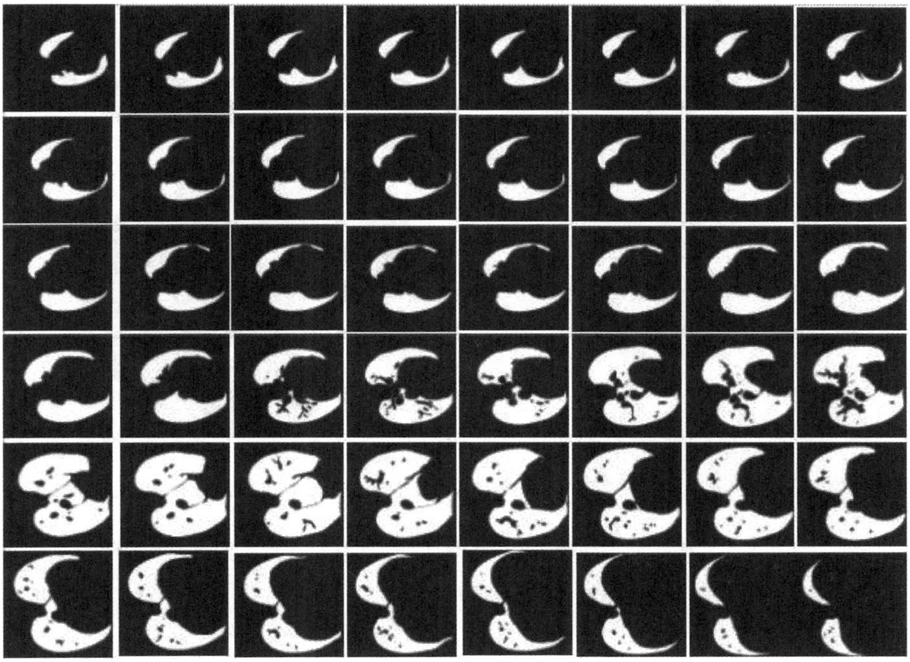

图 12-20 肺脏提取图

第三节 数字猪三维重建软件开发与重建

器官三维体数据抽取和重建软件 VolViewer 是基于 Visual C++、GDI、STL 开发的，主要功能是从分割数据文件集中抽取指定器官的体轮廓，进行浏览（图 12-21），通过实时浏览图，即时修改分割中因图像噪声所致不易准确判定部分，送还分割软件修改，然后采用移动立方算法（MC）中的点算法建立器官三维模型，生成 *.3ds 通用文件导出。本软件还开发了根据分割的数据集文件，提取切割图片的色彩，利用插值法，供三维模型使用。为了更好地搭建其他可视化软件，本软件同时也可以以位图（BMP）格式文件集直接导出抽取器官的三维体数据供其他商业三维可视化软件使用。

本软件利用分割软件分割的边界、坐标数据，输出二维图片，可供给 Amira 三维合成，采用 3DMAX 软件对 Amira 所合成的三维图进行表面光滑处理，处理后的三维图像更接近实际图；本软件利用分割软件分割的边界、坐标数据提取坐标范围形成空间的色彩，把采集到的空间位点及其相应三色还原到合成软件

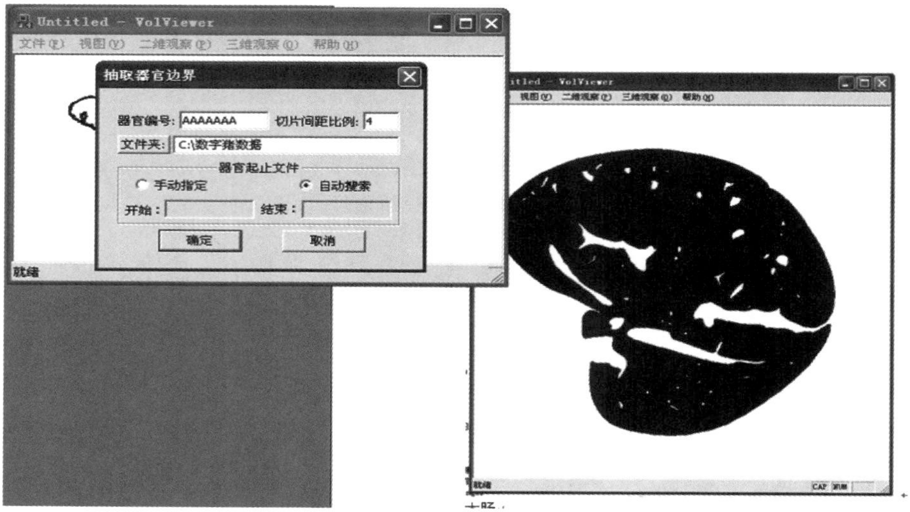

图 12-21　轮廓抽取填充软件

生成的 *.3ds 模型中，进行任意方向的、任意切面对三维体内部真实浏览。本软件合成的模型能立体、不失真地还原各器官脏器位置、形态特征，避免了解剖学中因体位而改变内部位置，解决了不同方位不可重复性观察难题。

一、整体重建

利用外界分割软件提取的数据，用三维重建软件进行提取，形成图片及参数值，供 Amira 软件重新构建三维图，这里以第一头荣昌母猪作为整体构成图的代表（图 12-22），还原铣切包埋猪的实际效果。

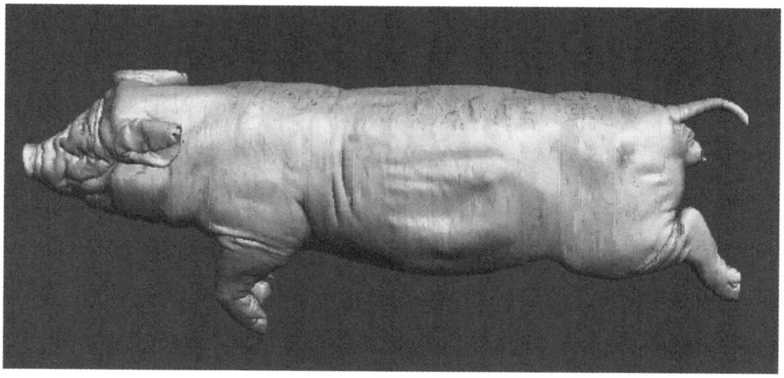

图 12-22　荣昌猪母猪外观重建图

荣昌公猪 CT 片按 2.5mm，由 CT 机选图自动重建图（图 12-23）。

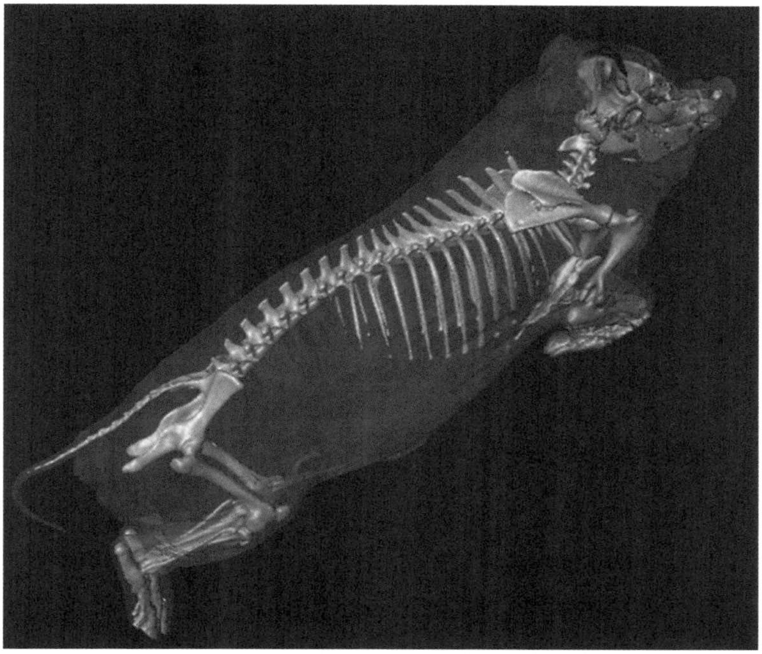

图 12-23　荣昌公猪可视化 CT 自动化重建图

二、骨骼系统重建

同样的骨骼系统中，选取有典型代表性的、具有多棱、含孔的椎骨，重建后可见棱角分明的特征。这里选择了第 4 颈椎的合成图（图 12-24）、表观处理（图 12-25）作为代表，全身骨架表面光滑处理后如图 12-26 所示。

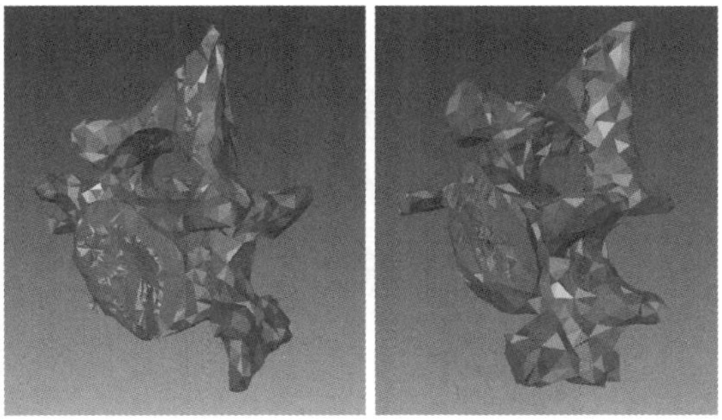

图 12-24　第 4 颈椎合成图（前、后观）

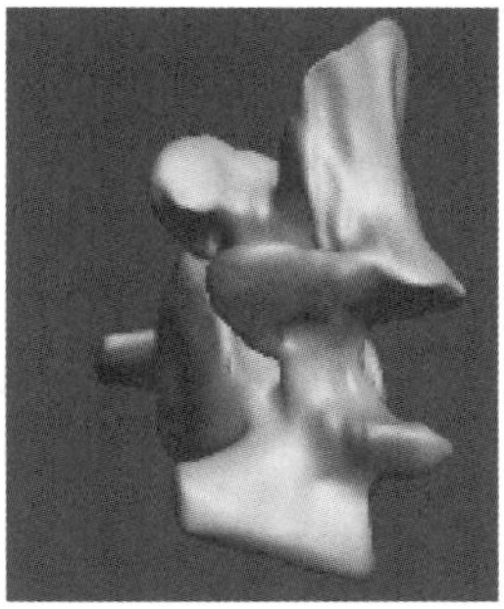

图 12-25　第 4 颈椎表面处理图

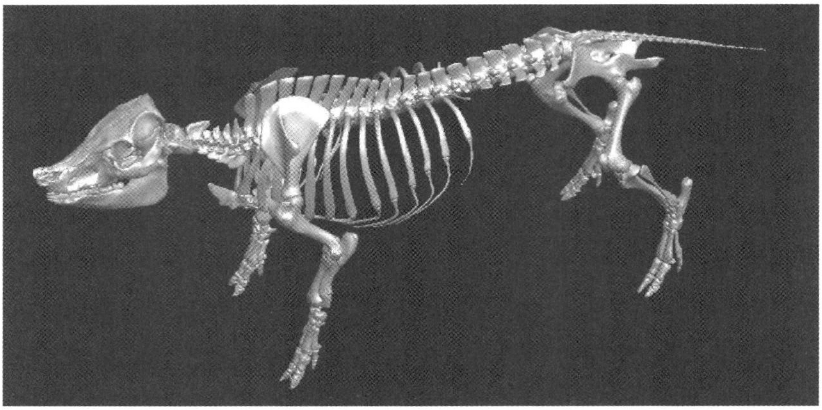

图 12-26　荣昌猪母猪骨架

三、生殖泌尿系统重建

生殖系统是由不同结构的组织器官构成，比如子宫颈与子宫不能完全以名称分割开，因此形成一个整体列出，母猪生殖泌尿系统合成图见图 12-27。无输尿管与输尿道的公猪生殖系统合成图见图 12-28（注：尿道与前列腺部分不

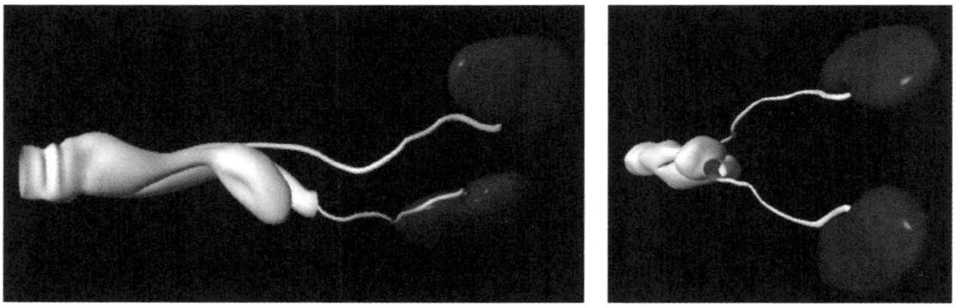

图 12-27　母猪泌尿生殖系统合成图

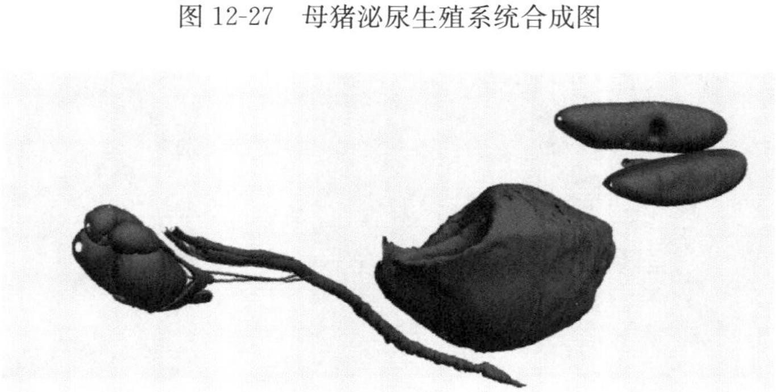

图 12-28　公猪生殖系统合成图

好分开，此图没显示，另为了突出睾丸显示，除去了总鞘膜）。

妊娠 85d 母猪的胎儿合成图见图 12-29。

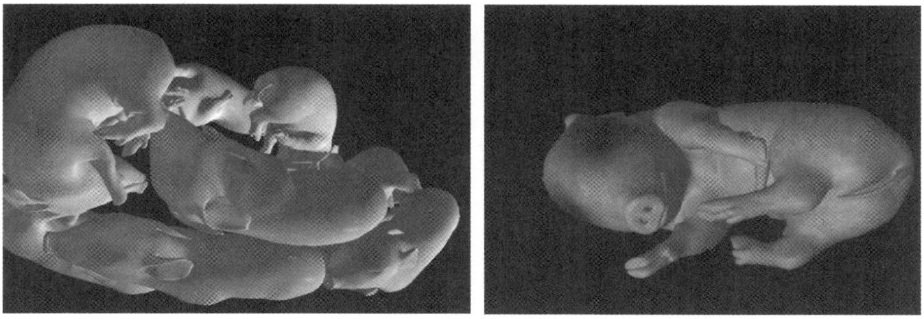

图 12-29　妊娠母猪的胎儿合成图

四、消化系统重建

消化系统多径，多袢结合在一起，壁薄，因肝胆能更好地代表合成特征，这里以肝外观合成图（图 12-30）作为代表。

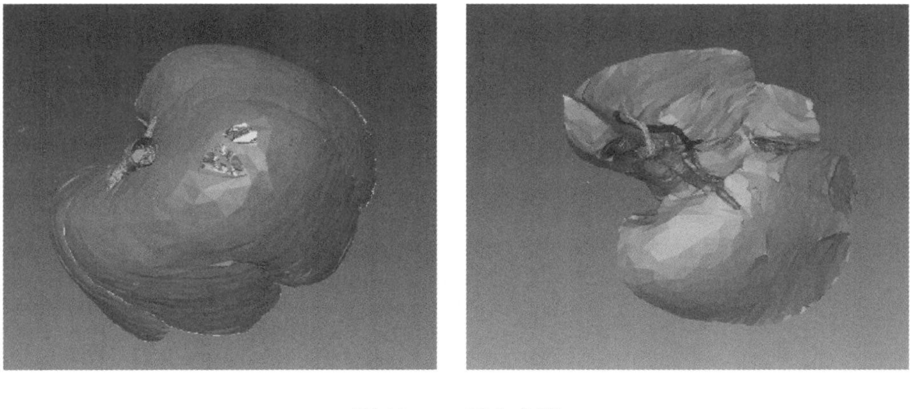

图 12-30　肝合成图

由于循环系统分布在各器官中，形成腔隙，易在各器官中独立表现出，这里以肝脏内的血管分支合成图（图 12-31）、肝表面光滑图（含胆囊）（图 12-32）作为代表。

图 12-31　肝血管分支合成图

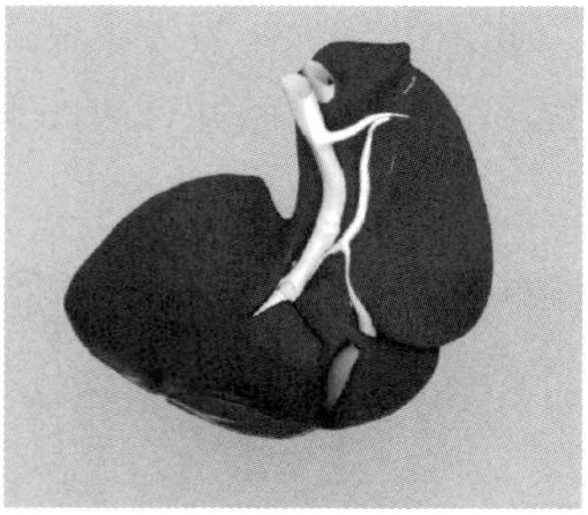

图 12-32　肝表面光滑图

五、循环系统重建

循环系统仅以心脏合成来代表（图 12-33）。

图 12-33　心脏合成图

六、呼吸系统重建

呼吸系统仅以其肺脏作为主要部分代表，如肺脏的合成图（图 12-34）、呼吸系统合成图（图 12-35）。

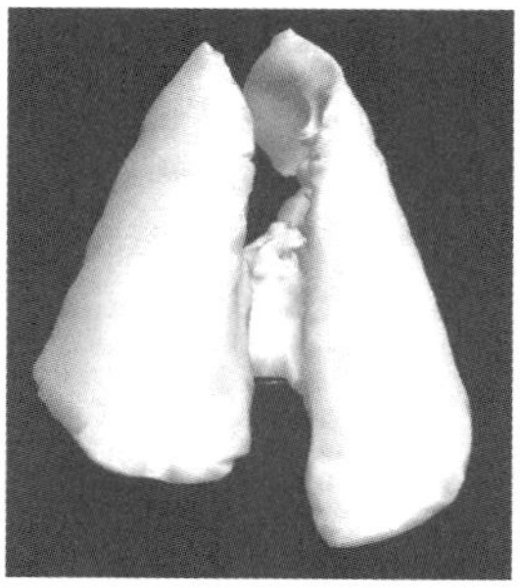

图 12-34　肺脏的合成图

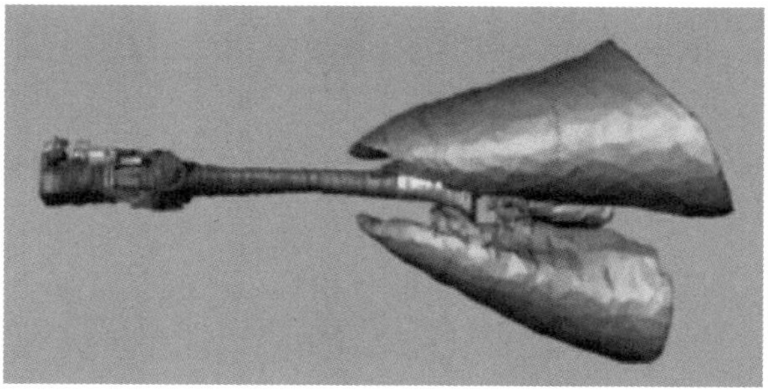

图 12-35　呼吸系统合成图

第四节 数字猪的开发应用

一、数字化猪教学软件的开发

数字化三维模型的建立是基于二维高清晰度、真彩色断面解剖图像进行分割三维重建的，标本为荣昌猪，代表性较好，无器质性损伤。标本经过低温冰冻铣切，在数据采集过程中变形和破坏较小，保证了与实际素材相符性。

人类对社会事物的认识和工具的使用一直喜欢将其掌握在自己手中，通过亲身实际操作来完成相关的模拟练习。因此，将原来的二维的东西通过三维来展现，可实现任意角度旋转、放大缩小，水平、垂直方向上的距离的计算。另外，两点之间的障碍物、剖面轮廓等也能被直观显示。除此之外，还能模拟显示与操作等研究实践。人们可对发生病变部分准确定位，进行小创面手术，超声波以及γ刀、激光定位手术等，还可根据不同动物进行手术器材的研究与开发。

（一）全方位任意剖面的观察

重建软件不仅仅是对分割数据的提取，重要的是能把分割的数据集、采集的色彩实现实时还原，使之能放大、缩小、透明化，还可任意角度旋转，实现对任意器官、组织等进行任意切面的观察。以下为猪整体观察的横断面（图12-36）、额面（图12-37）、矢状面（图12-38）、任意切面（图12-39），可以对猪整体、器官组织的空间位置进行学习。

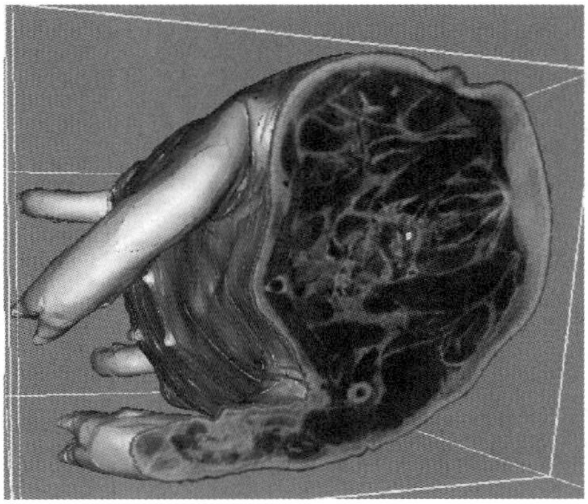

图 12-36 横断面

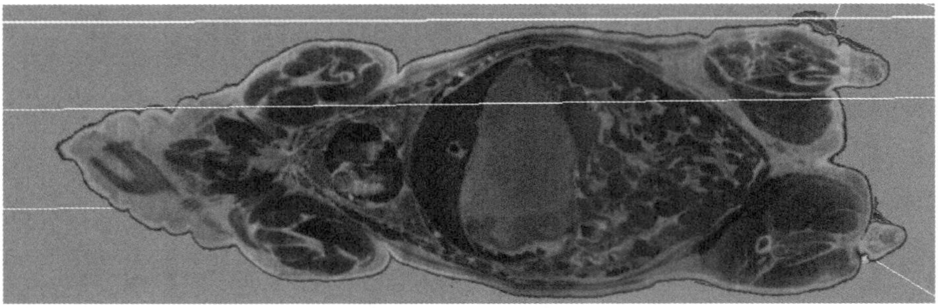

图 12-37 额 面

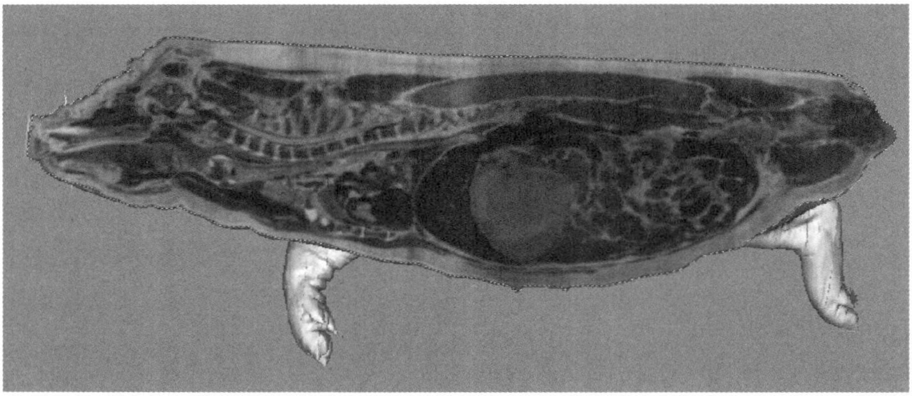

图 12-38 矢状面

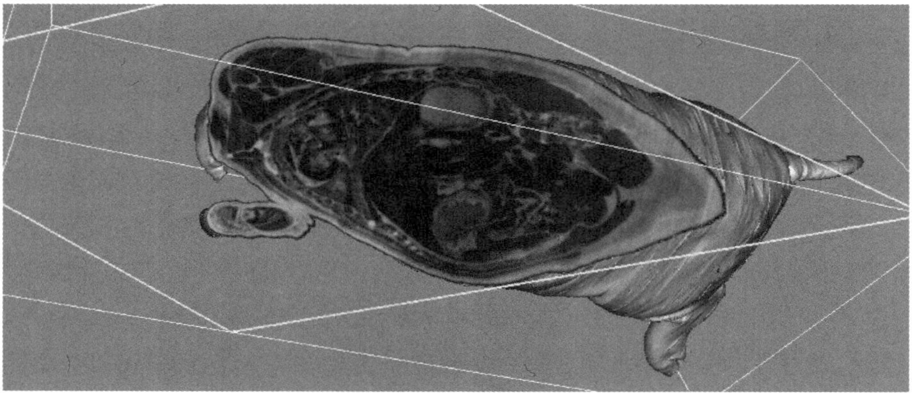

图 12-39 任意切面

（二）任意器官分立观察

学员在个人电脑上对三维重建的数字化模型进行了自由操作，对各脏器、骨骼、肌肉等结构的位置、特征都能快速识别与判定，在本系统中，可以分离出需要了解与学习的相关器官、组织，以便更好地观察其形态特征，相邻及相关器官特征、关系，有助于可视化观察和学习（图 12-40 至图 12-42）。如图 12-40 中第 1 腰椎及尺骨的分离观察，图 12-41 中背最长肌（眼肌）的分离观察，图 12-42 中整体骨骼（除头部）的分离观察。

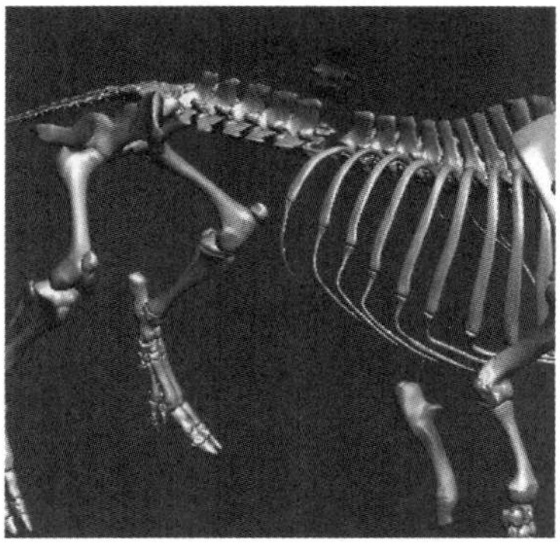

图 12-40　系统中对单独骨的分离并观察

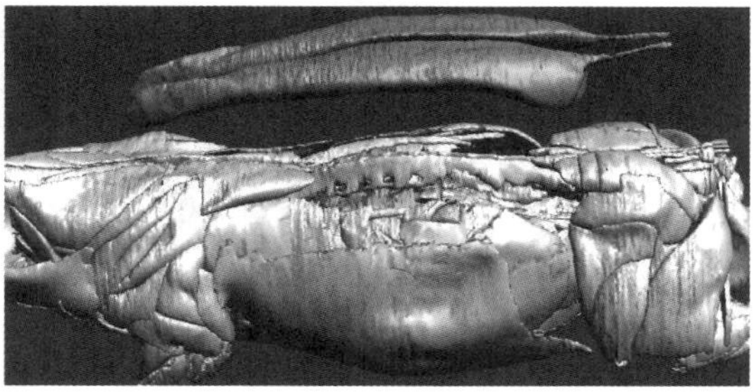

图 12-41　肌肉系统分离并观察

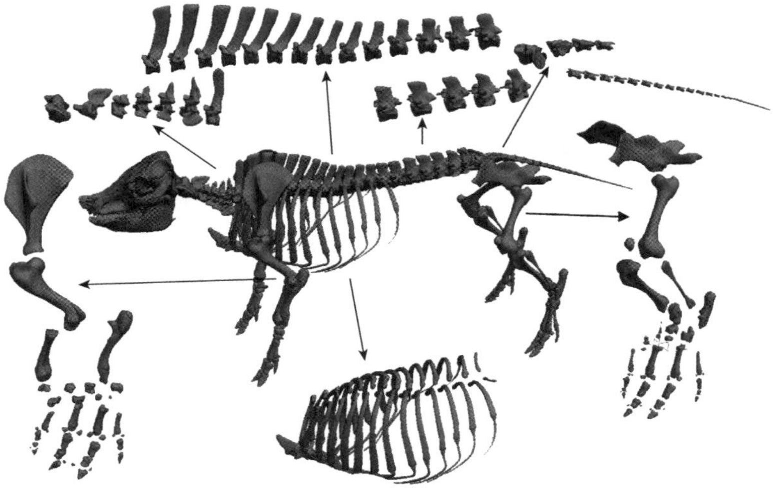

图 12-42　骨架分离

（三）帮助组织器官的深入理解

对于组织器官内部的分离可以更加深入地了解内部结构、相互关系（图12-43），达到器官的灌注模型效果，并能实时与器官实质嵌入，建立模拟真实环境，以帮助、加深理解。

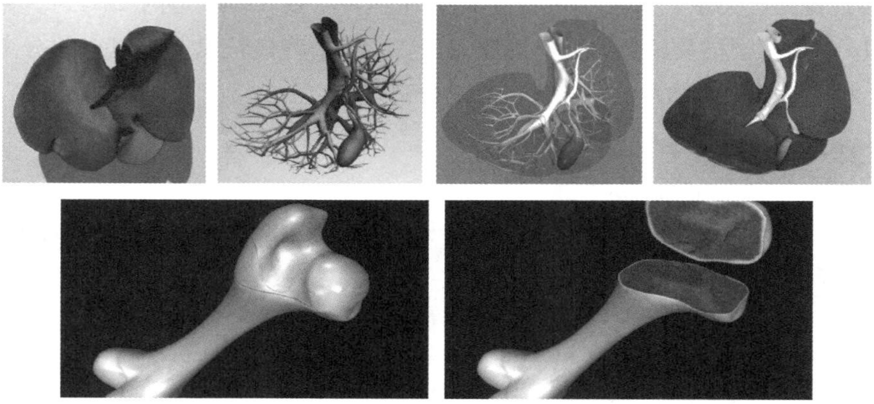

图 12-43　部分模拟的器官、结构模型

为了能达到对所分割数据的更好的理解，实时再现相关器官的功能与作用，在猪结构数据库的基础上，对各系统与各组织器官建立详细的说明，分别对所采集到的信息进行特征、作用、功能等方面说明，结合 3D 功能的实现，以期能达到每一个图标均有详细的注解，能完美地表现出其相邻性、特征、作用、关系性等方面并旁注注解（图 12-44），无论是在教学还是讲演中，都可

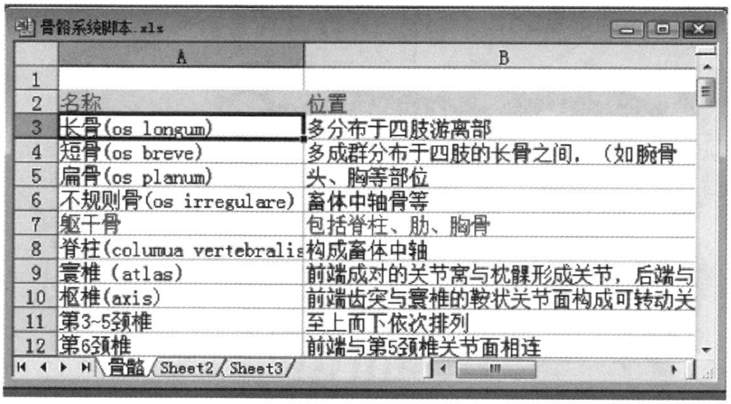

骨骼系统脚本.xls

	A	B
1		
2	名称	位置
3	长骨(os longum)	多分布于四肢游离部
4	短骨(os breve)	多成群分布于四肢的长骨之间，（如腕骨
5	扁骨(os planum)	头、胸等部位
6	不规则骨(os irregulare)	畜体中轴骨等
7	躯干骨	包括脊柱、肋、胸骨
8	脊柱(columua vertebralis	构成畜体中轴
9	寰椎 (atlas)	前端成对的关节窝与枕髁形成关节，后端与
10	枢椎(axis)	前端齿突与寰椎的鞍状关节面构成可转动关
11	第3~5颈椎	至上而下依次排列
12	第6颈椎	前端与第5颈椎关节面相连

骨骼 Sheet2 Sheet3

图 12-44　猪结构数据库

加深对其理解。学习效果较好，电脑上操作三维解剖模型方便、直观，学习环境轻松舒适，能够较轻易地掌握各脏器的三维形态结构和毗邻关系，优于呆板的二维解剖图谱，而且不需直接面对浸泡福尔马林液体的标本，无需吸入有害气体。更重要的是不受标本的限制，可以在任何地方、任何时间段进行学习。

三维数字化模型的建立除使用于医学生的解剖教学外，还可以使用于后期虚拟解剖、虚拟外科手术程序的开发。三维数字化模型同样对于外科医生的术前诊断、术前讨论和手术操作步骤的练习具有很大帮助，有助于医学实习生和低年资医生更加深入地了解局部解剖结构。三维数字化模型毕竟不是实物，无法使用解剖操作工具如镊子和手术刀进行接触感知，所以人们仍然不能放弃传统的尸体标本、解剖实物模型等教学教具，这是三维数字化动物所无法替代的。在以后的解剖学的教学中，三维数字化模型需与传统尸体标本、解剖教具相互结合，相辅相成，相互弥补，才能更好地发挥解剖教学效果，更好地提高学员的学习兴趣。

二、模拟饲养环境，建立虚拟饲养，为饲养管理及营养研究提供平台

建立动物动画模型（图 12-45），模拟猪生活习性、饲养条件及规模、不同条件下单位劳动力的生产量，单位劳动力及机械化条件下模拟养殖、管理、粪污处理等，培训实际生产管理型人才。开发大型虚拟饲养实验平台，供猪生长、育种、营养等全程化研究，根据不同的饲养条件，模拟全程化饲养环境，供科研需要。

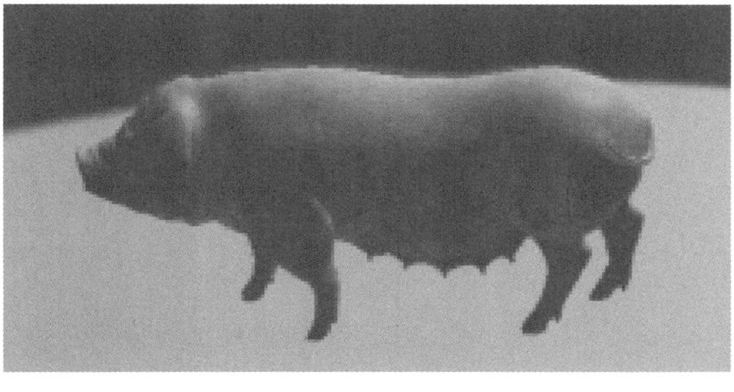

图 12-45　猪动画模型，模拟各种场景

三、病理切片数据库的建立开发

通过对正常猪的了解与学习，容易加深对病理对照，目前生产上看到的一些畸形、病理特征性病变难以及时送到实验室进行分析，通过教学、科研进行病理切片数据库的收集，利用开发的分割与合成软件，易于传递，更好地指导病理特征的学习，不受显微镜、病理图片完整性所局限，易于更好地指导教学、生产服务。

当然目前虚拟猪仅是机体框架，不能看到细胞，不是为细胞学服务。仍需结合病理学解剖、病理图片为疾病研究服务。

第五节　数字猪发展展望

将数字化技术注入传统学习中，开发新产品，无论从装备还是人民生活需求角度都是社会发展的趋势。与数字地球、数字流域、数字城市等数字技术相适应，大力发展和应用适合我国国情的数字制造技术和精密、重大数字装备；特别重视人才队伍建设，大力培养一批具有创新意识、思维活跃、立足国内的从事数字制造基础研究的高科技人才；积极开展数字制造的国际交流和合作，尽快提高我国数字制造的研究水平，实现我国制造业的跨越式发展。

数字化猪的研究还可以模拟不同的生态与气候因素，进行机体的仿真学饲养、应激、疾病等模型研究。

第十三章 荣昌猪分子遗传学基础

第一节 基于全基因组的荣昌猪起源与进化分析

一、基于遗传标记的品种聚类分析

重庆市拥有荣昌猪、渠溪猪、合川猪、罗盘山猪和盆周山地猪 5 个地方猪种。其中，荣昌猪是重庆市 5 个地方猪种中开发利用最深入、最广泛的猪种，于 2000 年和 2006 年先后两次被列入《国家级畜禽遗传资源保护名录》。切实保护这些地方猪种资源，对于我国养猪业的持续健康发展具有重要的战略意义。积极开展地方猪种遗传多样性评估工作是对其进行科学、有效保护的前提和基础。

为了分析重庆 5 个地方猪种的遗传多样性和系统发生关系，白小青等（2010a）选用国际动物遗传学会和联合国粮食及农业组织共同推荐的 27 个微卫星标记，以有效等位基因数（Ne）、期望杂合度（He）和多态信息含量（PIC）等遗传参数为指标，评估了品种内遗传变异；计算了 F 统计量、Nei 氏遗传距离（D_A）和 Nei 氏标准遗传距离（Ds）（表 13-1），进行了非加权配对算术平均法（UPGMA）和邻接法（NJ）聚类分析及主成分分析（图 13-1），探讨了品种间的遗传分化和亲缘关系。结果表明，27 个微卫星座位中共检测到 542 个等位基因，其中 43 个等位基因为单一品种所特有。5 个猪种的遗传多样性丰富：有效等位基因数为9.493 3～11.028 0，期望杂合度为0.889 7～0.909 1，多态信息含量为 0.868 9～0.892 6。F 统计量分析表明，重庆地方猪种遗传分化明显（$P<0.001$），各群体内存在一定程度的

近交。5个猪种聚为两类，荣昌猪、渠溪猪和合川猪为一类，罗盘山猪和盆周山地猪为一类。相关性分析表明，遗传距离与地理距离间无显著的相关（$P>0.05$）。该研究结果为重庆地方猪种的保护和利用提供了重要的理论依据。

表 13-1　5个猪品种间的 D_A 和 D_s

品种	渠溪猪	合川黑猪	荣昌猪	罗盘山猪	盆周山地猪
渠溪猪		0.241 0	0.249 7	0.260 2	0.334 8
合川猪	0.155 8		0.234 6	0.225 1	0.274 3
荣昌猪	0.167 5	0.170 7		0.275 3	0.329 3
罗盘山猪	0.171 9	0.162 9	0.182 7		0.258 8
盆周山地猪	0.185 0	0.168 6	0.187 8	0.172 8	

注：对角线上方为 Ds，对角线下方为 D_A。

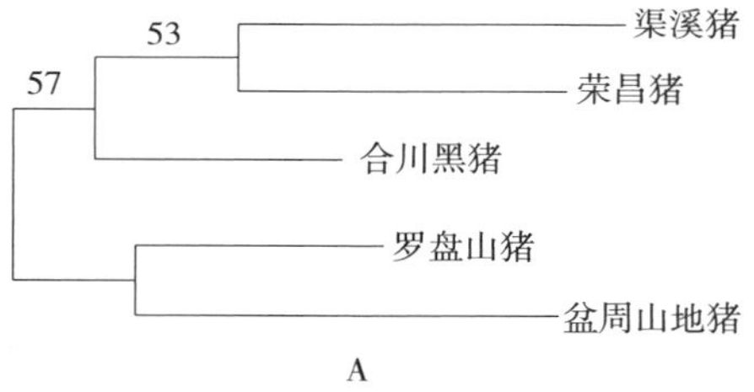

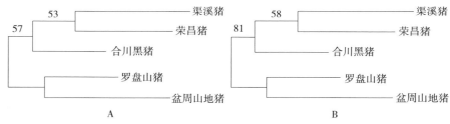

图 13-1　运用邻接法构建的5个猪品种聚类分析

A. D_A　B. Ds

二、荣昌猪线粒体全基因组测序

线粒体基因组因其进化速度快，群体内遗传变异大，成为进行群体遗传进化研究的良好材料。Wang 等（2016）对荣昌猪线粒体全基因组进行了测序。结果发现，荣昌猪线粒体基因组全长16 710bp，包括 34.67% A、26.18% C、25.82% T 和 13.33% G；包含1个主要的非编码保守区域（D-loop 区域）、2个核糖体 RNA 基因、13个蛋白编码基因和22个翻译 RNA 基因。荣昌猪线粒体基因组可为以后的遗传机制和进化基因组提供重要的信息。

三、荣昌猪全基因组重测序分析

随着高通量 DNA 测序技术的飞速发展，猪基因组数据也越来越完善。2010年11月新版基因组数据——*Sus scrofa* 10.0 公布，共包含 2.62Gb 的数据。这是第一个被广泛应用于猪基因组相关研究的高质量参考基因组。2017 年 3 月，利用了 3 代测序技术获得的新版猪参考基因组 *Sus scrofa* 11.1 公布。其前所未有的基因结构完整性和高组装质量极大地加快了猪基因组学研究的步伐。荣昌猪作为我国地方猪种代表，其基因组信息被研究者们深入挖掘。

Chen 等（2017）在荣昌猪群体中选择了 6 头品种特征显著、4 代之内没有血缘关系的个体进行了全基因组重测序。共获得数据 170Gb，测序深度为 5.22～7.35 倍。比对参考基因组共发现 6.50Mb 单核苷酸多态性位点（SNP 位点）。其中，有 47 205 个 SNP 为编码区 SNP，包含了 15 662 个非同义突变。通过对这些非同义突变所在位置的基因进行分析，发现这些基因主要与 G 蛋白偶联受体信号通路（97 个基因），化学刺激感觉（68 个基因）、嗅觉（61 个基因）、嗅觉转导（59 个基因）等相关。

将荣昌猪测序数据结合目前公开数据库公布的 35 个猪品种 107 头个体的重测序数据进行群体遗传学分析，发现荣昌猪聚类于我国西南地区家猪和我国东部地区家猪之间，与我国东部地区家猪的遗传距离更近（图 13-2）。

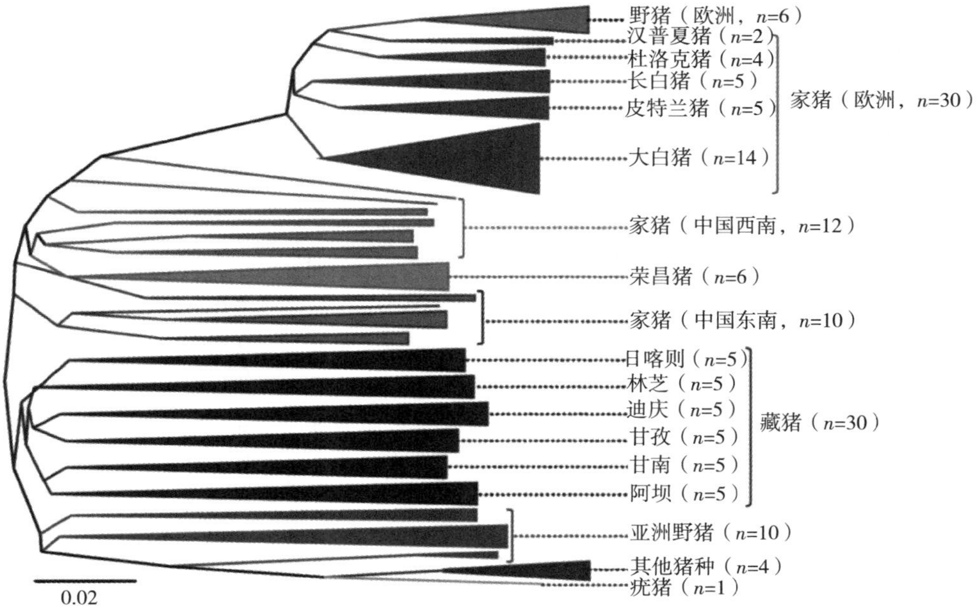

图 13-2 荣昌猪的基因组群体遗传学分析（*n* 代表个数）

群体历史有效含量分析发现荣昌猪的野生祖先不具有四川盆地家猪祖先在第四纪冰河出现的群体大小稳定增加的趋势，反而表现出与我国东部家猪祖先类似的群体大小急剧下降的趋势（彩图种群历史有效群体含量分析）。因此推测，荣昌猪的原产地并不是目前分布的四川与重庆交界的荣昌地区，而可能是随着历史上多次的人口迁移由我国东部地区带入该地的。此结论与荣昌猪原产于荣昌本地的观点存在争论，还需要更多方面的证据支持。

以荣昌猪作为家猪的代表，以 12 头来自不同地区的亚洲野猪作为野生物种的代表，利用全基因组重测序数据进行了选择性分析。通过基因组窗口的 Hp 和 Fst 分值的比较，发现荣昌猪基因组中有 44.86Mb 的区域受到了选择作用。这些区域中一共有 449 个蛋白编码基因。通过功能聚类分析，筛选出了 3 类具有重要生物学意义的基因分类，分别是生长、发育相关激素调控，神经系统发育，药物代谢（表 13-2）。

表 13-2　荣昌猪基因组受选择基因的功能分类分析

分类	功能描述	基因数（个）	*P* 值	基因分类
GO-BP：0010648	细胞信号传递的负向调控	13	0.007	—
GO-BP：0007242	细胞内信号级联	40	0.011	
GO-BP：0048009	胰岛素样生长因子受体信号途径	3	0.015	激素调整
GO-MF：0017046	肽类激素结合	4	0.018	
GO-MF：0042562	激素结合	5	0.019	
GO-MF：0005158	胰岛素受体结合	4	0.020	
GO-BP：0051960	神经系统发育的调控	10	0.022	神经系统发育
GO-BP：0032868	胰岛素刺激应答	6	0.033	激素调控
GO-BP：0050769	神经发生的正向调控	5	0.037	神经系统发育
GO-BP：0050767	神经发生的调控	8	0.040	
GO-BP：0045664	神经元分化的调控	7	0.041	
GO-BP：0010975	神经元投射发育的调控	5	0.041	
KEGG-Pathway：00983	药物代谢	4	0.041	药物代谢
GO-BP：0006396	RNA 加工	19	0.046	—
GO-BP：0010720	细胞发育的正向调控	5	0.047	激素调控
GO-MF：0019899	酶结合	18	0.049	—
GO-BP：0009725	激素刺激应答	14	0.049	激素调控

四、全基因组 De Novo 测序

为了从基因组结构变异的水平方面发现并解释荣昌猪的特性，Li 等（2017）利用从头组装的 De Novo 测序对荣昌猪及其他 9 个品种进行了基因组组装。结果发现，与参考基因组相比，荣昌猪基因组中包含 84 062 段新序列，总长度达到 137.88Mb，涉及 1 064 个基因。这些序列除了包含参考基因组组装中被遗漏的部分，也包含了荣昌猪特有的基因组区域。通过与其他 9 个同时开展从头组装的猪种相比，发现有 49 个基因是荣昌猪特有的，另外还有 144 个基因是在其他 9 个猪种中的部分品种中发现的，剩余的 871 个基因是所有 10 个被从头组装的猪种都同时具有的，这一共同具有的部分可被认为是参考基因组组装中被遗漏的部分。

通过基因组选择性分析发现，荣昌猪这 49 个特异基因分布于荣昌猪基因组中受到品种特异性选择压力的 2.81Mb 的区域。这些区域内包含的8 000余个 SNP，其中 86.5%表现为纯合状态。利用分布于这些基因中的 SNP 计算各品种两两之间的序列相似性可以发现，荣昌猪和其他所有品种的相似度最低，表明荣昌猪在这些基因上具有特殊的等位基因和单倍型，说明荣昌猪基因组的这些区域受到了非常强烈的选择性清除作用。这种选择有可能来自原产地特殊的自然环境，更有可能来自荣昌猪选育过程中人类特殊的育种需求（彩图荣昌猪基因组中受到特异性选择的基因）。因此编者推测这些基因可能和荣昌猪特有的品种特征有关。通过基因功能聚类分析发现，这些基因中包含了多个与脂肪沉积相关的基因。

De Novo 测序最适宜发现基因组的结构变异。对荣昌猪 De Novo 测序数据的分析结果表明，荣昌猪的基因组结构上也表现出了一定的特异性。这种在基因组结构方面的特异性也广泛存在于其他猪种之间，说明在家猪品种形成的过程中，伴随着大量的基因组结构变异，这种结构变异产生的遗传效应和伴随的表型改变往往较 SNP 和插入缺失标记（INDel）等突变更为巨大。这段结构变异区域在各个猪种中的同源性虽然是相对较高的，但依然可以发现多个特异性基因的出现。这些基因并不完全出现在所有品种中，它们的插入或缺失导致了基因组结构的变化，也有可能会导致表型的变化。此外，基因组结构变化不仅仅表现在基因间排列关系上，也体现在基因内的外显子数量及分布上。如 *ALPK3* 基因在荣昌猪、大白猪、巴克夏猪、梅山猪、皮特兰猪和金华猪上由 14 个外显子

组成；而在八眉猪、长白猪、汉普夏猪和藏猪上则缺失了多个外显子（彩图 *ALPK3* 基因组装细节和受选择的变异）。

第二节　基于转录组学的研究进展

一、荣昌猪不同年龄阶段肝脏转录组测序与分析

Gan 等（2015）通过对荣昌母猪 0 日龄（初生期）、21 日龄（哺乳期）和 2 岁（成年期）3 个年龄阶段 9 个肝脏组织进行形态学分析，并采用转录组测序（RNA-seq）技术进行文库构建和 RNA-seq 分析，得到如下结果：

（1）在组织学层面可以观察到，初生期的肝脏组织胞质呈水肿、空泡样变明显，胞质内容物较少；哺乳期的肝细胞空泡样变明显减少，胞质内容物明显；成年期肝细胞没有空泡样变，内容物丰富。

（2）在 9 个 RNA-seq 链特异性测序文库中，总共获得约 118Gb 的原始数据和 7.86 亿条原始读段。经过数据预处理后大约 7.82 亿条高质量读段和 117.2Gb 的高质量的测序数据被保留。经过质量过滤后，平均每个文库获得 13.02Gb 的数据（表 13-3）。

表 13-3　RNA-seq 数据统计

样品名称	原始读序量（条）	高质量读序量（条）	能多次被比对上的数据量（条）	唯一被比对上的数据量（条）	比对率（%）
初生 1	74 479 374	74 252 018	12 369 192	44 075 908	64.70
初生 2	90 894 032	90 623 828	15 837 625	55 988 837	68.60
初生 3	83 930 360	83 368 976	13 201 348	49 220 314	62.30
哺乳期 1	94 711 830	94 110 188	13 607 345	59 955 730	67.30
哺乳期 2	73 110 710	72 633 114	11 586 208	45 823 135	67.80
哺乳期 3	91 428 098	90 829 760	12 576 511	58 834 677	67.70
成年 1	96 949 100	96 684 610	12 384 755	62 675 774	68.00
成年 2	96 356 280	95 882 434	13 357 499	63 162 920	71.40
成年 3	83 881 994	83 015 596	10 193 610	55 624 674	71.20

（3）共计获得了 6 743 个候选 lncRNA 转录本（FPKM>0.1）。基因区内（genic）lncRNA 3 179 个，基因间区内（intergenic）lncRNA 2 586 个，无法确定位置关系的 lncRNA 978 个。约 69.33%的 lncRNA 的表达量（FPKM）

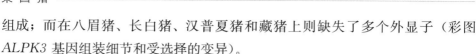

小于 1。

（4）聚类分析和主成分分析　为了进一步评估链特异性 RNA-seq 文库的重复性以及获得的转录本是否可靠、可信及可用于后续分析，对获得的 mRNA 基因和 lncRNA 做层次聚类和主成分分析。mRNA 和 lncRNA 的表达谱均呈现明显的特定发育模式。3 个年龄阶段完全地被聚成了两大类，一类代表初生期，另一类则是哺乳期和成年期（图 13-3）。这种聚类模式不仅反映了生物学重复之间的变异性较小，而且反映了不同年龄阶段猪肝脏组织本质性的生物化学和生理学差异。

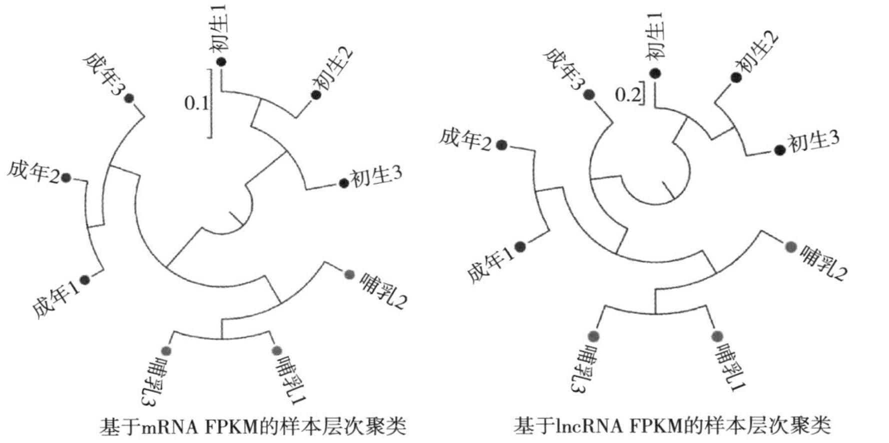

图 13-3　个体间聚类分析

利用主成分分析（principal components analysis，PCA）探索肝脏生长过程功能性转录组和调控性转录组变化的影响。结果显示，mRNA 转录组和 lncRNA 转录组表达量的变化能很好地与 3 个年龄阶段一致，表明了肝脏的发育对功能性转录组和调控性转录组在出生后 3 个年龄阶段的变化有实质性的影响。这个结果与层次聚类的结果一致（图 13-4）。

（5）lncRNA 转录组差异分析　通过对 3 个年龄阶段肝脏组织间两两差异表达的非编码 RNA（在不同年龄阶段之间 FPKM 比值的 $\log_2$ 值≥1 或≤−1，且 $P<0.05$）的表达量进行差异分析发现：肝脏组织初生期与哺乳期共有 321 个 lncRNA 差异表达，其中 128 个 lncRNA 在初生期表达较高，193 个 lncRNA 在哺乳期表达较高；初生期与成年期共有差异表达的 lncRNA 631 个，其中初生期较高表达的 208 个，成年期表达较高的 423 个；哺乳期与成年期有

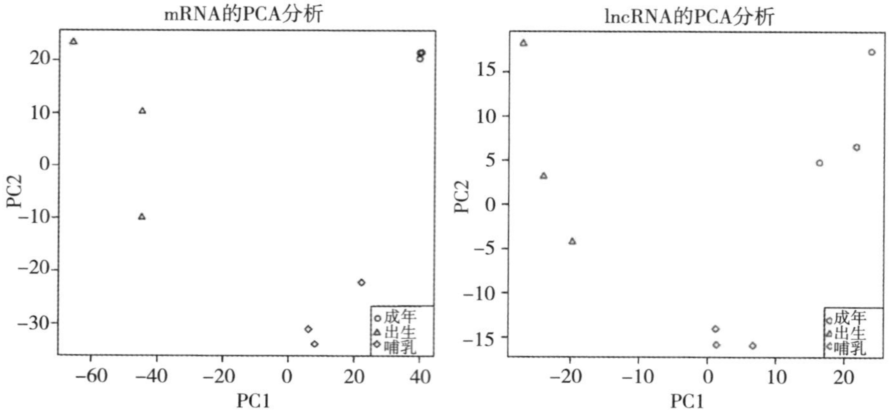

图 13-4　个体间主成分分析

294 个 lncRNA 差异表达，其中哺乳期表达较高的有 106 个，成年期表达较高的有 188 个（图 13-5）。

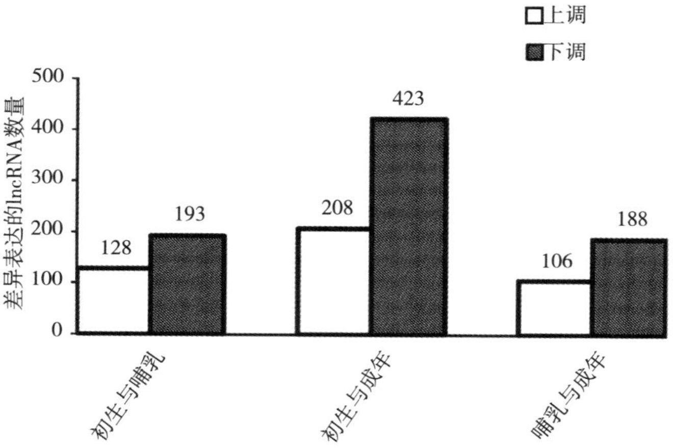

图 13-5　不同年龄阶段差异表达的 lncRNA 数目

该研究还采用顺式（cis）和反式（trans）两种预测手段对鉴定出的 3 个年龄阶段中高表达的 lncRNA 进行功能预测。初生期高表达的 87 个 lncRNA 的通路和功能主要集中于异源物质代谢过程（$n=5$，$P=9.96\times10^{-4}$）、氧化还原反应（$n=17$，$P=8.76\times10^{-5}$）、脂类代谢过程（$n=18$，$P=8.92\times10^{-4}$）、脂质羟基化（$n=3$，$P=4.47\times10^{-4}$）、类固醇（$n=8$，$P=8.41\times10^{-4}$）、有丝分裂 G1/S 期过渡（$n=16$，$P=2.95\times10^{-6}$）。对哺乳期高表达的 lncRNA 与所有哺

乳期表达的编码基因进行表达量相关分析，共鉴定出1 392个极显著相关（$r \geqslant 0.9$ 或者 $r \leqslant -0.9$）的 mRNA，其中代表性的通路有：mRNA 稳定性调节（$n=24$，$P=4.30\times10^{-5}$）、蛋白酶体介导泛素依赖的蛋白催化过程（$n=28$，$P=0.023\ 163$）、遍在蛋白泛素化（$n=27$，$P=0.013\ 891$）。对成年期高表达的 lncRNA 与所有成年期表达的编码基因进行表达量相关分析，共鉴定出 1 130 个极显著相关（$r\geqslant0.9$ 或者 $r\leqslant-0.9$）的 mRNA，其中代表性的通路有氧化还原反应（$n=60$，$P=5.78\times10^{-4}$）、细胞表面受体信号通路（$n=32$，$P=0.010\ 8$）、碳水化合物代谢过程（$n=22$，$P=0.049\ 61$）。

二、荣昌猪和野猪脂肪和肌肉组织的比较转录组研究

脂肪组织和肌肉组织是猪重要经济性状的研究对象，也是分子育种的重要研究热点。脂肪在动物体全身广泛存在，是储存能量和进行脂肪代谢的主要场所，同时也是人体最大的免疫器官；肌肉组织是身体重要的部分，在身体代谢及免疫方面起着重要的作用，同时，骨骼肌的收缩和舒张是身体运动的主要原因，在当代猪育种方面也是重要的考虑因素之一。猪作为最早被人类驯化的动物之一，驯化前后在形态学、行为学、代谢学等方面都表现出极大不同，以猪为动物模型研究人的进化及生理病理状态也是很好的途径。

Zhang 等（2013）采用基因芯片技术对 210 日龄荣昌猪、藏猪、长白猪的不同类型骨骼肌（红肌和白肌）、不同性别（雌雄）中的 mRNA 表达量差异进行研究。结果显示，红肌（腰肌）与白肌（背最长肌）相比，白肌主要调控代谢进程，红肌则表现出具有炎症和免疫相关疾病的风险。3 个品种进行比较发现，表达差异基因主要集中在蛋白质代谢和 RNA 代谢通路上。其中肌肉生长抑素（MSTN）基因在荣昌猪中的表达水平最高，长白猪的最低；肌细胞生成素（MYOG）基因则在藏猪中最高，在荣昌猪中最低。

四川农业大学李学伟课题组（未发表）利用 RNA-seq 技术分别对 3 头荣昌猪和 3 头亚洲野猪（均为雌性）的皮下脂肪组织和背最长肌进行 RNA-seq，并结合生物信息学的基础对所测数据进行挖掘。

通过建库测序，荣昌猪（RC）和亚洲野猪（WB）的脂肪组织和肌肉组织总的 12 个 RNA 测序文库一共获得约 574Mb 原始读段，其中平均每个文库获得（47.8±4.57）Mb 的原始数据，分析发现约有 94.37%的原始读段达到质控标准并被保留下来作为高质量读段，并且绝大部分（75.25%～80.38%）的

高质量读段可以比对到猪参考基因组（表 13-4）。

表 13-4　荣昌猪和亚洲野猪脂肪和肌肉组织 RNA-seq 测序数据

样品名	原始读段（个）	高质量读段（个）	高质量碱基
RC1-SAT _ 1	27 602 594	26 175 540	2.62Gb
RC1-SAT _ 2	27 602 594	26 175 540	2.62Gb
RC2-SAT _ 1	24 133 483	22 208 002	2.22Gb
RC2-SAT _ 2	24 133 483	22 208 002	2.22Gb
RC3-SAT _ 1	29 283 092	27 777 941	2.78Gb
RC3-SAT _ 2	29 283 092	27 777 941	2.78Gb
WB1-SAT _ 1	23 471 315	22 145 186	2.21Gb
WB1-SAT _ 2	23 471 315	22 145 186	2.21Gb
WB2-SAT _ 1	25 178 791	26 318 624	2.63Gb
WB2-SAT _ 2	25 178 791	26 318 624	2.63Gb
WB3-SAT _ 1	20 152 283	19 019 725	1.90Gb
WB3-SAT _ 2	20 152 283	19 019 725	1.90Gb
RC1-LDM _ 1	23 974 271	22 365 597	2.24Gb
RC1-LDM _ 2	23 974 271	22 365 597	2.24Gb
RC2-LDM _ 1	21 472 459	19 792 180	1.98Gb
RC2-LDM _ 2	21 472 459	19 792 180	1.98Gb
RC3-LDM _ 1	21 308 628	20 181 402	2.02Gb
RC3-LDM _ 2	21 308 628	20 181 402	2.02Gb
WB1-LDM _ 1	22 732 676	21 398 268	2.14Gb
WB1-LDM _ 2	22 732 676	21 398 268	2.14Gb
WB2-LDM _ 1	27 506 754	24 495 423	2.45Gb
WB2-LDM _ 2	27 506 754	24 495 423	2.45Gb
WB3-LDM _ 1	20 268 624	19 038 319	1.90Gb
WB3-LDM _ 2	20 268 624	19 038 319	1.90Gb

通过 TopHat 将各文库组装出的转录本与公共数据库（NCBI RefSeq 和 ensembl transcripts）进行比对，然后进一步通过表达量将低拷贝（RPKM<0.05）的转录本去除，在 12 个文库中共鉴定出 19 021 个可靠的 mRNA 转录本。进一步分析发现，在荣昌猪和野猪的脂肪组织、荣昌猪和野猪的肌肉组

织、荣昌猪的脂肪组织和肌肉组织、野猪的脂肪组织和肌肉组织中呈现出共表达模式的 mRNA 分别有 17 084 个、16 187 个、16 396 个和 16 486 个，具有组织特异性的 mRNA 为 541～1 476 个（图 13-6）。

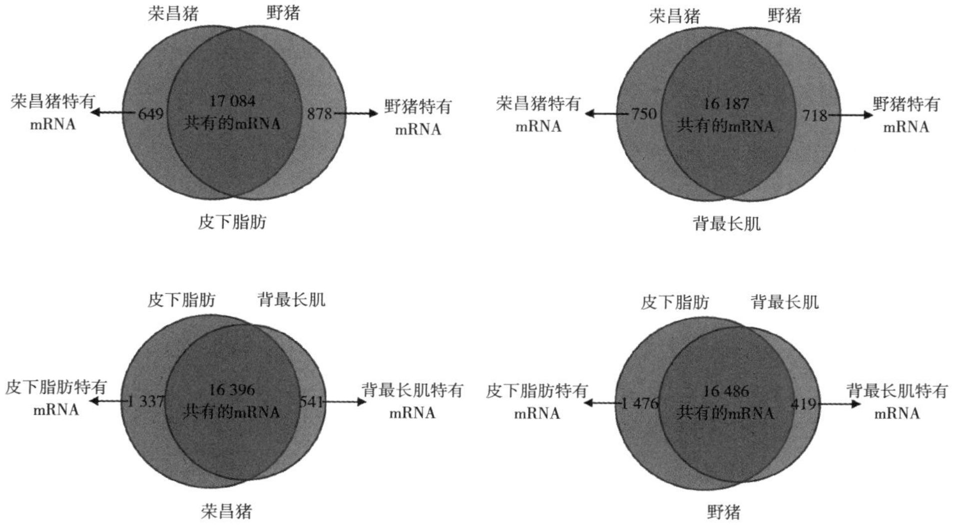

图 13-6　不同猪种和组织所鉴定的 mRNA 的维恩图

利用 Cuffdiff 软件对两种不同猪种的脂肪及肌肉组织的 mRNA 进行差异分析，其鉴定结果见表 13-5。结果表明，荣昌猪和亚洲野猪在脂肪组织中共有1 235个差异表达的 mRNA，在肌肉组织中则有 361 个，其中分别有 552 个和 137 个在荣昌猪中高表达，而有 683 个和 224 个在亚洲野猪中高表达。在 1 235个脂肪差异表达转录本中有 1 016 个已知的转录本、219 个新鉴定的转录本；在 361 个肌肉差异表达转录本中有 257 个已知的转录本、84 个新鉴定的转录本。

表 13-5　不同猪种和组织 mRNA 差异表达的转录本

样品名称	差异表达转录本的数量		
	差异转录本总数	上调转录本数量[a]	下调转录本数量[b]
RC-SAT VS WB-SAT	1 235	552	683
RC-LDM VS WB-LDM	361	137	224

注：a 为荣昌猪相对亚洲母猪高表达的差异转录本；b 为荣昌猪相对亚洲野猪低表达的差异转录本。

在对转录本进行差异分析后，进一步对不同猪种的脂肪和肌肉组织的差异转录本进行聚类分析（彩图不同猪种和组织差异表达 mRNA 的层次聚类分析）。分别利用 1 235 个和 361 个差异表达的 mRNA 都可以很好地将相同组织的不同物种聚集为两簇，同时物种内部的 3 个生物学重复也很好地聚集在一起，结果符合理论知识。聚类结果也表明，本实验所鉴定出来的差异表达的转录本能很好地反映出相同组织不同物种之间的转录本差异情况，也表明本实验的生物学重复的可靠性。

对差异 mRNA 进行功能富集分析，发现荣昌猪的脂肪组织和亚洲野猪的脂肪组织之间差异表达 mRNA 主要富集于免疫相关代谢、哮喘、肌原纤维形成、糖分解代谢等生物学过程中。同时，荣昌猪的肌肉组织和亚洲野猪的肌肉组织之间的差异 mRNA 主要富集于甘氨酸、丝氨酸和苏氨酸代谢、糖代谢、细胞骨架形成等生物学过程中（彩图荣昌猪-野猪差异表达 mRNA 转录本的基因本体功能富集分析）。

三、荣昌猪和野猪大脑转录组分析

动物的驯化过程导致驯化后的群体与它们的野生祖先相比，在形态、脾气秉性、繁殖等方面发生剧烈的变化。大脑是脊椎动物中枢神经系统的高级部位，是生命机能的主要调节器。Long 等（2018）以荣昌猪和野猪的大脑为研究对象，通过 RNA-seq 技术检测了荣昌猪和野猪大脑的 mRNA 表达谱，鉴定新的 mRNA 转录本、可变剪切、单核苷酸变异（SNVs）和插入/缺失（INDELs）；通过差异分析筛选出荣昌猪和野猪的大脑组织中差异表达的基因，分析了关键基因与两者生物学差异的关系。利用 RNA-seq 技术测定了 2 个组织的转录组，共获得 234Mb、测序读长为 100bp 的双末端序列，产生大约 23.38Gb 的数据，共鉴定出 116 466 个表达转录本，其中荣昌猪中有 57 797 个、野猪中有 58 669 个，并在荣昌猪和野猪中分别发现了 7 968 个和 8 062 个新转录本；分析 2 个转录文库的序列变异共发现 37 899 个可变剪切、16 559 个 SNVs 和 1 481 个 INDELs 变异（表 13-6）。

表 13-6　荣昌猪和亚洲野猪 RNA-seq 数据注释统计（个）

项目	荣昌猪	野猪
原始序列数	118 289 876	115 467 160
总比对到基因组的序列数	93 073 918	94 553 682

（续）

项目	荣昌猪	野猪
唯一比对到基因组的序列数	86 911 890	88 504 876
多处比对到基因组的序列数	6 162 028	6 048 806
未比对到基因组的序列数	25 215 958	20 913 478
表达的转录本	57 797	58 669
新转录本	7 968	8 062
总剪接位点	81 846	80 328
可变剪切基因	19 006	18 893

在两个品种的大脑组织中，共检测到 18 225 个蛋白编码基因，其中 16 982个基因在两个品种中共表达、639 个基因在家猪中特异性表达、604 个基因在野猪中共表达。通过功能富集分析发现，家猪特异性表达的基因主要富集在免疫应答（$P=3.6\times10^{-3}$）、药物代谢（$P=7.7\times10^{-4}$）、细胞色素 P450 介导的外源性化学物质代谢（$P=2.5\times10^{-2}$）等通路上；野猪特异性表达的基因主要富集在嗅觉转导（$P=1.7\times10^{-2}$）、G 蛋白偶联受体结合（$P=2.3\times10^{-2}$）、G 蛋白偶联受体信号通路（$P=8.8\times10^{-3}$）和信号转导（$P=3\times10^{-2}$）等通路上（图 13-7）。

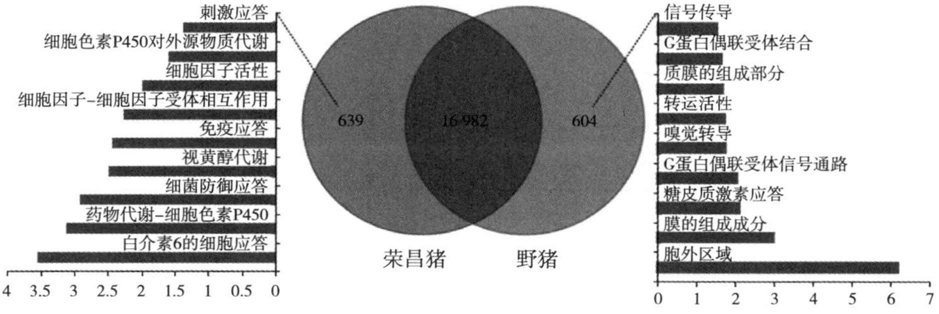

图 13-7　荣昌猪和亚洲野猪大脑组织表达的基因

对在两个文库中表达量最高的 10 个转录本进行分析，由于有部分转录本在两个文库中共同高表达，最终共分析了 13 个转录本，结果如表 13-7 所示。从表 13-7 中可见，最高表达的转录本表达量与本研究设置的最低的转录本表达量（FPKM<0.05）有 6 个数量级的差异。在两个文库中表达量最高的 13 个转录本中，除 ENSSSCG00000024853 为微小 RNA（microRNA，

简称 miRNA）外，其余 12 个转录本均为线粒体 mRNA。其中线粒体基因 ATP6的表达量最高。这些线粒体 mRNA 编码构成呼吸链复合物单元的 13 种蛋白，参与能量代谢。本研究还发现，ENSSSCG00000018734、ENSSSCG00000006806 和 ENSSSCG00000024287（U6 剪接体 RNA）只在野猪中高表达，其中 ENSSSCG00000018734 和 ENSSSCG00000006806 为新基因，说明这 3 个基因的表达可能与野猪的某些特异性状相关。

表 13-7　荣昌猪和亚洲野猪大脑中表达量最高的 13 个转录本

转录本号	位置	长度（bp）	荣昌猪（FPKM）	野猪（FPKM）	基因名
ENSSSCG00000018081	chrM：9120-9800	681	45 137.1	59 181.3	*ATP6*
ENSSSCG00000018080	chrM：8959-9162	204	40 679.8	48 645.4	*ATP8*
ENSSSCG00000018078	chrM：8203-8890	688	26 638.8	31 957.3	*CO2*
ENSSSCG00000018075	chrM：6511-8055	1 545	25 011.7	28 055.3	*CO1*
ENSSSCG00000018082	chrM：9800-10583	784	24 805.6	29 562.2	*Co3*
ENSSSCG00000018063	chrM：2274-3844	1 571	20 820.9	23 571.1	—
ENSSSCG00000018084	chrM：10653-10998	346	14 221.2	18 090.2	*ND3*
ENSSSCG00000024853	chr6：870446-870551	106	11 088.2	17 748.9	*ssc-mir-4332*
ENSSSCG00000018086	chrM：11069-11365	297	9 834.5	11 170.4	—
ENSSSCG00000018087	chrM：11359-12736	1 378	8 486.6	10 469.3	*ND4*
ENSSSCG00000018094	chrM：15342-16481	1 140	8 233.5	10 575.1	*CYTB*
ENSSSCG00000018065	chrM：3922-4878	957	6 449.7	8 177.7	*ND1*
ENSSSCG00000018092	chrM：14739-15266	528	6 101.3	7 791.8	*ND6*

差异基因分析筛选出 403 个在荣昌猪和野猪中差异表达的基因，通过功能富集（GO/pathway）分析，将这些差异基因富集到多个功能项，其中药物代谢、细胞间信号传导和激素代谢等功能项与荣昌猪和野猪的生理特征相关（表 13-8）。约有 50%的富集通路与免疫相关，其中药物代谢（drug metabolism，$P=2.44\times10^{-5}$）相关的基因均在荣昌猪中有较高的表达量。关键基因 *AOX1*、*IL1B* 及 *LAG3* 的表达差异反映了荣昌猪与野猪的免疫特征；与神经传导相关的关键基因 *GALR2* 和 *MPZ* 在野猪中的高表达分别使得野猪具有更强的抗压抗应激能力以及更快更敏锐的反应速度；与糖类代谢相关的关键基因

SI 反映了野猪采食的日粮多为高淀粉低脂的事实；孕激素依赖的 *CYP26A1* 与繁殖性能息息相关；*CYP26A1* 基因在荣昌猪中的表达量较野猪高，这与荣昌猪的高繁殖性能相吻合。通过此研究，探讨了荣昌猪和野猪表型差异的分子机制，筛选出了在荣昌猪和野猪间差异表达的基因以及有较大研究价值的 GO 和 pathway，可为荣昌猪和野猪的相关研究提供新的参考数据，同时也为家养动物起源与驯化的研究提供参考。

表 13-8　荣昌猪和亚洲野猪差异表达基因的功能富集分析

功能分类	通路描述	基因数（个）	*P* 值
GO-BP	GO：0033014～四吡咯生物合成过程	8	0.002 181
GO-BP	GO：0006779～卟啉生物合成过程	8	0.002 181
GO-BP	GO：0006281～DNA 修复	44	0.002 903
GO-BP	GO：0009410～对外源刺激的反应	8	0.005 301
GO-BP	GO：0050878～体液水平调节	25	0.005 509
GO-BP	GO：0006289～核苷酸切除修复	13	0.006 421
GO-BP	GO：0033554～细胞对压力的反应	75	0.006 861
GO-BP	GO：0045765～血管生成调节	14	0.007 611
GO-BP	GO：0006952～防御反应	80	0.008 233
GO-BP	GO：0051648～囊泡定位	10	0.008 38
GO-BP	GO：0006805～外源代谢过程	7	0.010 473
GO-BP	GO：0045766～正调控血管生成	8	0.010 951
GO-BP	GO：0046148～色素生物合成过程	10	0.011 942
GO-BP	GO：0002791～肽分泌的调节	11	0.012 65
GO-BP	GO：0006775～脂溶性维生素代谢过程	9	0.012 919
GO-BP	GO：0051650～囊泡定位的建立	9	0.012 919
GO-BP	GO：0055114～氧化还原	81	0.014 425
GO-BP	GO：0034284～单糖刺激的反应	11	0.014 689
GO-BP	GO：0009746～己糖刺激反应	11	0.014 689
GO-BP	GO：0008643～糖运输	13	0.014 739
GO-BP	GO：0006974～对 DNA 损伤刺激的反应	51	0.015 212

四、荣昌猪胸腺转录组分析

为探索荣昌猪抗病性状的免疫学基础，赵久刚等（未发表）对荣昌猪胸腺表达的基因转录组进行了研究。以长白猪作为参考动物，利用 RNA-seq 的方法对其免疫器官的基因表达进行分析。分别采集了荣昌猪和长白猪 2 公 2 母每组 4 头共 8 头新生仔猪的胸腺组织进行 RNA-seq，每个样本获得了大于 3Gb 以上的原始数据，经过测序数据质量分析、基因差异表达分析、GO/pathway 富集分析及蛋白互作网络分析，获得了 45 个在不同猪品种间表达差异显著的免疫相关基因，其中包含了细胞信号胞外识别、免疫抵抗等相关生理过程的基因。另外获得了 7 个在不同性别间表达量差异显著的免疫力相关基因（图 13-8）。

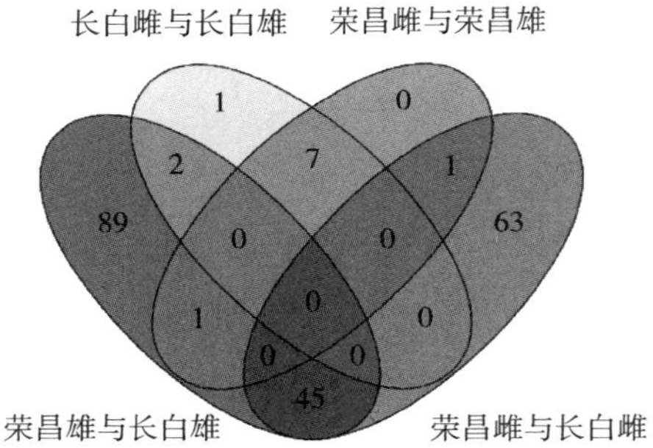

图 13-8　转录组候选基因筛选维恩图

第三节　基于表观遗传学的研究进展

一、荣昌猪基因组表观遗传修饰研究

DNA 甲基化（DNA methylation）是最早发现的表观遗传修饰途径之一，是一种最常见的表观修饰方式，存在于包括原核生物和真核生物在内的大多数生物体的基因组中。机体有建立和维持 DNA 甲基化的机制，甲基化水平的降低可使基因的调控能力下降。DNA 甲基化通过与反式作用因子相互作用或通过改变染色体结构而影响基因的表达，在胚胎发育、X 染色体失活、基因组印记等方面起着重要作用。DNA 甲基化为哺乳动物的发育、遗传性疾病和肿瘤的发生、生物进化、性状的遗传控制等的研究提供了新的途径。

白小青等（2010b）在建立高效液相色谱分离技术体系的基础上，以荣昌猪和渝荣Ⅰ号猪配套系为实验动物，研究了公、母猪之间基因组DNA甲基化含量的差异，不同生长发育阶段肝脏、心脏和半膜肌3种组织基因组DNA甲基化含量变化情况，以及渝荣Ⅰ号猪配套系A系、C系、CB系的耳组织基因组DNA甲基化含量，为阐明DNA甲基化在猪生长发育过程中和组织特异基因表达模式的表观遗传调控作用提供了基础数据。

（一）荣昌猪不同生长发育阶段和组织类型与基因组DNA甲基化水平的关系

采用高效液相色谱（HPLC）法分别检测了荣昌猪去势公猪心脏、肝脏、半膜肌3种组织在10kg、20kg、35kg、50kg、80kg和100kg体重阶段基因组DNA的甲基化水平，分别以体重和组织类型为影响因素进行单因素方差分析。结果见表13-9至表13-12，与10kg体重阶段的基因组DNA甲基化水平相比，3种组织基因组DNA甲基化水平均随个体体重的增加而呈下降趋势，但不同组织下降的幅度不同：心脏基因组DNA甲基化水平在35kg时开始明显下降（$P<0.01$），到100kg体重时下降了44.00%（表13-9）；肝脏基因组DNA甲基化水平在80kg体重时开始明显下降（$P<0.05$），到100kg体重时下降了26.07%（表13-10）；半膜肌基因组DNA甲基化水平在20kg体重时开始明显下降（$P<0.01$），到100kg体重时下降了60.78%（表13-11）。半膜肌的基因组DNA甲基化水平在10kg体重时显著高于心脏（$P<0.05$），极显著高于肝脏（$P<0.01$），在20kg体重时极显著低于心脏和肝脏（$P<0.01$）；肝脏的基因组DNA甲基化水平在35kg体重时显著高于半膜肌（$P<0.05$），在50kg和80kg体重时极显著高于心脏和半膜肌（$P<0.01$），在100kg体重时显著高于心脏（$P<0.05$），极显著高于半膜肌（$P<0.01$）（表13-9）。因此认为，体重大小是猪基因组DNA甲基化水平的重要影响因素之一。DNA甲基化水平在肝脏与半膜肌间具有组织特异性，而在心脏与肝脏间、心脏与半膜肌间是否具有组织特异性与体重大小明显相关。

表13-9　不同体重荣昌猪心脏基因组DNA的甲基化水平

体重（kg）	样本数	甲基化水平（%）
10	6	3.877 ± 0.164^{aA}
20	8	3.796 ± 0.354^{abAB}

（续）

体重（kg）	样本数	甲基化水平（%）
35	9	3.127 ± 0.293^{cC}
50	10	2.574 ± 0.249^{dD}
80	6	2.230 ± 0.155^{eDE}
100	6	2.171 ± 0.254^{eE}

注：同一列数据后标有相同小写字母表示差异不显著（$P>0.05$）；小写字母不同且有相同大写字母表示差异显著（$P<0.05$）；小写字母不同且大写字母不同表示差异极显著（$P<0.01$）。以下表格相同。

表 13-10　不同体重荣昌猪肝脏基因组 DNA 的甲基化水平

体重（kg）	样本数	甲基化水平（%）
10	11	3.847±0.362aA
20	9	3.772 ± 0.313^{abA}
35	6	3.481 ± 0.356^{abAB}
50	9	3.457 ± 0.405^{abAB}
80	10	3.389 ± 0.744^{bcAB}
100	5	2.844 ± 0.312^{dB}

表 13-11　不同体重荣昌猪半膜肌基因组 DNA 的甲基化水平

体重（kg）	样本数	甲基化水平（%）
10	6	4.740 ± 1.013^{aA}
20	12	2.770 ± 0.909^{bB}
35	10	2.663 ± 0.936^{bcB}
50	12	2.073 ± 0.891^{bcB}
80	8	1.990 ± 0.803^{bcB}
100	8	1.859 ± 0.599^{cB}

表 13-12　相同体重荣昌猪不同组织基因组 DNA 甲基化水平比较

组织	体重（kg）					
	10	20	35	50	80	100
心脏	3.877 ± 0.164^{bAB} (6)	3.796 ± 0.354^{A} (8)	3.127 ± 0.293^{ab} (9)	2.574 ± 0.249^{B} (10)	2.230 ± 0.155^{B} (6)	2.171 ± 0.254^{bAB} (6)
肝脏	3.847 ± 0.362^{bB} (11)	3.772 ± 0.313^{A} (9)	3.481 ± 0.356^{a} (6)	3.457 ± 0.405^{A} (9)	3.389 ± 0.744^{A} (10)	2.844 ± 0.312^{aA} (5)

（续）

组织	体重（kg）					
	10	20	35	50	80	100
半膜肌	4.740±1.013[aA] (6)	2.770±0.909[B] (12)	2.663±0.936[b] (10)	2.073±0.891[B] (12)	1.990±0.803[B] (8)	1.859±0.599[bB] (8)

注：括号中的数据为样本数。

（二）不同猪品种基因组DNA甲基化水平的差异

应用HPLC法检测了90头30日龄渝荣Ⅰ号猪配套系A系、C系、CB系猪耳组织基因组DNA的甲基化程度，探讨品系间DNA甲基化水平的差异。结果显示（表13-13），A系、C系、CB系猪仔猪耳基因组DNA甲基化水平分别为2.491 6%、2.597 1%和1.059 8%，其中以C系最高，A系次之，且两者间差异不显著；CB系最低，且极显著低于A系和C系。

表13-13　不同猪种间耳基因组DNA中5-mC的相对含量

品种	头数	5-mC/5-mC+dC（%）
A系	30	2.491 6±0.043 3[a]
C系	30	2.597 1±0.031 4[a]
CB系	30	1.059 8±0.127 0[b]

注：同列肩标不同大写字母表示差异极显著（$P<0.01$）；dC为基因组中非甲基化的胞嘧啶。

（三）荣昌猪性别间基因组DNA甲基化水平的差异

应用HPLC法检测了96头30日龄荣昌猪仔猪（公母各半）耳组织全基因组DNA的甲基化程度，探讨性别间DNA甲基化水平的差异。结果显示（表13-14），仔公猪、仔母猪的DNA甲基化含量分别为4.296%和3.902%，在统计上无显著差异（$P>0.05$）。研究结果证实性别不是影响荣昌猪仔猪DNA甲基化状态的主要因素。

表13-14　不同性别基因组DNA中5-mC相对含量

性别	头数	5-mC/5-mC+dC（%）
公	48	4.296±0.303[a]
母	48	3.902±0.323[a]

注：dC为基因组中非甲基化的胞嘧啶。

二、肌肉和脂肪组织DNA甲基化程度分析

Li等（2012）对210日龄荣昌猪、藏猪和长白猪的脂肪组织和肌肉组织的各组织甲基化水平进行分析发现，荣昌猪和藏猪脂肪组织启动子区域的差异甲基化区域与长白猪相比更接近；而在肌肉组织中，与荣昌猪相比，藏猪与长白猪更接近；脂肪沉积相关基因FTO启动子区域的甲基化程度在肌肉和脂肪组织中均为荣昌猪最低、长白猪最高。

Zhang等（2016）对210日龄荣昌猪和长白猪背部皮下脂肪的组成和全基因组DNA甲基化状态进行了比较分析。发现长白猪的背部皮下脂肪中的多不饱和脂肪酸含量较高，而荣昌猪中脂肪细胞的体积较大。全基因组DNA甲基化分析发现，长白猪背部皮下脂肪中的总甲基化水平较荣昌猪高。共有483个差异甲基化区域存在于启动子区域，主要作用于嗅觉、感觉和脂肪代谢相关区域。在长白猪中，三磷酸腺苷酶（ATPase）活性相关基因的启动子区域甲基化显著增强，可能意味着较低的能量代谢水平。此外，发现miR-4335和miR-378启动子的差异甲基化（DMR）区域存在差异甲基化，这可能是导致长白猪饱和脂肪酸和脂肪沉积量低水平的原因。这一结果为表观遗传机制作用于脂肪沉积和脂肪酸组成提供了一个有力的证据。

三、肌肉、脂肪组织转录谱的甲基化模式差异

N6-甲基腺苷（m6A）是较高级真核生物mRNA的一种最优先的内在修饰形式，人们已经在几个物种中通过定位m6A甲基化谱揭示了对可逆的m6A甲基化在mRNA上的可能的调节功能。m6A修饰可通过改变甲基化谱来调控活性基因的表达，继而在组织特异事件、应答改变中的细胞或物种生活环境中发挥作用。Tao等（2017）采用了RNA甲基化（m6A）免疫共沉淀高通量测序（MeRIP-Seq）技术在野猪、长白猪和荣昌猪中获得了第一个肌肉和脂肪组织的转录组m6A猪转录谱。结果显示，在肌肉和脂肪组织转录组中分别有5 872个和2 826个m6A峰。其中，终止编码子3′-UTR区（非编码区）和编码区为m6A峰主要富集区。GO分析显示核基因的m6A峰普遍与转录因子相关。还有一些基因显示出与组织和品种相关的差异甲基化，并产生了新的生物学功能。该研究提供了第一个RNA m6A修饰在脂肪沉积和肌肉生长方面的综合的图谱。

四、不同年龄阶段荣昌猪肝脏转录组、6-甲基腺嘌呤修饰及全基因组 DNA 甲基化的差异分析

四川农业大学李学伟课题组通过采集 0 日龄（初生期）、21 日龄（哺乳期）和 2 岁（成年期）的荣昌母猪的肝脏，通过 m6A 测序（m6A-seq）、亚硫酸盐测序（BS-seq）及化学氧化结合重亚硫酸盐测序（OxBS-seq）技术分别获得了上述 3 个年龄阶段肝脏组织的转录组的 m6A、5mC 和 5hmC 的修饰图谱。主要结果如下：

（一）不同年龄阶段肝脏 RNA 表观遗传修饰

利用 m6A-seq 技术，该研究共测定了包括初生期（0 日龄）、哺乳期（21 日龄）和成年期（2 岁）3 个年龄阶段的猪肝脏组织在内的 9 个样品 m6A 甲基化情况。结果表明：3 个阶段均能检测到的 m6A 修饰位点个数为 5 848 个，初生期、哺乳期及成年期特异性 m6A 修饰位点分别为 1 323 个、534 个、589 个（图 13-9）。

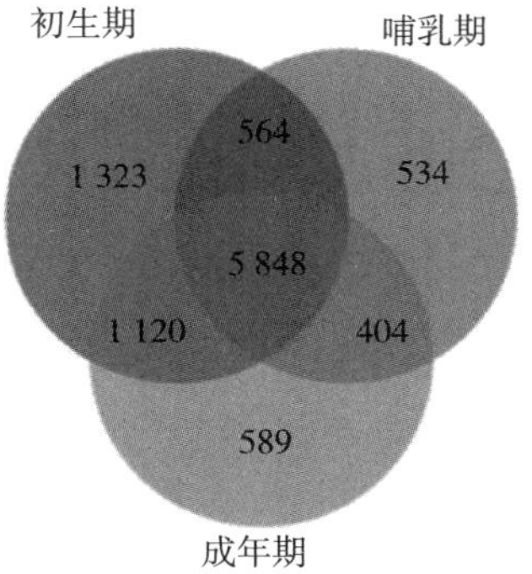

图 13-9　不同年龄段荣昌猪肝脏 RNA m6A 表观修饰情况
（资料来源：Shen，2017）

（二）m6A 修饰的拓扑特征

在肝脏转录 m6A 修饰的单个基因转录本中，m6A 修饰位点的数目可以达到 14 个以上。并且，大部分（74.60%）修饰的基因至少含有 1 个或者 2 个 m6A 峰；含有 3 个以上修饰位点的基因数目占总的修饰基因数目的 25.40%（图 13-10）。在大多数（78.90%）检测到的峰中都含有 m6A 经典模体序列。

其中出现频率最高的模体序列是 GGm6ACC（21.99%）和 GGm6ACT（21.80%）（图 13-10）。

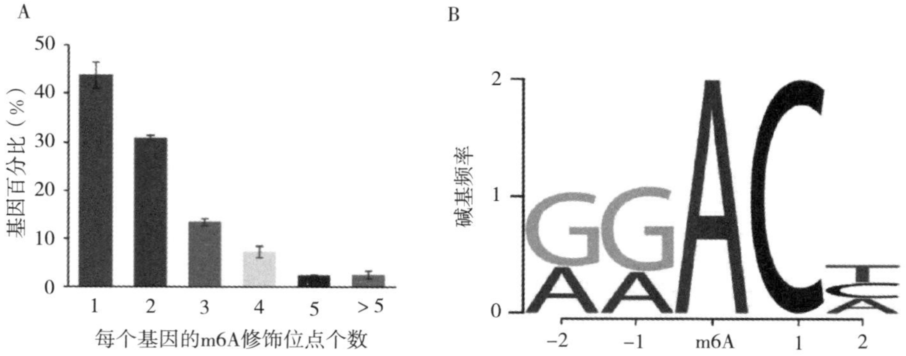

图 13-10 荣昌猪肝脏 m6A 甲基化修饰分析

注：A. 包含不同个数的 m6A 修饰位点的基因所占的比例。基因百分比指含修饰位点的基因数目占总修饰基因数目的百分比。B. 最常见的 m6A 修饰的共有模体序列（RRm6ACH）。共有序列用软件 DREME（version：4.10.2）检测。字母 A、T、C、G 代表碱基。横坐标代表被修饰模体的序列组成，字母大小代表该碱基在该位置出现的频率高低。纵坐标代表碱基在该位置出现的频率。

（资料来源：Shen，2017）

（三）m6A 修饰与基因特征、表达的关系

该研究通过绘制每个区段 m6A 位点同 m6A 修饰基因表达量的函数关系曲线来确定猪肝脏组织中的 RNA 水平的 m6A 修饰是否同修饰基因的表达量存在潜在调控关系。如图 13-11 所示，每一个区段都表现出了非单调的函数关系模式。这种非单调的函数关系表明 m6A 修饰的基因大部分都具有中等的表达水平。

（四）m6A 修饰基因参与重要的生物学功能调控

对 3 个年龄阶段持续性受到 m6A 修饰的 3 481 个基因的功能富集分析发现，这些持续性受到 m6A 修饰的基因显著地（$P<0.05$，Benjamini Hochberg 矫正）富集至重要的生物学功能调控通路中：RNA 代谢过程（$n=951$，$P=2.38\times10^{-17}$）、转录调控（$n=745$，$P=1.50\times10^{-13}$）、信号转导调节（$n=581$，$P=8.74\times10^{-14}$）和生物合成（$n=1\ 045$，$P=2.65\times10^{-18}$）。此

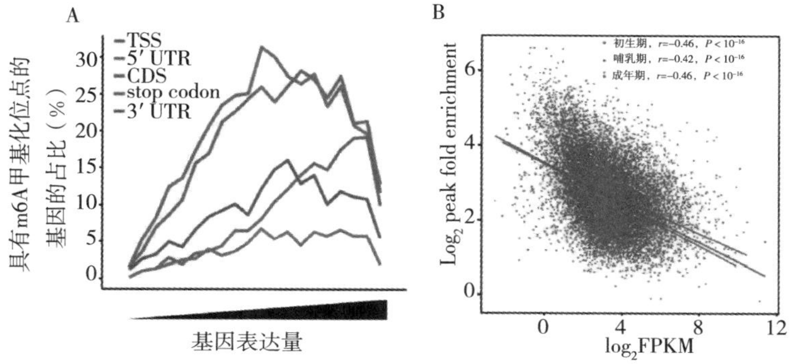

图 13-11　m6A 甲基化与其修饰基因的表达之间的关系

注：A. 基因组的每一类组成中检测到 m6A 甲基化的基因比率与其表达水平之间的关系。具有 m6A 甲基化位点的基因的占比指具有 m6A 甲基化位点的基因占总修饰基因的百分比；TSS：转录起始位点；5′UTR 为 5′非转录区；CDS 为编码区域；stop codon 为终止密码；3′UTR 为 3′非转录区。B. 不同年龄阶段 m6A 甲基化峰富集程度与相应基因的表达丰度之间的关系。$\log_2$ peak fold enrichment 代表 m6A 甲基化峰的富集程度；$\log_2$FPKM 代表各基因的表达丰度。

（资料来源：Shen，2017）

外，一些 m6A 修饰的基因参与细胞分化和肝脏生长发育相关的调控，如调节细胞分化（n=333，P=3.21×10^{-5}）、肝胆系统发育（n=42，P=0.005 1）和肝脏发育（n=40，P=0.011 29）（彩图细胞分化与肝脏发育相关基因的基因本体功能富集分析）。

第四节　功能基因组研究

一、荣昌猪的毛色遗传机理探索

毛色是猪品种的重要特征之一。荣昌猪的典型毛色为眼圈周围为黑毛，躯体其他部位为白毛。毛色的形成是一个极其复杂的生物学过程，包括黑色素细胞的起源、黑色素的合成、黑色素颗粒的形成和运输及毛的着色等，其中涉及诸如 Agouti 信号蛋白、肥大细胞生长因子受体、黑素皮质素受体和酪氨酸酶家族等众多的遗传调控因子。

（一）*KIT* 基因

肥大细胞生长因子受体是一种跨膜蛋白，属于酪氨酸激酶受体家族。其在特定的细胞（成黑色素细胞和黑色素细胞）中表达，对黑色素细胞的形成、成熟及增殖迁移有重要的调控作用。肥大细胞生长因子受体由 *KIT* 基因编码，长白猪、大白猪等全白毛色品种的白毛色主要由 *KIT* 基因的突变引起的。为了探究荣昌猪的毛色形成机理，白小青（2004）以杜洛克猪、长白猪、大白猪为对照，采用聚合酶链式反应-单链构象多态性（PCR-SSCP）和 Sanger 测序的方法分别检测了荣昌猪 *KIT* 基因内含子 17 和内含子 18 的序列。结果发现荣昌猪 *KIT* 基因内含子 17 的序列在第 122 个碱基处为 G，没有发生全白毛色长白猪、大白猪的 G 到 A 的突变；内含子 18 的序列中也不存在核苷酸序列 AGTT 的缺失。因此推测荣昌猪在 *KIT* 基因上的可能基因型为 $I^{P}I^{P}$、$I^{P}i$ 或 ii。该结果与传统的显性白理论存在明显的对立：全白色的荣昌猪在表型上与全白色的长白猪、大白猪并无异处，但是其遗传本质上却完全不同。这充分说明，荣昌猪的白色并非受传统的显性白等位基因控制。相似的结果在 Shi 等（2005）的研究中也得到验证。*KIT* 基因跨度很大，由 21 个外显子组成，仅编码区总长度达2 919 bp。因此，Shi 等推理，*KIT* 基因的 G 到 A 的突变和 AGTT 的缺失并非是导致白毛色的唯一决定性突变，*KIT* 基因其他区域或许存在决定性突变。另外，考虑到影响黑色素形成的基因众多，而且存在互作，因此其他毛色位点也可能对荣昌猪全白毛色的形成有一定影响。Lai 等（2007）也对 93 个无亲缘关系的荣昌猪的 *KIT* 基因的复制子和空缺突变进行了分析，结果显示荣昌猪中 *KIT* 基因只有一个单拷贝，且在内含子 17 的第一个核苷酸位置上无导致剪切的突变，暗示 *KIT* 基因显性白 I 位点不是荣昌猪白毛表型的决定位点。对 *KIT* 基因的 mRNA 进行鉴定发现，在荣昌猪和国外白猪之间，*KIT* 基因有 3 个假定的氨基酸替代，但它们与荣昌猪的白色表型的关系未知。

同时，白小青等（2007）又以皮特兰猪、棕色杜洛克猪、白色杜洛克猪、长白猪、大白猪、渝荣 I 号配套系 B 系猪、荣昌猪、盆周山地猪共 8 个品种（系）98 头猪为试验材料，利用焦磷酸测序技术检测了猪 *KIT* 基因第 17 内含子区第一核苷酸处 G 到 A 突变的比例，推测了这些品种猪在 *KIT* 基因座位上的基因型或基因型组合。结果表明，A/A+G 呈现明显的品种特征：棕色杜洛克猪、盆周山地猪、荣昌猪、皮特兰猪 *KIT* 基因 A/A+G 均在 20%以下，在扣除因为核苷酸 A 作为测序反应底物而引起的背景信号后认为这 4 个品种未发生 G 到 A 的突变。结合毛色特征，推测棕色杜洛克猪和盆周山地猪在 *KIT* 基因座位上的基因型为 ii，荣昌猪、皮特兰猪在 *KIT* 基因座位上的基因

型为 I^PI^P、I^Pi 或 ii。白色杜洛克猪、大白猪、长白猪、渝荣Ⅰ号配套系B系猪 *KIT* 基因 A/A+G 检测比值呈现散在分布。通过探讨 *KIT* 基因和毛色的关系，该研究同样证实荣昌猪的全白毛色并非受传统的显性白等位基因控制。

（二）*TYR* 基因

黑色素的形成涉及酪氨酸的氧化，而酪氨酸酶是酪氨酸氧化过程中的关键酶。酪氨酸酶由白化位点的酪氨酸酶基因（tyrosinase，*TYR*）编码，后者发生功能性突变会使动物产生白化表型，因此酪氨酸酶可能对猪白毛色的形成有重要影响。白小青等（2004a）设计了 5 对引物对荣昌猪的 *TYR* 基因进行了 PCR 扩增，并用单链构象多态分析（SSCP）方法进行了多态性检测。结果发现荣昌猪的 *TYR* 基因外显子 1 呈多态，其余 4 个外显子均呈单态。经测序发现，*TYR* 基因外显子 1 的多态是由起始密码子上游第 46 位的碱基 G 突变成 A 造成的，并未找到与荣昌猪的各种毛色类型对应的决定性突变。

（三）*MC1R* 基因

Lai 等（2007）对 93 个无亲缘关系的荣昌猪 *MC1R* 基因的遗传变异和毛色表型的关系进行了检测，发现荣昌猪显示出与我国其他地方品种同样的显性黑（E^{D_1}）位点，结合前文 *KIT* 基因的结果，可以推测荣昌猪并没有显性白的 *KIT* 位点，而是具有显性黑的 *MC1R* 位点，阐明了荣昌猪的白色表型对非白表型是隐性的。这一结果提供了一个很好的研究荣昌猪白毛色突变机制的切入点。同时该结果也支持了之前得到的我国猪和国外猪有独立的驯养起源的理论。

二、荣昌猪生长性状遗传机理探索

垂体特异性转录因子 1（POU1F1）是调控垂体生长激素（GH）、催乳素（PRL）、促甲状腺激素（TSH-β）亚基转录的重要反式作用因子，对动物正常的生长发育具有重要的生理意义。Song 等（2007）对包括荣昌猪在内的 11 个我国地方猪和 4 个国外瘦肉型猪种的 *POU1F1* 基因的第一内含子进行序列多态性检测，发现该内含子中有 23 个变异，其中包括 1 个长 313bp 的插入缺失标记。进一步对这一插入缺失标记进行检测发现，在荣昌猪、藏猪、民猪等 5 个猪种中没有 AA 和 AB 基因型存在，而在皮特兰猪和长白猪中没有 BB 基因型存在，特别是在杜洛克猪中所有检测的 19 个个体全部为 AA 基因型。随后在一商业群体中进行分析发现，该 AA 基因型与出生重呈正相关关系。

三、荣昌猪肉质相关性状遗传机理研究

（一）肉质相关基因分子特征及遗传多态性研究

1. 心脏脂肪酸结合蛋白（H-FABP）基因　张桂香等（2002）选用 *Hinf* Ⅰ、*Hae* Ⅲ和 *Msp* Ⅰ 3 种限制性内切酶研究了包括荣昌猪在内的 9 个不同品种猪的 *H-FABP* 基因的聚合酶链式反应-限制性片段长度多态性（PCR-RFLP）。结果发现，*Hinf* Ⅰ-RFLP 存在于 5′-上游区域，以 *Hinf*H Ⅰ-RFLP 表示，*Hae* Ⅲ-RFLP 存在于第 2 内含子中。此外还在第 2 内含子中发现一个新的多态位点 *Hinf*B Ⅰ-RFLP，酶切位点的等位基因分别为：*Hinf* Ⅰ H 等位基因（339bp＋172bp＋98bp＋59bp＋25bp）和 h 等位基因（339bp＋231bp＋98bp＋25bp）；*Hae* Ⅲ D 等位基因（683bp＋117bp＋16bp）和 d 等位基因（405bp＋278bp＋117bp＋16bp）；*Hinf* Ⅰ B 等位基因（527bp＋227bp＋47bp＋32bp）和 b 等位基因（527bp＋264bp＋32bp）。在荣昌猪中只在 5′-上游区的 *Hinf* Ⅰ-RFLP 位点上发现多态，等位基因 H 的频率为 0.76。Pang 等（2006）同样利用 PCR-RFLP 技术对包括荣昌猪、大白猪、长白猪、杜洛克猪、野猪等 9 个猪种共 265 头猪的 *H-FABP* 基因 5′-上游区和第 2 内含子内的遗传变异进行了研究。结果表明，在 *Hinf* Ⅰ-RFLP 位点上，上述猪种和野猪均表现出多态性，其中，杜洛克猪、长白猪、内江猪、荣昌猪为中度多态；而在 *Hae* Ⅲ-RFLP 和 *Msp* Ⅰ-RFLP 位点上，仅内江猪、荣昌猪、汉江黑猪和八眉猪为单态，表现为 AA 型。

2. 钙蛋白酶抑制蛋白（*CAST*）基因　程丰（2004）利用 PCR-RFLP 技术对杜洛克猪（50 头）、原种荣昌猪（65 头）、内江猪（38 头）、新荣昌猪Ⅰ系猪（72 头）的 *CAST* 基因进行多态分析，并就限制性酶切位点多态性与嫩度、肉色、滴水损失、失水率、大理石纹和肌内脂肪含量等肉质性状之间的相关性进行了研究，发现杜洛克猪、内江猪、荣昌猪在 *Hinf* Ⅰ、*Msp* Ⅰ、*Rsa* Ⅰ均存在多态性，基因频率处于不平衡状态。杜洛克猪、内江猪、荣昌猪的优势基因型分别为 ABCCEF、AACCEE、AACCFF，并且差异极显著（$P<0.01$）；对新荣昌猪Ⅰ系猪 *CAST* 基因多态性与肉质性状进行性状关联分析，

发现 *CAST-Hin*f Ⅰ 酶切位点各基因型在大理石纹值性状上差异显著（$P<0.05$），在 *CAST-Msp* Ⅰ 酶切位点各基因型在肌脂含量性状上差异极显著（$P<0.01$），*CAST-Rsa* Ⅰ 酶切位点各基因型间失水率值差异显著（$P<0.05$），对 2 种位点和 3 种位点同时进行酶切基因型分析发现，荣昌猪优势基因型 AACCFF 表现出较好的肌内脂肪含量、较低的失水率和较好的大理石纹值。

3. 透明质酸酶基因簇 *HYAL1*、*HYAL2*、*HYAL3*　Gatphayak 等（2004）鉴定了猪透明质酸酶基因簇 *HYAL1*、*HYAL2*、*HYAL3*，发现猪的互补 DNA（cDNA）和蛋白序列与人的同源性分别为 *HYAL1* 85%和 81%，*HYAL2* 87%和 89%，*HYAL3* 86%和 83%。猪的透明质酸酶蛋白之间的同源性约为 40%，都定位于 SSC13q21，该区段总共有 7 个 SNP 位点。对 *HYAL1* 和 *HYAL3* 中的 4 个 SNPs 在 295 头猪（包括 9 个欧洲猪种和 6 个我国猪种）进行了频率估计。在 *HYAL1* 的 C633T SNP 位点处汉普夏猪和姜曲海猪品种之间的等位基因频率并没有显著差异，但汉普夏猪个体与姜曲海猪和荣昌猪个体之间有显著差异。*HYAL3* 的 SNP C588T 位点显示出在汉普夏猪和姜曲海猪、荣昌猪中有显著的差异，但姜曲海猪和荣昌猪中无差异。

4. 硬脂酰辅酶 A 去饱和酶（*SCD*）基因　Ren 等（2004）对猪 *SCD* 基因在 9 个外来猪种和包括荣昌猪在内的 5 个我国地方猪种中的多态性进行了分析，发现了 5 个单核苷酸多态性，但并未在荣昌猪中进行进一步的分析。

5. 猪兰尼定受体（*RYR1*）基因　朱砺等（2005）对新荣昌猪Ⅰ系猪的肌纤维面积、胴体性能和肉质性状进行了分析，结果表明新荣昌猪Ⅰ系猪肉质优异，保持了原有地方品种（荣昌猪）肉质优良的特性。同时运用 PCR-RFLPs 的方法对新荣昌猪Ⅰ系猪 *RYR1* 基因进行了检测，发现猪群中存在 T 基因型的分布，且其遗传分布符合哈迪-温伯格平衡。T 基因型表现出显著增加肌纤维面积、提高胴体品质和降低肉质性状表现的遗传效应，尽管新荣昌猪Ⅰ系猪中 TT 基因型个体肉质有所下降，但并没有表现出典型的 PSE 肉特征，说明 T 基因外显率不完全。对肌纤维面积与胴体和肉质性状间的相关性进行分析，发现肌纤维面积的增大与胴体品质间具有正相关，而与肉质性状间则呈负相关。

6. 解偶联蛋白（*UCP*）基因 2、3　Li 等（2007）对包括荣昌猪在内的 15 个猪种的 *UCP* 基因 2 和 3 进行缺失检测，在猪 *UCP2* 和 *UCP3* 基因中发现了

7 个缺失位点，均位于非编码区。其中 3 个分别位于 *UCP2* 的 5′-区域、内含子 4、内含子 5 中，4 个位于 *UCP3* 的内含子 2、3、4 中。在荣昌猪中，7 个缺失位点的非缺失基因频率分别为 0.5、0.33、0.79、0、0.5、0.57、0.70。进一步分析发现，这些缺失分布与这些品种的体重大小趋势一致。

7. 肝脏羧酸酯酶（*PLE*）基因家族　Zhou 等（2016）通过筛查荣昌猪 BAC 文库并进行三代 PacBio 基因测序获得猪 *PLE* 基因家族 4 个基因的全序列。结果显示，每一个 *PLE* 异构体都由一个单独的基因编码，但不同的基因的序列同源性高度相似，暗示 *PLE* 家族可能来源于一单个羧酸酯酶基因。获得的这些 *PLE* 基因全序列提供了研究 *PLE* 基因家族的遗传结构、功能和调控机制的必要基础。

（二）肉质相关基因表达水平研究

孔路军等（2005）选用内江猪、荣昌猪和长白猪进行研究发现，内江猪、荣昌猪的皮下脂肪组织肥胖基因（*OB*）mRNA 的表达丰度及血清瘦素蛋白（leptin）浓度显著高于长白猪，并与总产仔数呈正相关，与初生体重呈负相关。

Fang 等（2010）对肌内脂肪含量（IMF）相关候选基因蛋氨酸腺苷转移酶 2b（MAT2b）在荣昌猪和 PIC 猪各组织中的 mRNA 表达量分析发现，该基因在肝和十二指肠中的表达量较高，其次是胃、脂肪和背最长肌。对两种猪的脂肪含量分析发现，不管是皮下脂肪含量还是肌内脂肪含量，肥胖型荣昌猪都高于瘦肉型 PIC 猪。对 *MAT2b* 基因在皮下脂肪组织和骨骼肌中的 mRNA 丰度进行比较发现，肥胖型荣昌猪均低于瘦肉型 PIC 猪。但对 MAT2b 蛋白在两种组织中的比较发现，在骨骼肌中，肥胖型荣昌猪较瘦肉型 PIC 猪低；而在皮下脂肪组织中，肥胖型荣昌猪较瘦肉型 PIC 猪高。

Wang 等（2011）对荣昌猪和 PIC 猪背最长肌中的脂素基因（*lipin1*）的两种同源异构体 *lipin-α* 和 *lipin-β* 的研究发现，*lipin-β* 比 *lipin-α* 多 108 个核苷酸，这与人和鼠中 *lipin-β* 比 *lipin-α* 多 99 个不同。对其 mRNA 表达量的研究发现，在背最长肌中荣昌猪比 PIC 猪中的 *lipin1* 表达量高。同时，Wang 等也发现，高肌内脂肪含量的荣昌猪背最长肌中 *lipin1* 和 *lipin-β* 的 mRNA 表达量高于低肌内脂肪含量的荣昌猪，而 *lipin-α* mRNA 表达量在高肌内脂肪含量和低肌内脂肪含量的荣昌猪中差异不显著。这一结果显示，*lipin1* 基因可能在猪的体脂沉积中起着关键的作用，而 *lipin-β* 可能在肥胖型猪的肌内脂肪含量沉积中发挥着重要的角色。

苹果酸脱氢酶 1（MDH1）、苹果酸脱氢酶 2（MDH2）和苹果酸酶 1（ME1）在能量代谢三羧酸循环（Krebs 循环）中扮演着重要的角色。Zhou 等（2012）采用实时定量 PCR 对 210 日龄脂肪型荣昌猪和瘦肉型长白猪 MDH1、MDH2 和 ME1 3 种酶对应的基因的 mRNA 在 6 种脂肪组织中的表达量进行了研究，发现 3 个基因的 mRNA 在脂肪型荣昌猪中丰度远远高于瘦肉型长白猪。在 2 个品种中均发现雌性的脂肪量和 3 个基因的 mRNA 的丰度都较雄性高。不同部位脂肪中 3 种基因的 mRNA 表达量相比，皮下脂肪较内脏脂肪高。

Jiang 等（2014）对 210 日龄荣昌猪和长白猪 8 个不同部位脂肪组织中的脂肪量和 5 个编码乙酰辅酶 A 脱氢酶的基因的 mRNA 表达量研究发现，荣昌猪在各个脂肪组织中的脂肪含量均高于瘦肉型长白猪，而 5 个编码乙酰辅酶 A 脱氢酶的基因的 mRNA 表达量在荣昌猪中也高于长白猪。

Zhang 等（2015）对 161 日龄的 6 头荣昌猪和 6 头长白猪去势公猪进行屠宰测定，发现荣昌猪的 pH、肉色 CIEa^*_{24h}值和肌内脂肪含量均高于长白猪，同时，荣昌猪的体重、胴体重、皮率、眼肌面积和肉色 CIEb^*_{24h}值均低于长白猪。对背最长肌中肉质相关基因的 mRNA 表达量进行分析发现，荣昌猪中脂肪生成相关基因过氧化物酶体增殖物激活受体（PPARγ）、乙酰辅酶 A 羧化酶（ACC）、脂肪酸合成酶（FAS）和脂肪酸摄入相关基因脂蛋白酯酶（LPL）的表达量较高，而脂肪分解相关基因脂肪甘油三酯酶（ATGL）和激素敏感酯酶（HSL）以及脂肪酸氧化相关基因肉碱棕榈酰基转换酶-1B（CPT-1B）在长白猪中的表达量较高。与长白猪相比，荣昌猪背最长肌中肌球蛋白重链Ⅰ（MyHCⅠ）、肌球蛋白重链Ⅱa（MyHCⅡa）和肌球蛋白重链Ⅱx（MyHCⅡx）的表达量较高，肌球蛋白重链Ⅱb（MyHCⅡb）的表达量较低。此外，荣昌猪中过氧化物酶体增殖物激活受体γ共激活因子 1α（PGC-1α）的 mRNA 表达量较长白猪高。

（三）肉质相关基因的功能分析

为了研究作用于肌内脂肪沉积的基因，Liu 等（2010）构建了荣昌猪全基因组 BAC 文库。该文库包含了约192 000个克隆，平均插入长度为 116kb。BAC 文库的非插入克隆不超过 1.8%，文库的覆盖率超过 7 倍猪的基因组。

Liu 等用三步 PCR 程序在 BAC 文库中鉴定了 7 个与肌内脂肪沉积相关的候选基因。

Li 等（2010）采用基因芯片技术对荣昌猪和 PIC 猪背最长肌中的 mRNA 的表达量进行分析发现，胞内氯离子通道蛋白（CLIC5）对应的表达序列标签（EST）呈现较大的差异表达，在 PIC 猪中显著高于荣昌猪。随后的研究发现，该基因的 mRNA 和蛋白水平均与猪的肌内脂肪含量呈现负相关。此外，过量表达 CLIC5 可极大地增加前脂肪细胞 3T3-L1 前脂肪细胞的增殖，并抑制脂肪分化，同时伴随着转录因子 CCAAT/增强子结合蛋白 α（c/EBPα）、LPL 和 PPARγ 蛋白的下调，提示 *CLIC5* 基因可能在调节猪骨骼肌脂肪沉积中扮演着重要的角色。

微小 RNA（miRNA）对脂肪生成来说是一个关键的调节分子。Peng 等（2016）发现微小 RNA（miR-429）在荣昌猪新生仔猪中的皮下脂肪中表达，但在成熟个体脂肪细胞中没有（6 月龄）。随后通过检测 miR-429 在猪皮下和肌间脂肪的前脂肪细胞增殖和分化中的功能发现，在猪前脂肪细胞分化模型中，miR-429 的表达极大地降低了脂肪生成的诱导。过量表达的 miR-429 显著降低了脂肪细胞生成标记基因 *PPARγ*、*aP2*、*FAS* 的表达，并削弱甘油三酯的聚集，而脂代谢基因 *ATGL* 的表达并未受影响。此外，还发现 miR-429 可以直接结合到转录因子 kruppel 样因子 9（*KLF9*）和 *p27* 基因的 3′-UTRs，而这 2 个基因已经被证实可促进前脂肪细胞分化并抑制细胞周期进程。这些结果提示 miR-429 可能通过潜在的靶基因 *KLF9* 和 *p27* 影响脂肪生成。

（四）其他

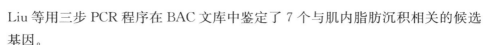

1. 肠道微生物对猪和无菌鼠的肌肉纤维特性和脂代谢谱转换的影响　肥胖会导致微生物群组成的改变，改变的肠道微生物群可以从供体到受体改变肥胖相关的表型。肥胖的荣昌猪与瘦肉型大白猪相比在肌纤维特性和脂代谢谱上完全不同。然而，荣昌猪与大白猪在肠道微生物组上是否不同，微生物菌群与肌肉特性之间是否有关，到目前还知之甚少。Yan 等（2016）检测了肌肉特性是否可以从猪到无菌鼠的转换。高通量的焦磷酸测序确证了猪品种之间有完全不同的核心微生物组。肥胖的荣昌猪显示了一个显著较高的厚壁菌门/拟杆菌门比例，与瘦肉型大白猪相比显示出表面的种类差异。移植猪的微生物群到无菌鼠重复出了供体的表型。肥胖的荣昌猪和无菌鼠受体显示出较高的体脂组

成、较高的慢收缩肌组成、较低的肌纤维大小和快收缩肌Ⅱb型肌纤维百分比，并在腓肠肌上有增强的脂生成。更进一步研究发现，克隆鼠的肠道微生物组成与它们的供体猪高度相似。总的来说，肥胖猪的肠道微生物组成可以显著影响肌肉发育和脂代谢模式。

2. 糖代谢进程在家猪和野猪中不同组织间的差异　糖代谢是一个基础生物学进程，在品种内和品种间都会显示出不同。He 等（2017）以荣昌猪作为家养猪代表，与藏猪和野猪的 7 个组织间进行了糖代谢基因的差异研究。该研究发现这些基因涉及糖代谢的多个方面，且差异非常大，包括葡萄糖转运、糖异生和糖酵解。同时，该研究鉴定了可能参与猪糖代谢进程的多个 miRNA。通过对 mRNA 和 miRNA 进行联合分析显示，一些 miRNA 和 mRNA 配对显示出了类似的功能。该结果为更进一步研究 miRNA 在猪糖代谢方面的调节作用提供了有用的数据资源，并揭示了在家养条件下猪体内不同的糖代谢过程。

四、免疫相关性状遗传机理研究

在劳动人民的辛勤选育下，结合主产区的气候条件、饲养特点等因素，荣昌猪形成了对湿热、阴冷等气候的优秀适应性，同时形成了优秀的抗病性状、耐粗饲等特性。近年来，多个研究团队专注于荣昌猪的免疫性状功能基因的研究，取得了一定的研究结果。

（一）荣昌猪不同性别间血液生理生化及免疫指标的差异

为了深入了解荣昌猪不同性别间血液生理生化及免疫指标的差异，白小青等（2015）对 32 头成年荣昌猪血液的 13 项生理指标、12 项生化指标和 2 项免疫学指标进行统计分析，并与国内主要的小型猪品系及人类进行了比较（表 13-15 至表 13-17）。结果发现，所测荣昌猪血液 27 项指标中，白细胞、红细胞、血红蛋白、红细胞比容、谷丙转氨酶和白蛋白在性别间差异极显著（$P<0.01$），葡萄糖、碱性磷酸酶和载脂蛋白 AⅠ在性别间差异显著（$P<0.05$），其余指标性别间无显著差异（$P>0.05$）。荣昌猪的红细胞比容（HCT）、血小板（PLT）、尿素（UREA）和葡萄糖（GLU）测定平均值均小于小型猪，其余指标均接近于小型猪（闵凡贵，2008）。荣昌猪的 7 项血液生理指标和 4 项血液生化指标测定平均值均处于人类血液生理生化正常参考指标范围内。

表 13-15　荣昌猪血液生理指标

指标	单位	雄性	雌性	平均值	人正常参考值
白细胞（WBC）	10^9个/L	15.92±3.91	19.27±2.52**	18.01	4.00～10.00
红细胞（RBC）	10^{12}个/L	7.28±0.86**	6.42±0.64	6.74	3.90～5.90
血红蛋白（HGB）	g/L	132.00±16.66**	115.80±11.60	121.88	116.0～179.0
红细胞比容（HCT）	%	43.73±5.30**	38.56±3.76	40.5	37.0～52.0
红细胞平均体积（MCV）	fL	60.18±4.00	60.24±2.97	60.21	80.0～98.0
红细胞平均血红蛋白含量（MCH）	pg	18.10±1.37	18.00±0.74	18.04	27.2～34.3
红细胞平均血红蛋白浓度（MCHC）	g/L	301.83±4.08	299.85±6.18	300.31	27.2～34.3
红细胞分布宽度标准差（RDW-SD）	fL	34.36±1.74	35.46±1.91	35.05	40.0～53.0
红细胞分布宽度变异（RDW-CV）	%	17.23±1.56	17.54±1.56	17.42	10.0～14.5
血小板（PLT）	10^9个/L	265.08±132.47	235±64.57	246.31	99.0～303.0
血小板平均体积（MPV）	fL	8.63±0.98	8.68±0.73	8.66	6.5～12.5
血小板比容（PCT）	%	0.22±0.11	0.20±0.06	0.21	0.12～0.24
血小板分布宽度（PDW）	fL	15.47±0.55	15.50±0.41	15.49	10.0～18.0

注：*为 $P<0.05$，**为 $P<0.01$，以下表格相同。

表 13-16　荣昌猪血液生化指标

指标名称	单位	雄性	雌性	平均值	人正常参考值
谷丙转氨酶（ALT）	U/L	38.44±8.42	48.92±9.42**	44.99	0～40
谷草转氨酶（AST）	U/L	47.77±24.90	45.94±15.93	46.63	0～40
总蛋白（TP）	g/L	80.96±8.30	80.91±8.30	80.92	60.0～85.0
白蛋白（ALB）	g/L	39.80±3.05	34.37±3.92**	36.40	30.0～55.0
碱性磷酸酶（ALP）	U/L	87.20±50.68	53.50±24.08*	66.13	42～140
葡萄糖（GLU）	mmol/L	3.18±0.60	2.64±0.79*	2.84	3.9～6.1
尿素（UREA）	mmol/L	3.87±0.66	3.52±0.71	3.65	2.10～7.90
总胆固醇（TC）	mmol/L	1.54±0.33	1.56±0.33	1.56	2.80～5.70
甘油三酯（TG）	mmol/L	0.34±0.07	0.32±0.09	0.33	0.40～1.81
高密度脂蛋白（HDL-C）	mmol/L	0.69±0.19	0.61±0.13	0.63	—
低密度脂蛋白（LDL-C）	mmol/L	0.67±0.14	0.73±0.21	0.70	—
载脂蛋白 AⅠ（APOAⅠ）	g/L	0.071±0.005	0.075±0.005*	0.073	—

表 13-17 荣昌猪血液免疫指标

指标名称	单位	雄性	雌性
免疫球蛋白 G（IgG）	g/L	4.51±1.35	4.94±1.32
免疫球蛋白 M（IgM）	g/L	0.58±0.22	0.57±0.19

（二）荣昌猪 *BPI* 基因

杀菌通透性增强蛋白（bactericidal/permeability-increasing protein，BPI）是人和哺乳动物内源性阳离子蛋白质，主要存在于多形核白细胞的嗜苯胺蓝颗粒中。其具有很强的杀菌活性以及中和类毒素和脂多糖的活性与调理功能。袁树楷等（2007）利用同源性克隆的方法，结合 3′-和 5′-cDNA 末端快速扩增（rapid amplification of cDNA ends，RACE）技术，克隆拼接获得了荣昌猪 *BPI* 基因的全长序列。并应用 PCR-SSCP 分析方法，在荣昌猪 *BPI* 基因外显子 3 区段检测到 1 个 SNP 位点（397 位的 G→A 突变），其能引起氨基酸由精氨酸向谷氨酸的替换，且产生带正电荷的精氨酸的碱基 G 为该位点的优势碱基，频率为0.741 7。该位点的突变可能对荣昌猪 BPI 蛋白功能及机体天然免疫力有重要影响。在外显子 4 区段共检测到 4 个 SNP 位点，它们分别是 T512C、G551T、C563T、G599A。第 512、551、563、599 位的优势碱基分别为 C、G、C、G，出现的频率分别为 0.633 4、0.725、0.725、0.750 1。此外，通过荣昌猪外显子 4 序列与猪 EST 序列比对分析，还发现了 1 个第 479 位的 T→C 突变。荣昌猪 *BPI* 基因外显子 4 区段的高度多态性表明该区段有较大的遗传选择潜力。该试验检测到的外显子 3 和 4 区段的某些 SNP 位点，可能成为猪机体抗某些革兰氏阴性病原菌或其引起的疾病的分子标记。

向钊（2011）通过设计 2 个 mRNA 原位杂交探针，在猪早幼中性粒细胞中检测到了杂交信号，说明在早幼中性粒细胞阶段 BPI 就开始表达。利用 LPS 刺激培养的荣昌猪骨髓单核细胞（BMMNCs），检测到中性粒细胞 BPI mRNA 原位杂交阳性信号呈上升趋势，说明细菌感染信号可以促进 BMMNCs 中 BPI mRNA 合成。利用 LPS 刺激培养细胞，发现 GG 基因型的 BMMNCs 细胞中 *BPI* 基因表达量上升程度高于 AA 基因型，同时进行攻毒实验，发现 GG 和 AA 基因型对致病性大肠杆菌均无抵抗作用，但 GG 基因型个体症状较轻，恢复时间短于 AA 基因型个体。

（三）SLA-DQB 多态性及序列模式

猪的主要组织相容性复合体（MHC）称为 SLA（swine leukocyte antigen）复合体，由Ⅰ类、Ⅱ类和Ⅲ类基因三部分组成，其中Ⅱ类基因控制机体的免疫应答与调控。*DQB* 基因是 SLAⅡ类基因的重要成员，也是近年来 SLA 研究的热点基因。*SLA-DQB* 基因编码的 SLA-DQβ 链由信号肽、β1 结构域、β2 结构域和连接肽/穿膜区/胞质区 4 个功能区组成。其中，β1 结构域是 SLA-DQβ 链上与抗原肽相结合的部位，也是 *SLA-DQB* 基因变异的主要发生区域。β1 结构域包括 94 个氨基酸残基，由外显子 1（109 个核苷酸）中的后 13 个核苷酸和外显子 2（270 个核苷酸）中的前 269 个核苷酸共同编码，是研究 *SLA-DQB* 基因多态的热点区域。

为了深入了解荣昌猪 *SLA-DQB* 基因 β1 结构域的变异及蛋白质序列模式分布情况，白小青等（2012）对 53 头荣昌猪的 *SLA-DQB* 基因 β1 结构域进行了克隆测序和序列多重比对，并在线预测了蛋白质序列模式。结果发现，222bp 区域内存在 9 个单核苷酸的插入位点、16 个单核苷酸的缺失位点和 89 个 SNP 位点。74 个氨基酸中仅由 SNP 位点导致的氨基酸变异位点共 37 个，其中有 24 个位点的氨基酸发生了性质变化。50 条 *SLA-DQB* 基因 β1 结构域蛋白质序列发现 7 种类型共 174 个蛋白质序列模式位点。单条序列中蛋白质序列模式位点最多的 12 个，最少的 2 个。蛋白质序列模式突变位点主要发生在第 9、26、45、53、61 个氨基酸上，涉及 5 种类型蛋白质序列模式位点的改变（表 13-18）。结果提示，荣昌猪 *SLA-DQB* 基因 β1 结构域存在丰富的遗传变异和多样化的蛋白质序列模式。

表 13-18 SLA-DQB 基因 β1 结构域蛋白质序列模式的分布

蛋白质序列模式	个数（位置）
N-磷酸化位点 ASN _ GLYCOSYLATION	49（9，70）
cAMP 依赖性蛋白激酶磷酸化位点 CAMP _ PHOSPHO _ SITE	1（24）
蛋白激酶 C 磷酸化位点 PKC _ PHOSPHO _ SITE	65（9，11，22，23，26，45，53）
酪蛋白激酶Ⅱ磷酸化位点 CK2 _ PHOSPHO _ SITE	28（16，53，61）

（续）

蛋白质序列模式	个数（位置）
酪氨酸激酶磷酸化位点 TYR _ PHOSPHO _ SITE	12（29）
N-十四酰化位点 MYRISTYL	15（26，34，35，36，37，38，40，44，53，58，60，67，68）
酰胺化位点 AMIDATION	4（45，52，61）

（四）*FKBP5* 基因功能分析

FK506 结合蛋白 5（FKBP5）是一种位于细胞质的蛋白，包含 3 个结构域，即 2 个 FK506 结合结构域（FKBD1、FKBD2）、1 个三重三四氨基酸重复（TPRs）结构域。FKBP5 分子同时拥有脯氨酰顺反异构酶（PPIase）活性、FK506 结合活性和旋转酶（rotmase）活性，主要负责 FKBPs 自身与热休克蛋白 90（Hsp90）和激素受体等的分子互作。经研究证明，FKBP5 是一种具有多种生物学功能的蛋白分子，其在机体免疫、类固醇激素的调节、癌症的发生和治疗以及抑郁症中均发挥着重要作用。

Zhao 等（2019）对荣昌猪 *FKBP5* 基因进行了全长克隆，并对其分子进化进行了分析。发现荣昌猪 *FKBP5* 基因 cDNA 全长为 4 097bp，其中开放阅读框（ORF）为 1 371bp，编码 457 个氨基酸。分子进化分析显示，*FKBP5* 基因与牛、羊最接近。采用荧光定量反转录-PCR 方法获取了 *FKBP5* 基因组织表达谱，发现 *FKBP5* 在荣昌猪各组织中广谱表达，胸腺中表达量高，脾、肺中表达量中等，心、肝、肾、肌肉、胃、脑、性腺中表达量低（图 13-12A）。利用蛋白质印迹法（western blot）构建 FKBP5 蛋白组织表达谱，发现在 FKBP5 蛋白在猪的组织中具有较广泛的表达特征，在胸腺中表达量最高，其次是脾脏（图 13-12B）。说明该基因在荣昌猪和长白猪体内的转录都相当活跃。荣昌猪的 *FKBP5* 基因胸腺内表达量显著高于其他组织。

利用抗猪 FKBP5 抗体进行免疫组织化学检测，结合血涂片，获得了 FKBP5 的亚细胞表达特征。通过分析发现猪 *FKBP5* 基因主要表达于猪的免疫淋巴细胞的细胞质中，同时在血液中的部分淋巴细胞的细胞质中也有较强的表达信号（彩图 FKBP5 细胞亚定位）。

为检测 FKBP5 在猪淋巴细胞中的表达情况，Zhao 等（2019）利用荧光染

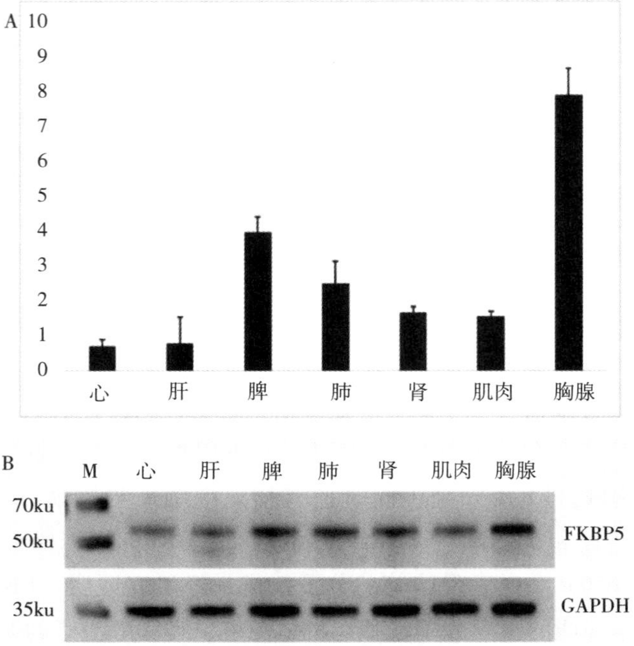

图 13-12　*FKBP5* 基因组织表达谱

A. mRNA 表达谱　B. 蛋白表达谱

料对猪的 FKBP5 抗体进行荧光标记，并分离猪的外周血淋巴细胞，进行染色、洗涤、流式细胞检测，分析发现 FKBP5 特异性地表达在猪的淋巴细胞与粒细胞中，其中粒细胞中表达量较高。对不同年龄段的荣昌猪进行采样、流式细胞检测，分析发现在粒细胞中，FKBP5 的表达量在新生仔猪中较高，然后随着日龄增加呈对数级别逐渐降低（图 13-13）。

（五）胸腺素-β15A（*TMSB15A*）基因克隆及表达模式

胸腺素（thymosin）因最早在胸腺中被鉴定到而得名，其在维持免疫系统的平衡方面具有重要作用。其可增强白细胞介素-2 的生成，而白细胞介素-2 能够驱动 T 淋巴细胞的生长、衰减自然杀伤（NK）细胞的杀伤活性、诱导调节性 T 淋巴细胞的分化、介导活化诱导的细胞死亡以及刺激免疫系统的其他信号通路等。胸腺素包括 3 个亚家族：α、β 和 γ。*TMSB15A* 基因隶属于 β 亚家族。*TMSB15A* 基因现有的研究主要集中在人类癌症上，是三阴性乳腺癌化疗应答的预测子。*TMSB15A* 基因是荣昌猪和长白猪胸腺转录组分析筛选

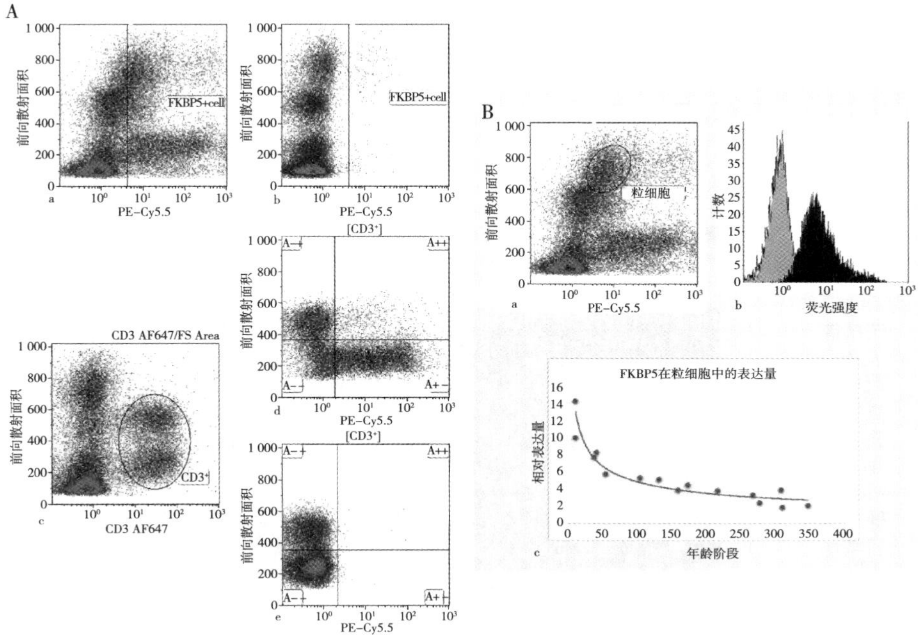

图 13-13 流式细胞术分析猪血液中 FKBP5 的表达

A. 白细胞中 FKBP5 的表达分析。a. 用 PE-Cy5.5 荧光染料标记 FKBP5 抗体并对猪外周血白细胞进行染色。b. 用 lgG-PE-Cy5.5 作为阴性对照。c. 采用 AF647 荧光染料标记 CD3 抗体分析猪血细胞中的 $CD3^+$ 细胞。d. 分析 $CD3^+$ 阳性细胞中被带 PE-Cy5.5 荧光染料的 FKBP5 抗体检测到的白细胞比例。e. 对照。

B. 粒细胞中 FKBP5 的表达分析。a. FKBP5 在粒细胞中的表达情况。黑色圆圈中为表达 FKBP5 的粒细胞。b. 横坐标表示荧光强度，纵坐标表示细胞个数。黑色代表样品，灰色代表对照。c. FKBP5 在不同年龄阶段粒细胞中的表达量。横坐标表示年龄阶段，纵坐标表示 FKBP5 的相对表达量。

（资料来源：Zhao et al.，2019）

出的免疫候选基因，但是该基因在猪中还没有报道。

龙熙等（2017）构建了荣昌猪胸腺 SMART cDNA 文库，以 NCBI 数据库中提供的 *TMSB15A* 预测序列为模版，设计引物扩增了 *TMSB15A* 基因核心片段，同时进行 5′RACE 和 3′RACE，获得 *TMSB15A* 的 5′末端和 3′末端序列。通过序列拼接软件得到 *TMSB15A* mRNA 全长序列（GeneBank 登录号：KU356694）。克隆结果表明，*TMSB15A* mRNA 全长 654bp，蛋白质编码区（CDS 区）长为 138bp，编码 45 个氨基酸（经预测蛋白分子质量为 5.2ku），在 5′端和 3′端还分别含有 86bp 和 430bp 的非编码区（untranslated region，UTR）。该蛋白理论等电点为 5.31，肽段不包含疏水氨基酸。该蛋白无信号肽，二级结构包括 α 螺旋和不规则卷曲（图 13-14），定位于线粒体及其他细胞器中。序列多重比对和进化树分析表明，荣昌猪 *TMSB15A* 基因与人、黑猩猩及白颊长臂猿的亲缘关系最近（图 13-15、图 13-16）。

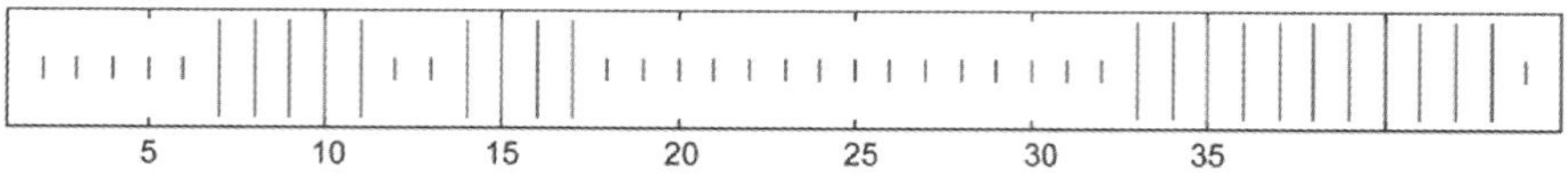

图 13-14 荣昌猪 *TMSB15A* 蛋白二级结构预测

（短线条代表无规则卷曲，长线条代表 α-螺旋）

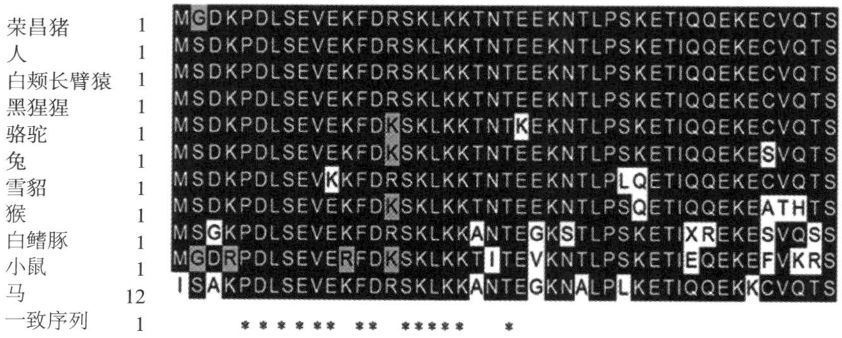

图 13-15 TMSB15A 蛋白编码序列的多重比对

（共有氨基酸序列用黑色标出，同类氨基酸序列用灰色标出）

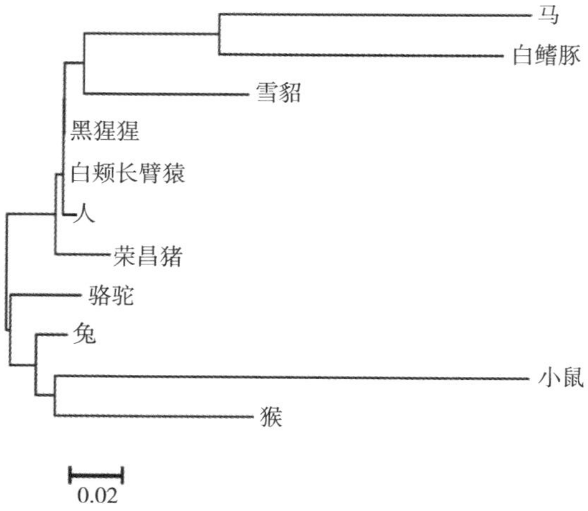

图 13-16 *TMSB15A* 基因的物种进化树

龙熙等同时对荣昌猪心、肝、脾、肺、肾、肌肉、胸腺和淋巴组织中 *TMSB15A* 的 mRNA 表达进行了研究。发现 *TMSB15A* 在荣昌猪心、肝、脾、肺、肾、肌肉、胸腺和淋巴中均有表达，其中在脾和胸腺中的表达量最高，在淋巴和肺中丰度表达，在其余组织中表达丰度较低（图 13-17）。

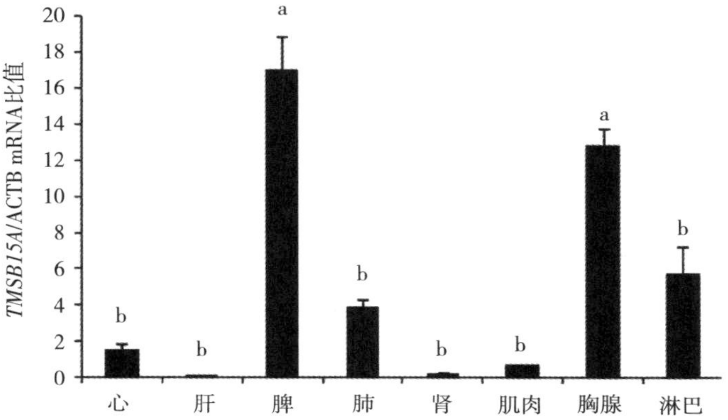

图 13-17　荣昌猪 *Thymosin-β15A* 基因表达谱

（六）*EIF2S3* 基因克隆及表达模式

真核翻译起始因子 2（eukaryotic translation initiation factor 2，EIF2）与 GTP、tRNAiMet 相互结合形成三元复合物后再与核糖体 40S 结合形成翻译起始前复合物，随后与 mRNA 的 5′末端结合并且搜寻 mRNA 的翻译起始位点（通常为 AUG 密码子），继而启动翻译过程。EIF2 由 3 个序列高度保守的亚基（α、β、γ 亚基）组成。其中 γ 亚基是 EIF2 3 个亚基中最大的一个，同时也是 EIF2 的核心亚基。EIF2 蛋白 γ 亚基由 *EIF2S3* 基因编码，*EIF2S3* 基因变异及表达量变化与多种疾病相关。

龙熙等（2018）利用基因克隆的方法，获得了荣昌猪 *EIF2S3* 基因的全长。荣昌猪 *EIF2S3* 基因 cDNA 全长为 1 813bp，CDS 区长为 1 419bp，编码 472 个氨基酸（经预测分子质量为 60ku），在 5′端和 3′端还分别含有 14bp 和 380bp 的非编码区。EIF2 蛋白无信号肽、无跨膜区、无疏水区，在进化上高度保守，与牛的亲缘关系最近（图 13-18）。

龙熙等（2018）采用荧光定量 PCR 的方法对荣昌猪心、肝、脾、肺、肾、肌肉、胸腺和淋巴组织中 *EIF2S3* 的 mRNA 表达进行了研究。发现 *EIF2S3* 基因在荣昌猪心、胸腺和淋巴组织中表达量最高（$P<0.01$），在脾和肌肉中呈中丰度表达，在肾中表达量较低，在肝中基本不表达（图 13-19）。

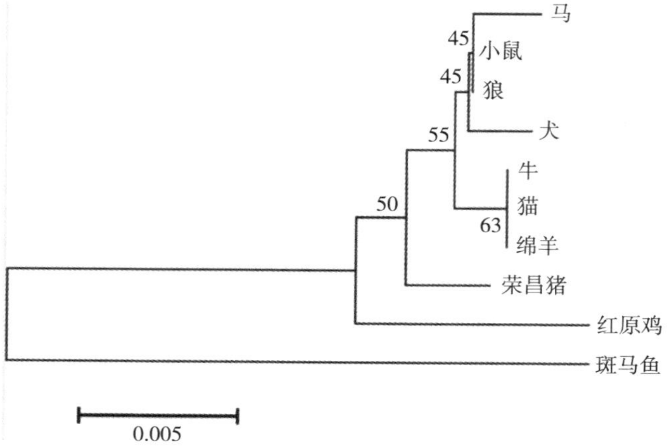

图 13-18　荣昌猪 *EIF2S3* 基因进化树分析

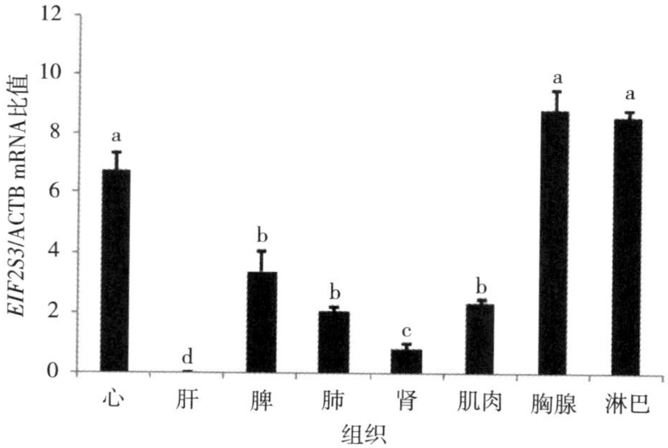

图 13-19　荣昌猪 *EIF2S3* mRNA 组织表达谱

注：相同字母表示差异不显著（$P>0.05$），不同字母表示差异显著（$P<0.05$）。

（七）*STAB2* 基因的表达模式分析

STAB2 基因是一种透明质酸受体（HARE）编码基因，在人淋巴结、脾及骨髓等中枢免疫器官和外周免疫器官内表达，且存在多种剪切变异体。STAB2 可以调节胞外调节蛋白激酶（Erk）的磷酸化及活化核转录因子激活的 B 细胞的 κ-轻链增强（NF-κB）介导基因的表达。

龙熙等（数据未发表）利用荧光定量 RT-PCR 方法对 *STAB2* 基因在荣昌猪心、肝、脾、肺、肾、肌肉、胸腺和淋巴组织中的表达谱进行研究，发现

STAB2 基因在荣昌猪淋巴中表达量最高，在肝和脾中其次，在胸腺中较低丰度表达，在心、肺、肾和肌肉中几乎不表达（图 13-20）。

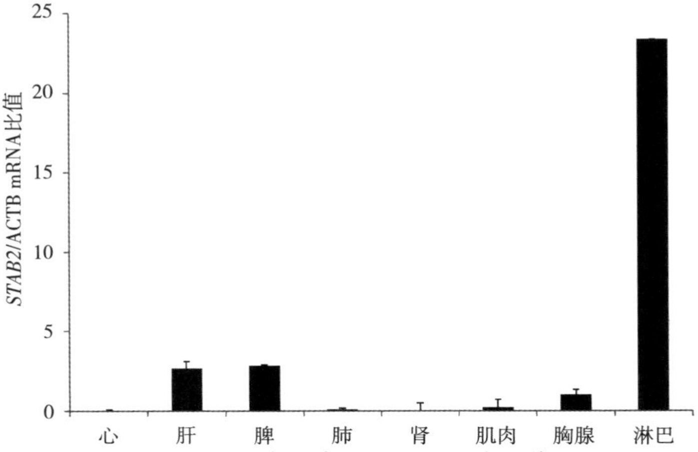

图 13-20　荣昌猪 *STAB2* 基因表达谱

（八）白细胞介素基因的克隆及表达

白细胞介素（IL）是由多种细胞产生，用于细胞间通信与调剂的一类细胞因子。白细胞介素最初是由白细胞产生又在白细胞间发挥作用，所以由此得名。白细胞介素在传递信息，激活与调节免疫细胞，介导 T 淋巴细胞、B 淋巴细胞活化、增殖与分化以及在炎症反应中起重要作用。近年来，郭万柱课题组克隆了多个荣昌猪白细胞介素基因，为荣昌猪的白细胞介素的研究打下了良好基础。吴华等（2007）根据 GenBank 收录的猪白细胞介素-6（PIL-6）设计 1 对特异性引物，经刀豆蛋白素 A（ConA）诱导猪淋巴细胞并提取总 RNA，用 RT-PCR 方法扩增出荣昌猪 IL-6 的 cDNA。将扩增的基因 i 片段连接到克隆载体 PMD ® 18-T 质粒上，经酶切鉴定和序列测定，最终获得了荣昌猪白细胞介素 6（PIL-6）的序列。利用相同的方法，吴翼（2008）克隆表达并分析了荣昌猪的 IL-2、IL-4、IL-6、IL-8、IL-10、IL-15、IL-18 等多个白细胞介素。同时也对荣昌猪白细胞介素-2 受体 α（*IL-2Rα*）基因进行了克隆、原核表达及生物活性研究。结果发现荣昌猪 *IL-2Rα* 的全长基因为 813bp。同源性比对分析显示其与已公布的 3 个参考序列核苷酸同源性高达 98%以上，为一个较为保守的功能性基因。

此外，赵光伟等（2010）将荣昌猪 *IFN-ω* 基因克隆进毕赤酵母表达载体，经过诱导表达后，检测到了基因的表达，同时对表达产物进行活性检测。研究结果发现重组表达的荣昌猪 *IFN-ω* 具有抗病毒活性。

（九）大肠杆菌 F4 黏附表型分布研究

新生和断奶仔猪腹泻主要由产肠毒素的有 F4 菌毛的大肠杆菌导致。为了探究 3 种具有不同菌毛的细菌株在我国地方品种猪和引进我国的国外商品化品种猪中的流行性，Yan 等（2009）在 292 个纯种仔猪（包含 3 个国外商业品种和 12 个我国地方品种）和1 093个来自白色杜洛克×二花脸杂交成年猪中通过体外微观黏附分析实验，检测了产肠毒素性大肠杆菌（ETEC）黏附抗原 F4 的黏附表型。结果发现所有的藏猪、蓝塘猪，绝大多数的二花脸和荣昌猪的 F4 是抗性的（非黏附的）。该研究证实了之前被报道的 8 种 F4 黏附模式，并支持 3 种 F4 受体是由不同的位点所编码的这一假说。微弱依附表型表达在 6 头纯种仔猪和 90 头成年动物中，这些表型的遗传和对疾病的敏感性之间的相关性关系还不知道。

第五节　遗传性听力缺陷家系

在荣昌猪的长期饲养繁育过程中，人们发现荣昌猪群体中偶尔会出现个别黑眼圈消失的个体，这些个体全身纯白，没有一点黑斑，此外它们的眼球会表现出蓝宝石般的透亮，因此当地群众将这种个体称为“洋眼”。人们在实际生产中注意到用“洋眼”做母猪进行繁殖时，这些母猪产仔后躺卧时仿佛听不见身下被压仔猪的尖叫，不能马上做出退让的动作，以致频繁压死仔猪，因而实践中农户自觉地不再将这种个体作为种用；同时，具有“洋眼”表型的仔猪会因为不符合人们对荣昌猪的判定标准而无法卖出，人们都会主动淘汰掉纯白的仔猪，但几十年过去了，目前“洋眼”依然会时不时地出现在荣昌猪群体里面。

20 世纪 90 年代末，重庆市畜牧科学院养猪科学研究所的研究人员留意到了这种现象。他们敏锐地觉得这可能是一个自发的初生缺陷，有可能和人类的某些疾病相似。因此他们专门将这些“洋眼”选留下来进行繁育。10 多年下来，它们慢慢地形成了一个全都具有纯白表型的家系。2009 年起，研究人员对“洋眼”个体进行了深入的表型分析发现，荣昌猪的这种疾病表型与人类瓦氏（Warrdenberg）综合征相似。随后的深入研究发现：荣昌猪的这种突变表型是由发生在 13 号染色体上的小眼畸形相关转录因子（*Mitf*）基因的启动子区域突变造成的，这个基因组的短片段插入突变导致了 *Mitf* 基因的 m 亚型转录本的表达缺失，进而导致内耳血管纹中间层细胞和全身性黑色素细胞凋亡，从而表现出白化、耳聋的疾病表型。这种致病机理和人类Ⅱ型 Warrdenberg 综合征一致。

一、表型分析

（一）色素沉积

通过肉眼观察可以发现荣昌猪听力缺陷个体的眼圈周围皮肤和毛发完全没有黑色素沉积，而正常个体的眼圈周围皮肤和毛发均为黑色（图 13-21）。

图 13-21　正常荣昌猪与听力缺陷荣昌猪

皮肤与虹膜组织学结果证明白化、耳聋个体的皮肤黑色素细胞发生变化，荣昌猪听力缺陷个体的皮肤和虹膜组织内未能发现黑色素颗粒的存在，而对照组正常个体的表皮层角质细胞内和虹膜基质细胞内存在大量的黑色素颗粒。

（二）听觉生理

1. 听觉脑干反应　利用听觉脑干反应（ABR）测试对荣昌猪听力缺陷个体的听觉电生理反应进行了测定，结果表明 30 日龄的荣昌猪听力缺陷个体在各声音频率的仪器最大输出声强 120dB SPL 仍然无法引出明显的 ABR 波形；

而正常对照组个体的听力阈值则在 37～44dB SPL（图 13-22），荣昌猪听力缺陷家系个体的听觉表现出典型的感音神经性耳聋。

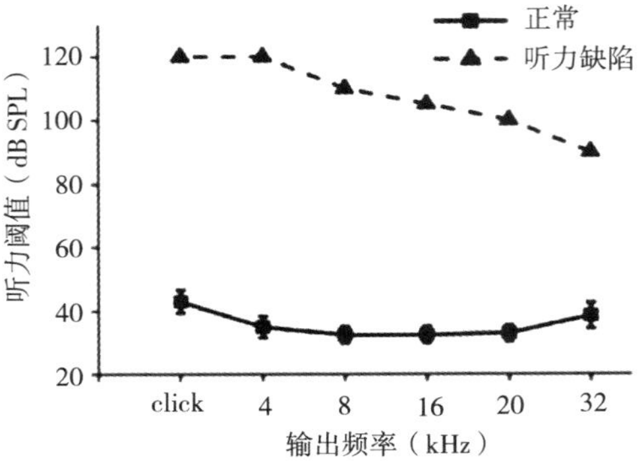

图 13-22　荣昌猪正常个体与听力缺陷个体的听力阈值

（click 为各种频率都有的混合声音）

（资料来源：Chen，2016）

2. 内淋巴电位　利用穿刺电极对荣昌猪听力缺陷个体的耳蜗内淋巴电位进行了测定，结果表明荣昌猪听力缺陷个体的耳蜗内外淋巴液的电位差不超过 3mV，而正常个体则约为 78mV，说明荣昌猪听力缺陷个体的耳蜗内淋巴电位消失（图 13-23A）。内淋巴电位产生的原因是内外淋巴液的钾离子浓度差，钾离子浓度的测定结果表明荣昌猪听力缺陷个体内外淋巴液的钾离子浓度差接近消失，而正常个体的浓度差约为 142mM（图 13-23B），因此推测该荣昌猪听力缺陷个体的耳蜗泌钾功能受损。

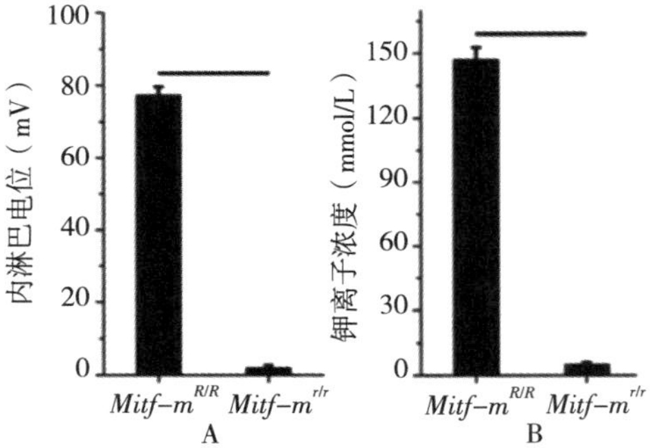

图 13-23　荣昌猪正常个体与听力缺陷个体的耳蜗内淋巴电位（A）和淋巴液的钾离子浓度（B）分析

（$Mitf\text{-}m^{R/R}$ 为正常荣昌猪个体；$Mitf\text{-}m^{r/r}$ 为听力缺陷荣昌猪个体）

（资料来源：Chen，2016）

（三）内耳形态学

利用扫描电镜分析了耳蜗基底膜的形态学特征。结果表明 30 日龄的荣昌猪听力缺陷个体的感音毛细胞纤毛大量脱落和融合。利用透射电镜对耳蜗泌钾的关键组织血管纹的分析发现，荣昌猪听力缺陷个体血管纹变薄，缺乏典型的血管纹三层结构，其中黑色素细胞来源的中间层细胞完全消失（图 13-24）。

综合以上结果：荣昌猪听力缺陷个体的耳聋症状是由中间层细胞消失导致的血管纹功能缺失，继而引发了感音毛细胞凋亡造成的。

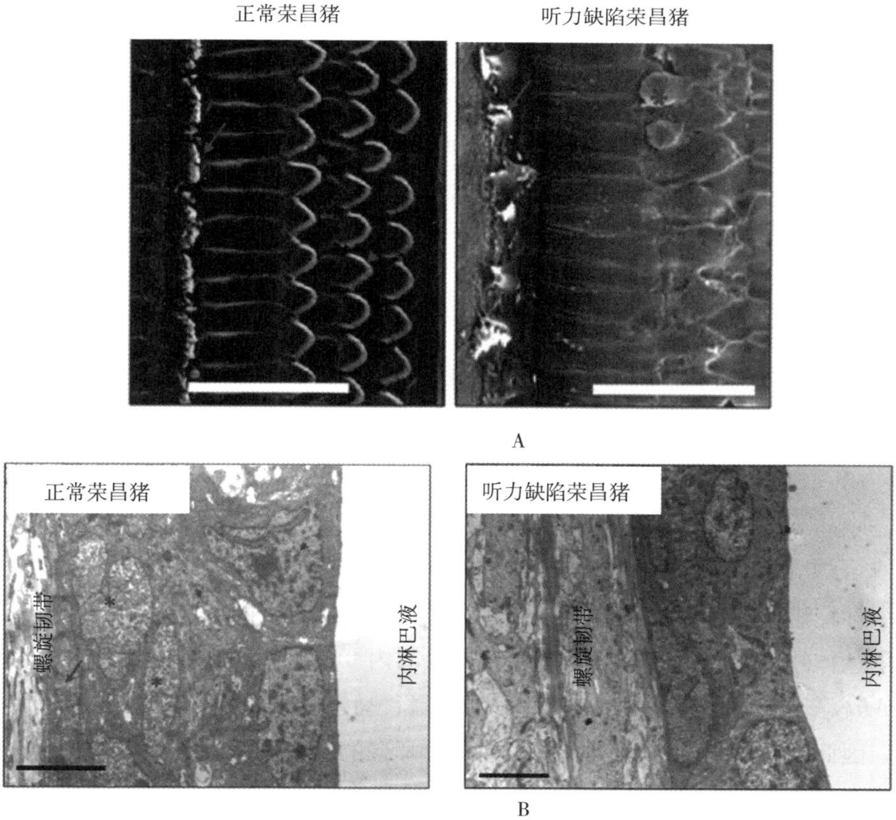

图 13-24　正常个体与听力缺陷个体的耳蜗基底膜（A）与耳蜗血管纹（B）形态学特征分析

二、致病基因定位

（一）遗传分析

对荣昌猪保种场的记录分析发现，该白化、耳聋性状出现明显的遗传性特征。白化个体之间交配产生的后代均为白化，而白化个体和正常个体之间交配通常后代均为正常个体，但也有较低的概率产生白化个体，因此推测该性状遗传模式为常染色体隐性遗传。随后，课题组在荣昌猪保种场内筛选了 11 对疑似杂合子（后代中曾经出现过白化、耳聋个体的正常种猪）的交配组合，对它们的后代进行了详细的表型鉴定，并利用卡方（χ^2）检验分析性状分离规律是否符合孟德尔单基因隐性遗传。结果（表 13-19）表明该性状确实符合常染色体单基因隐性性状的遗传规律。

表 13-19　荣昌猪遗传性听力缺陷家系的遗传分析

猪只	个体数	期望值	差值	χ^2
正常个体	49	55.5	−6.5	
耳聋个体	25	18.5	6.5	2.59
合计	74	74		

（二）全基因组关联分析

陈磊等利用杂合子交配的方法，构建了一个拥有 28 头白化、耳聋个体和 73 头正常个体的性状分离家系。利用 Porcine SNP 60 芯片对全群个体的全基因组标记进行了分型；利用全基因组关联分析将耳聋性状突变基因定位于 13 号染色体约 74Mb 附近的一段 700kb 的区间内，该区间中只有一个已注释的基因 *Mitf*，因为该基因的突变在人、牛、鼠、马等物种中均导致听力-色素综合征，因此初步确定该基因就是导致荣昌猪耳聋的致病基因。因此将白化、耳聋个体命名为 $Mitf^{-/-}$，而正常野生型个体为 $Mitf^{+/+}$。

（三）精细定位

为了确定具体的致病突变，陈磊等对 *Mitf* 基因进行了突变筛查。对该基因的所有外显子和部分非编码调控区域的分析一共发现了 21 个与白化、耳聋性状共分离的突变，其中只有一个同义突变发生在编码区内，其他的突变均发生在基因的内含子和启动子中间。由于这些突变均与表型共分离，因此无法再继续用关联分析的手段进一步确定致病突变。

三、遗传机理研究

致病突变最终被确定为位于 *Mitf* 转录起始位点上游 7 651bp 处的一处 14bp 插入，该突变产生了一个新的 Y 染色体上性别决定相关基因家族（Sox 家族）转录因子的结合位点，对 *Mitf-m* 的转录起到了负调控的作用。双荧光素酶报告实验表明该突变对 *Mitf-m* 启动子的转录活性产生了显著的影响（图 13-25A～C），同时凝胶迁移（EMSA）实验分析发现了这个插入突变导致了新的蛋白结合活性，而其周围其他处突变对于该片段的蛋白结合能力没有影响（图 13-25D）。

由于 *Mitf* 基因在人和小鼠上是一个多启动子基因，每一个启动子对应一种组织特异性表达的转录变异体。以此为参考，研究者利用 RACE 技术首次在猪的内耳组织中成功克隆出了 3 种转录变异体，即 *Mitf-A*、*Mitf-H* 和 *Mitf-m*（图 13-26）。

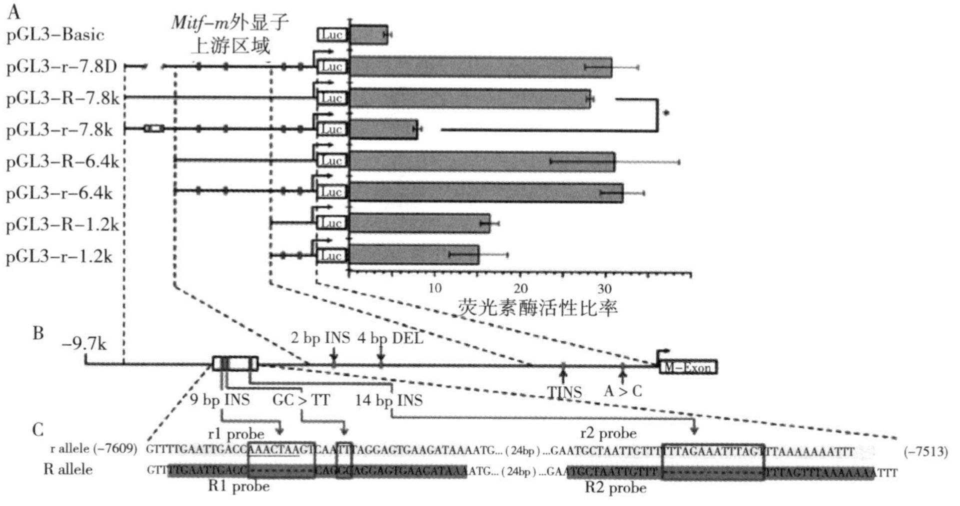

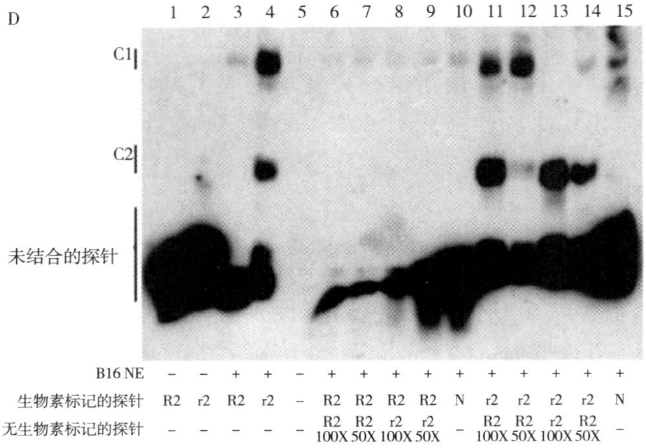

图 13-25 *Mitf-m* 启动子插入突变对外显子转录活性的影响

注：A. 正常及听力缺陷荣昌猪 *Mitf-m* 启动子转录活性分析。pGL3 为双荧光素酶报告实验用骨架载体；R 为正常荣昌猪；r 为听力缺陷荣昌猪；7.8k、6.4k 及 1.2k 为 *Mitf-m* 基因上游7 800bp、6 400bp 及 1 200bp；Luc 为荧光素酶。B. *Mitf-m* 启动子结构示意。C. m 启动子（m 外显子转录起始位点上游－7 513 ～－7 609bp 处）结构示意。allele 为等位基因；probe 为 DNA 探针。D. EMSA 实验分析。C1、C2 为作者对实验过程中发现的复合物进行的编号；R 及 r 为探针类型；N 代表阴性对照。

（资料来源：Chen，2016）

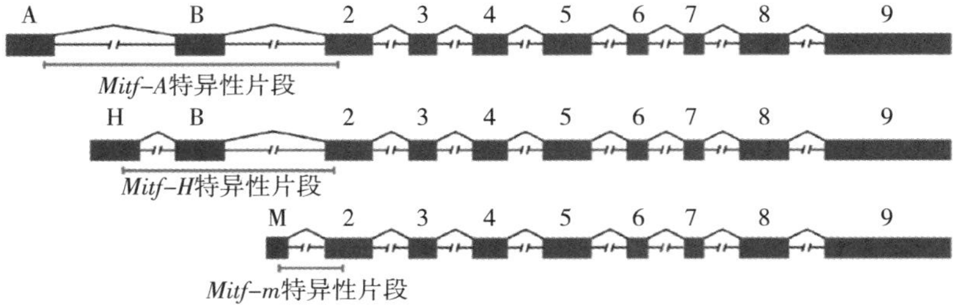

图 13-26 猪内耳组织中表达的 3 种 *Mitf* 转录变异体

（图中所有字母及数字均代表 *Mitf* 基因的外显子）

对出生前后各发育阶段的 *Mitf* 基因各种转录变异体的表达量进行分析发现，听力缺陷个体的 *Mitf-m* 表达量均出现了消失的现象，而 *Mitf-A* 和 *Mitf-H* 均未受到影响（图 13-27）。而 *Mitf-m* 是特异性表达在黑色素细胞中的转录变异体，它是黑色素细胞生存、迁移的特异性调控因子。因此致病突变的遗传效应是导致 *Mitf-m* 特异性的表达消失，从而造成血管纹中间层细胞和全身黑色素细胞的缺失，进而导致耳聋、白化表型。

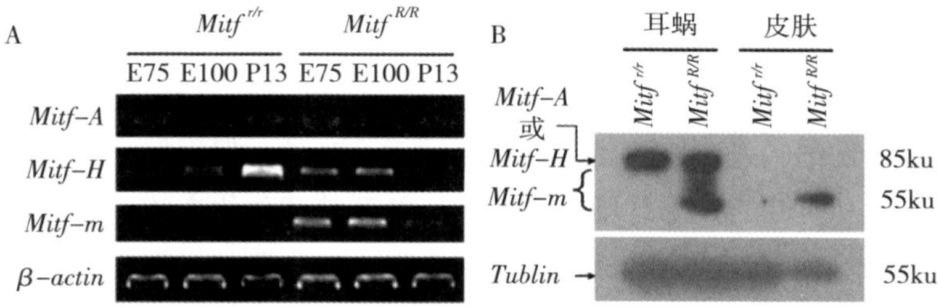

图 13-27 *Mitf* 基因转录变异体及蛋白亚型表达分析

注：A. 耳蜗发育过程中 *Mitf-A*、*Mitf-H* 及 *Mitf-m* 转录变异体表达量分析。E75、E100 及 P13 分别代表胚胎期 75d、胚胎期 100d 及出生后 13d。B. 耳蜗及皮肤中 *Mitf* 蛋白亚型分析。*β-actin* 为看家基因，*Tublin* 为内参抗体。

（资料来源：Chen，2016）

四、医学应用研究

近年来，人们将荣昌猪听力缺陷家系作为人类遗传性感音神经性耳聋的动物模型开展了一些医学的应用研究。

（一）人工耳蜗植入

目前人工耳蜗植入是遗传性感音神经性耳聋的唯一有效治疗手段，但在人工耳蜗的开发中面临着动物模型方面的难题。传统的小鼠、大鼠和豚鼠模型在解剖结构、器官大小方面与人类差异巨大，无法直接利用人的耳蜗电极进行移植；而实验动物猫或犬又缺乏自发性先天性耳聋的模型。荣昌猪遗传性听力缺陷家系的出现圆满地解决了上述问题。陈伟等首先通过对猪外耳、中耳和颞骨部位的 CT 扫描、切片分析和活体解剖分析，明确了猪听力系统的解剖学结构，寻找到安全高效的腹侧手术入路，通过耳下腹侧的手术切口能够直接暴露耳蜗圆窗，手术创面小、电极植入部位明显，为电子耳蜗植入和干细胞导入试验奠定了临床手术操作的基础。随后对 3 头 4 月龄先天性听力缺陷的荣昌猪进行了手术人工耳蜗植入（彩图听力缺陷荣昌猪人工耳蜗植入）。手术后颞骨 CT 扫描表明，人工耳蜗电极从圆窗插入并沿耳蜗轴盘旋 1.5 圈，满足电极植入深度要求。手术后 2 周，对植入个体进行 ABR 测定表明，植入后听力恢复到 70dB 左右。以上结果表明，荣昌猪听力缺陷家系可以作为人的人工耳蜗或新型电极等设备临床前期验证研究的理想平台。

（二）干细胞导入

干细胞导入治疗是目前对神经退行性疾病治疗的前沿性研究，利用干细胞的全能性对损伤细胞进行修复是这种疗法的理论基础，但干细胞的类型、干细胞导入的方式和时间窗、干细胞进入体内后的迁移和分化方式、干细胞的安全性等方面都是亟待研究的问题。因此研究者将不同来源的干细胞，如人类胎儿听觉干细胞、诱导多功能干细胞和基因修饰的干细胞进行增强型绿色荧光蛋白（EGFP）基因修饰，移植到荣昌猪听力缺陷动物模型中。移植前使用呋塞米降低耳蜗内淋巴钾离子浓度，然后经鼓阶或中阶将上述内耳干细胞与丝裂霉素（mitomycin）处理过的新生动物基底膜组织或其提取物移植到耳聋猪模型内耳中，观察移植干细胞的迁移、增殖、分化和存活能力以及分化为感觉毛细胞和支持细胞的比例；并对移植后新生毛细胞形态学特征、神经纤维突触的形成，探讨新生毛细胞和正常毛细胞的形态方面的相似程度等情况进行了检测。结果表明干细胞移植到荣昌猪听力缺陷家系个体内耳组织以后，能够存活并迁移到基底膜、血管纹和螺旋神经节等中（彩图听力缺陷荣昌猪内耳干细胞移植），但分化情况还有待进一步研究。此外还发现外源干细胞的导入导致了较为严重的炎性反应发生，因此利用诱导多能性干细胞（IPSc）技术诱导产生自体干细胞并用于移植应该是本技术发展的趋势。

主要参考文献

白小青，范首君，王金勇，等，2010a. 5个重庆地方猪种遗传多样性的微卫星分析 [J]. 畜牧兽医学报，41（12）：1515-1522.

白小青，刘文，黄微，等，2012. 荣昌猪SLA-DQB基因β1结构域突变分析及蛋白质序列模式预测 [J]. 畜牧兽医学报，43（8）：1306-1309.

白小青，潘红梅，赵献之，等，2007. 用焦磷酸测序技术研究猪KIT基因的基因型 [J]. 西北农林科技大学（自然科学版），35（11）：6-10.

白小青，王金勇，陈英，等，2010b. 荣昌猪基因组DNA甲基化水平分析 [J]. 西北农林科技大学（自然科学版），38（2）：31-35.

白小青，王金勇，陈英，等，2010c. 荣昌猪仔猪性别间DNA甲基化水平的差异研究 [J]. 中国畜牧杂志，46（13）：12-13.

白小青，郁枫，王金勇，等，2004a. 荣昌猪TYR基因的克隆测序及多态性检测 [J]. 西北农林科技大学（自然科学版），32（8）：81-84.

白小青，张凤鸣，张亮，等，2015. 成年荣昌猪血液生理生化及免疫指标特性研究［J］. 中国畜牧杂志，51（19）：9-13.

白小青，2004b. 荣昌猪毛色分子遗传标记的研究［D］. 陕西杨凌：西北农林科技大学.

包文斌，吴圣龙，曹晶晶，等，2009. 19 个猪种 SLA-DQB 基因外显子 2 多态性分析［J］. 畜牧兽医学报，40（10）：1550-1554.

陈伟，陈磊，杨仕明，2016. 荣昌猪遗传性听力缺陷家系的发掘与应用［J］. 中华耳科学杂志，14：10.

陈伟，刘日渊，张亮，等，2016. 荣昌猪电子耳蜗植入方法建立及听功能初步观察［J］. 中华耳科学杂志，14：15.

程丰，2004. 猪 CAST 基因多态性与肉质性状相关性的研究［D］. 陕西杨凌：西北农林科技大学.

孔路军，傅金恋，刘宗慧，等，2005. 脂肪型和瘦肉型猪肥胖基因表达差异及其与繁殖性能的关系［J］. 中国畜牧杂志，41（7）：9-12.

龙熙，蓝静，郭宗义，等，2017. 荣昌猪胸腺素 15A（TMSB15A）cDNA 全长克隆、序列信息及组织表达分析［J］. 畜牧兽医学报，48（9）：1602-1610.

龙熙，赵久刚，蓝静，等，2018. 猪 EIF2S3 基因 mRNA 全长克隆、组织表达及序列信息分析［J］. 南方农业学报，49（10）：2062-2069.

闵凡贵，王希龙，袁文，等，2008. 封闭群五指山小型猪血液生理生化指标的测定［J］. 中国实验动物学报，16（5）：372-375.

任丽丽，2013. 白化荣昌猪耳聋的分子病理机制研究［D］. 北京：解放军医学院.

吴华，郭万柱，张芳，等，2007. 荣昌猪白细胞介素-6 基因的克隆与序列分析［J］. 黑龙江畜牧兽医，5：18-20.

吴翼，2008. 荣昌猪白细胞介素-2 受体 α 基因克隆、原核表达及生物活性初探［D］. 四川雅安：四川农业大学.

向钊，2011. 荣昌猪 BMMNCs 诱导分化及其 BPI 表达与抗病性的研究［D］. 重庆：西南大学.

袁树楷，2007. 荣昌猪 BPI 基因全长 cDNA 克隆及 SNP 分析［D］. 重庆：西南大学.

张符光，刘佃辛，1996. 胸腺和胸腺素研究进展［J］. 国外医学（免疫学分册），4：187-191.

张桂香，曹红鹤，王立贤，等，2002. 9 个猪种 H-FABP 基因 5′-上游区和第二内含子的遗传变异［J］. 畜牧兽医学报，33（4）：340-343.

赵光伟，王帆，赵春燕，等，2010. 荣昌猪 IFN-ω 基因毕赤酵母表达载体的构建与表达［J］. 中国兽医学报，30（12）：1602-1605.

中国农业百科全书总编辑委员会，1996. 中国农业百科全书·畜牧业卷（下）［M］. 北京：中国农业出版社.

朱砺，李学伟，帅素蓉，2005. 兰尼定受体基因在新荣昌猪中的分布及其对胴体和肉质性状的效应分析［J］. 中国畜牧杂志，41（4）：14-16.

Binder E B，2009. The role of FKBP5，a co-chaperone of the glucocorticoid receptor in the pathogenesis and therapy of affective and anxiety disorders［J］. Psychoneuroendocrinology，34（Suppl 1）：S186-195.

Chen L, Guo W, Ren L, et al, 2016. A de novo silencer causes elimination of MITF-M expression and profound hearing loss in pigs [J]. BMC Biol: 14: 52.

Chen W, Yi H, Zhang L, et al, 2017. Establishing the standard method of cochlear implant in Rongchang pig [J]. Acta Otolaryngol, 137 (5): 503-510.

Fang Q, Yin J, Li F, et al, 2010. Characterization of methionine adenosyltransferase 2beta gene expression in skeletal muscle and subcutaneous adipose tissue from obese and lean pigs [J]. Mol Biol Rep, 37 (5): 2517-24.

Gan L, Xie L, Zuo F, et al, 2015. Transcriptomic analysis of Rongchang pig brains and livers [J]. Gene, 560 (1): 96-106.

Gaspar N J, Kinzy T G, Scherer B J, et al, 1994. Translation initiation factor eIF-2. Cloning and expression of the human cDNA encoding the gamma-subunit [J]. J Biol Chem, 269 (5): 3415-3422.

Gatphayak K, Knorr C, Beck J, et al, 2004. Molecular characterization of porcine hyaluronidase genes 1, 2, and 3 clustered on SSC13q21 [J]. Cytogenet Genome Res, 106 (1): 98-106.

Giuffra E, Törnsten A, Marklund S, et al, 2002. A large duplication associated with dominant white color in pigs originated by homologous recombination between LINE elements flanking KIT [J]. Mammalian Genome, 13 (10): 569-577.

Guo W, Yi H, Ren L, et al, 2015, The morphology and electrophysiology of the cochlea of the miniature pig [J]. The Anatomical Record, 298: 494-500.

He D, Ma J, Long K, et al, 2017. Differential expression of genes related to glucose metabolism in domesticated pigs and wild boar [J]. Biosci Biotechnol Biochem, 81 (8): 1478-1483.

Jiang A A, Li M Z, Liu H F, et al, 2014. Higher expression of acyl-CoA dehydrogenase genes in adipose tissues of obese compared to lean pig breeds [J]. Genet Mol Res, 13 (1): 1684-1689.

Zhao J G, Long X, Yang Y H, et al, 2019. Identification and characterization of a pig FKBP5 gene with a novel expression pattern in lymphocytes and granulocytes [J]. Animal Biotechnology, 14: 1-9.

Kyosseva S V, Harris E N, Weigel P H, 2008. The hyaluronan receptor for endocytosis mediates hyaluronan-dependent signal transduction via extracellular signal-regulated kinases [J]. Journal of Biological Chemistry, 283 (22): 15047-15055.

Lai F, Ren J, Ai H, et al, 2007. Chinese white Rongchang pig does not have the dominant white allele of KIT but has the dominant black allele of MC1R [J]. J Hered, 98 (1): 84-87.

Chen L, Tian S L, Jin L, et al, 2017. Genome-wide analysis reveals selection for Chinese Rongchang pigs [J]. Frontiers of Agricultural Science and Engineering, 4 (3): 319-326.

Li F N, Yin J D, Ni J J, et al, 2010. Chloride intracellular channel 5 modulates adipocyte accumulation in skeletal muscle by inhibiting preadipocyte differentiation [J]. J Cell Biochem, 110 (4): 1013-21.

Li M, Chen L, Tian S, et al, 2017. Comprehensive variation discovery and recovery of missing sequence in the pig genome using multiple de novo assemblies [J]. Genome research, 27 (5): 865-874.

Li M, Wu H, Luo Z, et al, 2012. An atlas of DNA methylomes in porcine adipose and muscle tissues [J]. Nat Commun, 3: 850.

Li Y, Li H, Zhao X, et al, 2007. UCP2 and 3 deletion screening and distribution in 15 pig breeds [J]. Biochem Genet, 45 (1-2): 103-111.

Liu L, Yin J, Li W, et al, 2010. Construction of a bacterial artificial chromosome library for the Rongchang pig breed and its use for the identification of genes involved in intramuscular fat deposition [J]. Biochem Biophys Res Commun, 391 (2): 1280-1284.

Long K, Mao K, Che T, et al, 2018. Transcriptome differences in frontal cortex between wild boar and domesticated pig [J]. Anim Sci J, 89 (6): 848-857.

Pang W J, Bai L, Yang G S, 2006. Relationship among H-FABP gene polymorphism, intramuscular fat content, and adipocyte lipid droplet content in main pig breeds with different genotypes in western China [J]. Yi Chuan Xue Bao, 33 (6): 515-524.

Peng Y, Chen FF, Ge J, et al, 2016. miR-429 Inhibits Differentiation and Promotes Proliferation in Porcine Preadipocytes [J]. International Journal of Molecular Sciences, 17 (12) . pii: E2047.

Ren J, Knorr C, Guo Y M, et al, 2004. Characterization of five single nucleotide polymorphisms in the porcine stearoyl-CoA desaturase (SCD) gene [J]. Anim Genet, 35 (3): 255-257.

Shen He, Hong Wang, Rui Liu, et al, 2017. mRNA N6-methyladenosine methylation of postnatal liver development in pig [J]. PloS One, 12 (3): e0173421.

Shi K R, Wang A G, Li N, et al, 2005. Effect study of white locus (I) on coat color inheritance in Chinese native pig breeds [J]. Yi Chuan Xue Bao, 32 (3): 275-281.

Song C Y, Gao B, Teng S H, et al, 2007. Polymorphisms in intron 1 of the porcine POU1F1 gene [J]. J Appl Genet, 48 (4): 371-374.

Tao X, Chen J, Jiang Y, et al, 2017. Transcriptome-wide N 6 -methyladenosine methylome profiling of porcine muscle and adipose tissues reveals a potential mechanism for transcriptional regulation and differential methylation pattern [J]. BMC Genomics, 18 (1): 336.

Wang L Y, Xu D, Ma H M, 2016. The complete sequence of the mitochondrial genome of Rongchang pig (*Sus Scrofa*) [J]. Mitochondrial DNA A DNA Mapp Seq Anal, 27 (2): 1279-1280.

Wang Q, Ji C, Huang J, et al, 2011. The mRNA of lipin1 and its isoforms are differently expressed in the longissimus dorsi muscle of obese and lean pigs [J]. Mol Biol Rep, 38 (1): 319-325.

Yan H, Diao H, Xiao Y, et al, 2016. Gut microbiota can transfer fiber characteristics and lipid metabolic profiles of skeletal muscle from pigs to germ-free mice [J]. Sci Rep, 6: 31786.

Yan X, Huang X, Ren J, et al, 2009. Distribution of *Escherichia coli* F4 adhesion phenotypes in pigs of 15 Chinese and Western breeds and a White Durocx Erhualian intercross [J]. J Med Microbiol, 58 (Pt 8): 1112-1117.

Yatime L, Mechulam Y, Blanquet S, et al, 2007. Structure of an archaeal heterotrimeric initiation factor 2 reveals a nucleotide state between the GTP and the GDP states [J]. P Natl Acad Sci USA, 104 (47): 18445-18450.

Zhang C, Luo J Q, Zheng P, et al, 2015. Differential expression of lipid metabolism-related genes and myosin heavy chain isoform genes in pig muscle tissue leading to different meat quality [J]. Animal, 9 (6): 1073-1080.

Zhang J, Zhou C, Ma J, et al, 2013. Breed, sex and anatomical location-specific gene expression profiling of the porcine skeletal muscles [J]. BMC Genet, 14: 53.

Zhang S, Shen L, Xia Y, et al, 2016. DNA methylation landscape of fat deposits and fatty acid composition in obese and lean pigs [J]. Sci Rep, 6: 35063.

Zhang Y, Zhang L, Wang L, et al, 2015. Identification and examination of a novel 9-bp insert/deletion polymorphism on porcine *SFTPA1* exon 2 associated with acute lung injury using an oleic acid-acute lung injury model [J]. Anim Sci J, 86 (6): 573-578.

Zhao J, Long X, Yang Y H, et al, 2019. Identification and characterization of a pig FKBP5 gene with a novel expression pattern in lymphocytes and granulocytes [J]. Animal Biotechnology, 30 (4).

Zhou Q, Sun W, Liu X, et al, 2016. Third-Generation Sequencing and Analysis of Four Complete Pig Liver Esterase Gene Sequences in Clones Identified by Screening BAC Library [J]. PLoS One, 11 (10): e0163295.

Zhou S L, Li M Z, Li Q H, et al, 2012. Differential expression analysis of porcine MDH1, MDH2 and ME1 genes in adipose tissues. Genet Mol Res, 11 (2): 1254-1259.

附　　录

《荣昌猪》
（GB/T 7223—2008）

1　范围

本标准规定了荣昌猪的品种特征特性、种猪等级评定。

本标准适用于荣昌猪品种鉴别和种猪等级评定。

2　品种特征特性

2.1　原产地和主要特点

荣昌猪原产于重庆市荣昌县、四川省隆昌县等地，具有性成熟早、肉质优良、鬃质好、耐粗饲等优点。

2.2　外貌特征

荣昌猪皮毛白色，多数为两眼四周及头部有大小不等的黑色斑块，根据黑斑大小有“金架眼”“小黑眼”“大黑眼”“小黑头”“大黑头”等毛色类型之分，详见表1；或在尾根、体躯出现黑斑；也有极少数全身纯白。头大小适中，面微凹，耳中等大、下垂，额部皱纹横行，有旋毛。体躯较长，发育匀称，背腰微凹，腹大而深，臀部稍倾斜。四肢细致、结实，鬃毛洁白刚韧，乳头6对～7对。

表1　荣昌猪毛色类型

毛色分类	描　　述
单边罩	单眼周黑色（单眼黑），其余白色
金架眼	仅眼周黑色，其余白色

（续）

毛色分类	描　述
小黑眼	窄于眼周至耳根中线范围黑色，其余白色
大黑眼	宽于或等于眼周至耳根中线且不到耳根范围黑色，其余白色
小黑头	眼周扩展至耳根黑色，其余白色
大黑头	眼周扩展至耳背黑色，其余白色
飞花	眼周黑，中躯独立黑斑，其余白色
头尾黑	眼周、尾根部黑，其余白色
铁嘴	眼周、鼻端黑，其余白色
洋眼（全白）	全身白色

2.3　生长发育

正常饲养管理条件下，60 日龄仔猪个体重不小于 10.5kg，120 日龄后备公母猪体重不小于 30kg，成年公猪体重不小于 110kg，成年母猪体重不小于 105kg。

2.4　繁殖性能

母猪初情期在 3 月龄左右，适配期 4 月龄～5 月龄。母猪头胎总产仔数平均不少于 8 头，产活仔数平均不少于 6 头；母猪 3 胎～7 胎窝产总仔数平均不少于 9 头，窝产活仔数平均不少于 8 头。

2.5　肥育性能

生长肥育猪 20kg～90kg，前期（20kg～60kg）日粮含消化能 11.7MJ/kg～12.9MJ/kg、粗蛋白质 14.0%～15.0%，后期（60kg～90kg）日粮含消化能 11.9MJ/kg、粗蛋白质 11.8%～13.5%的条件下，全期日增重不少于 370g。

2.6　胴体品质

在体重 80kg～90kg 屠宰时，屠宰率不低于 70%，第 6 肋与第 7 肋间膘厚不高于 49mm，胴体瘦肉率不低于 38%。

3　种猪等级评定

3.1　必备条件

3.1.1　体型外貌符合本品种特征。

3.1.2　生殖器官发育正常。

3.1.3　无遗传疾患。

3.1.4　健康状况良好。

3.1.5　血缘关系清楚。

3.2　120日龄后备种猪等级评定

3.2.1　后备种猪应符合3.1的规定。

3.2.2　120日龄后备种猪的等级评定还应符合表2的规定。

表2　120日龄后备种猪等级评定标准（kg）

等级	后备公猪体重（m）	后备母猪体重（m）
特等	$m \geqslant 45$	$m \geqslant 41$
一等	$40 \leqslant m < 45$	$37 \leqslant m < 41$
二等	$35 \leqslant m < 40$	$35 \leqslant m < 37$
三等	$30 \leqslant m < 35$	$30 \leqslant m < 35$

3.3　成年种猪的等级评定

3.3.1　参与评定的种猪应是通过120日龄评定为二等以上的公猪和三等以上的母猪。

3.3.2　种母猪的等级评定应符合表3的规定。胎次的校正系数：1胎为1.27，2胎为1.15，3胎～7胎为1，8胎以上为1.02。

3.3.3　种公猪的等级评定用至少5头与配母猪的平均成绩计算。

3.3.4　等级评定标准：在母猪怀孕期日粮含消化能11.4MJ/kg～12.1MJ/kg、粗蛋白质12.0%～12.5%，哺乳期日粮含消化能11.8MJ/kg～12.4MJ/kg、粗蛋白质14.0%～14.5%的条件下，按窝产活仔数分为四等（表3）。

表3　成年种猪等级评定标准

等级	窝产活仔数（n）
特等	$n \geqslant 13$
一等	$11 \leqslant n < 13$
二等	$9 \leqslant n < 11$
三等	$8 \leqslant n < 9$

荣昌猪育肥猪

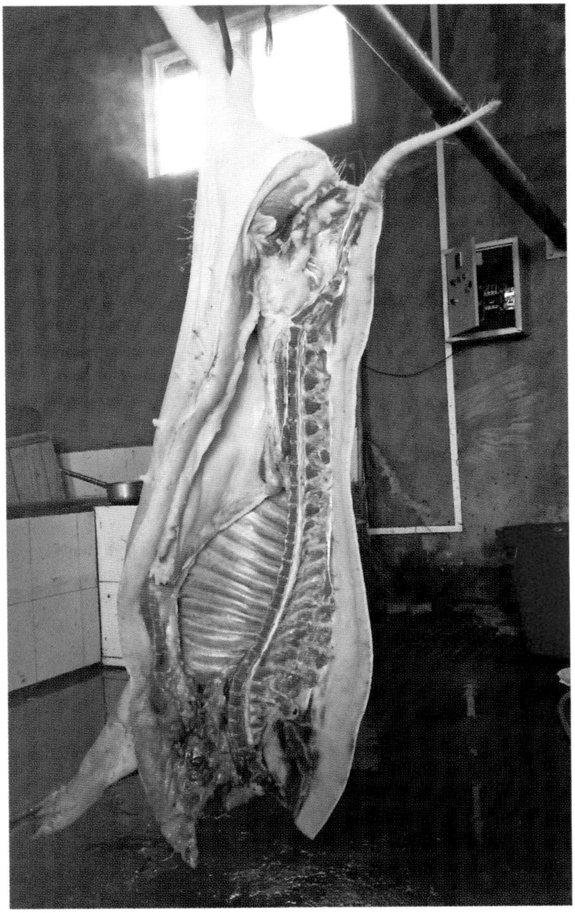

半胴体

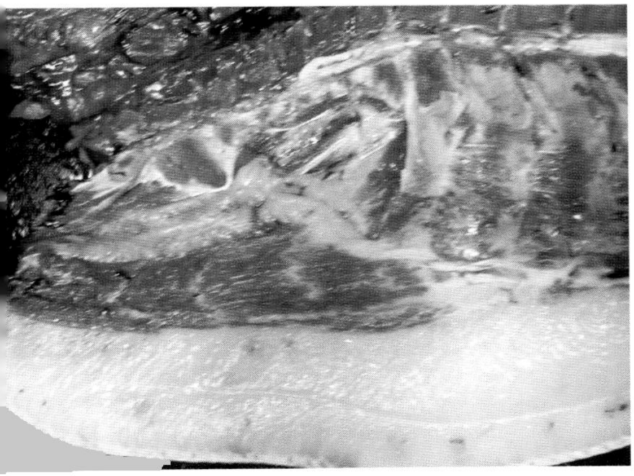

颈项雪花肉

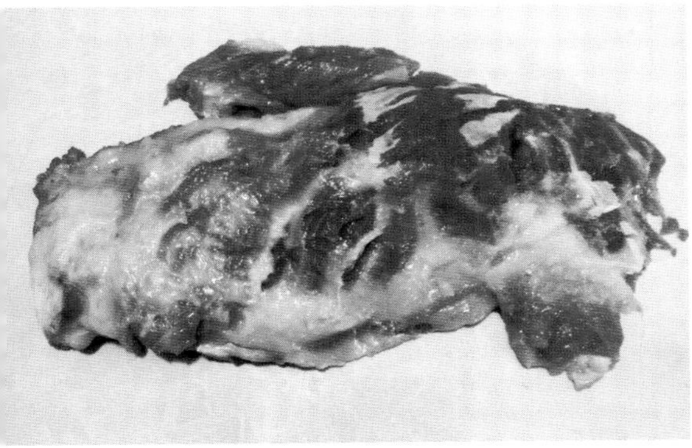

前肩雪花肉切块

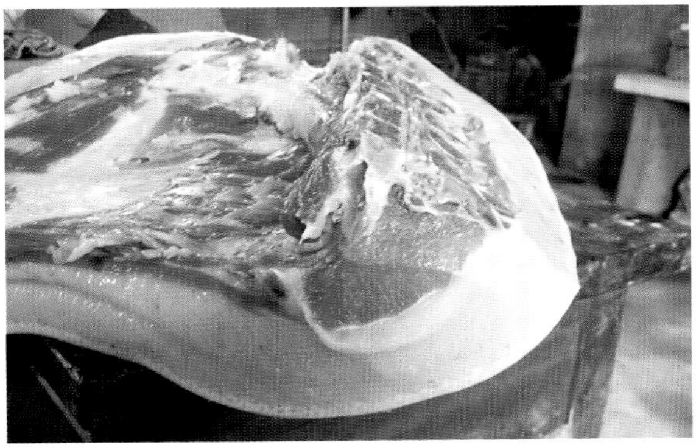

大排切块

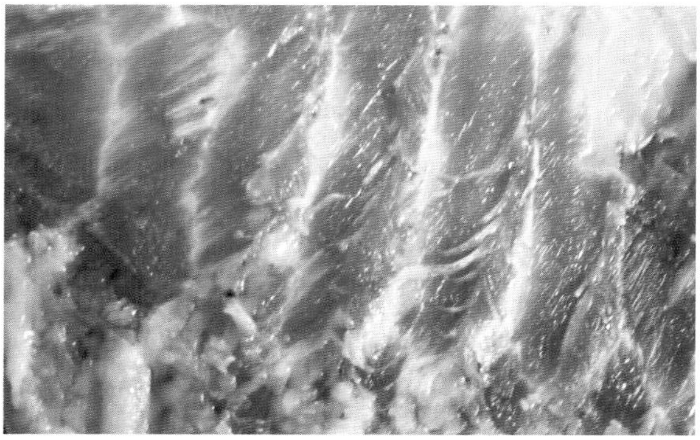

小排切块

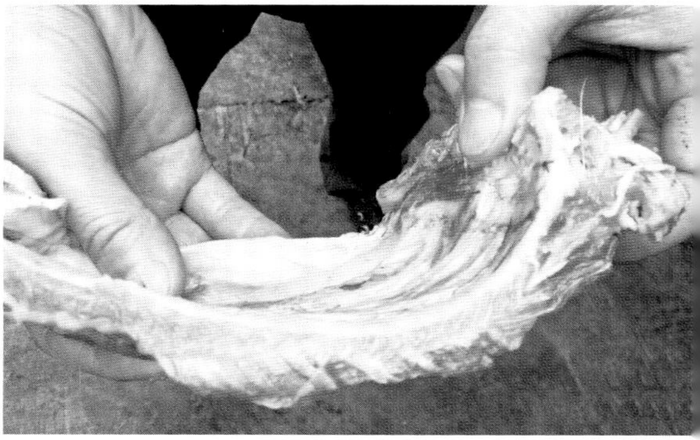

小排断面雪花肉

小排骨髓

五花肉切块

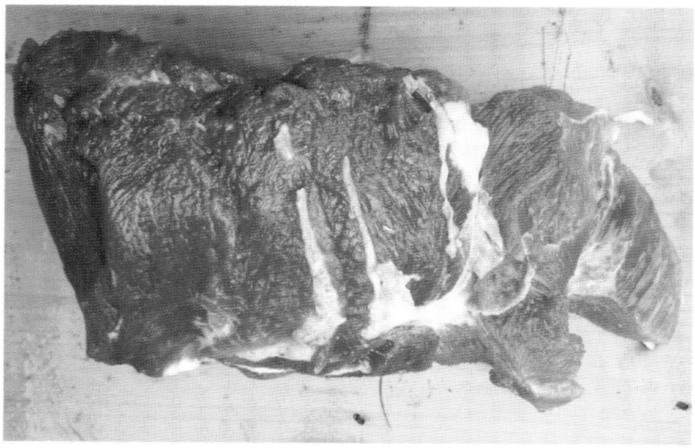

股四头肌切块

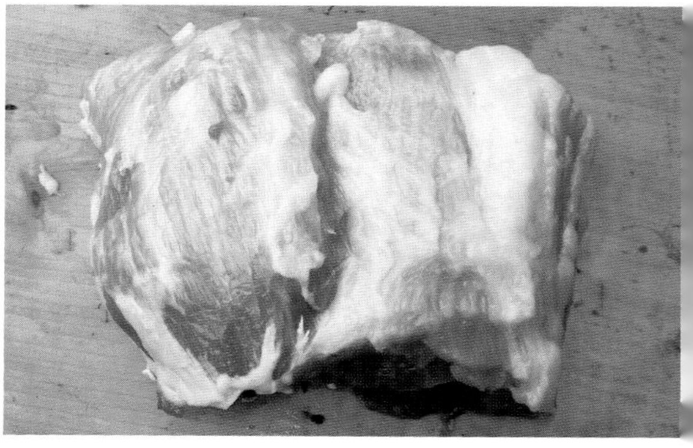

股二头肌切块

尾切块

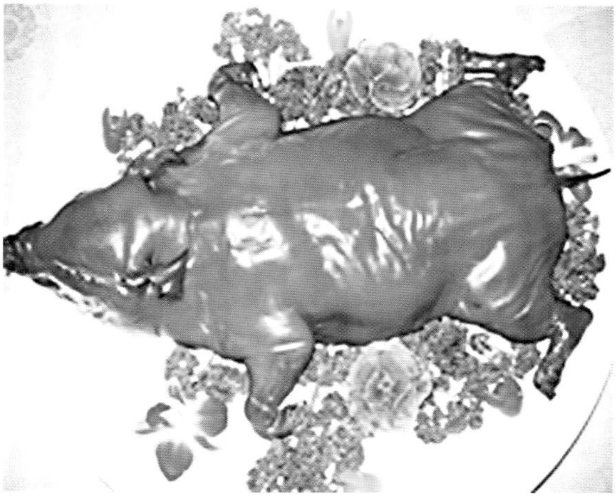

烤乳猪

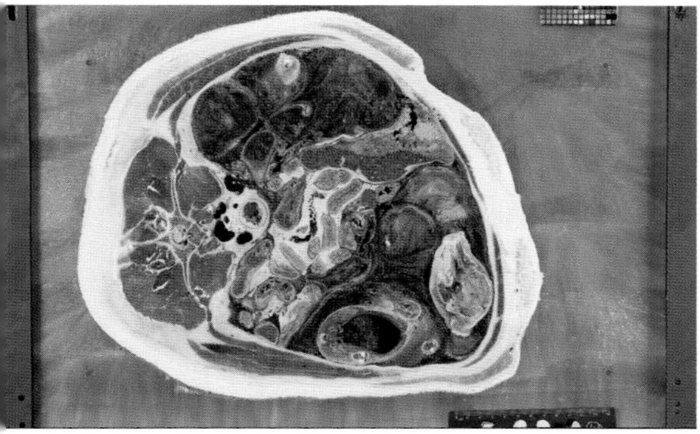

荣昌猪妊娠猪切片

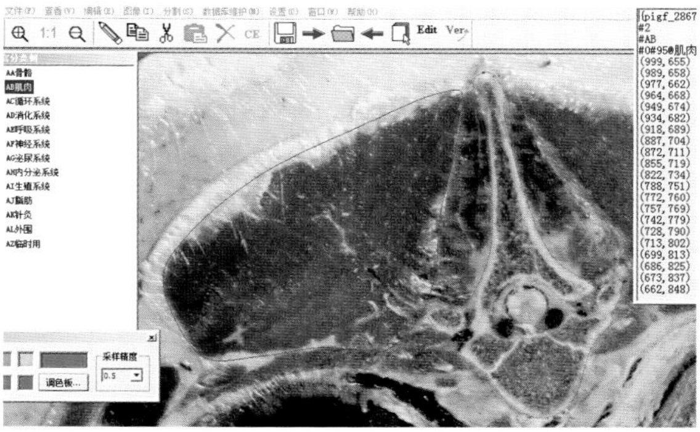

分割软件及生成的数据文件

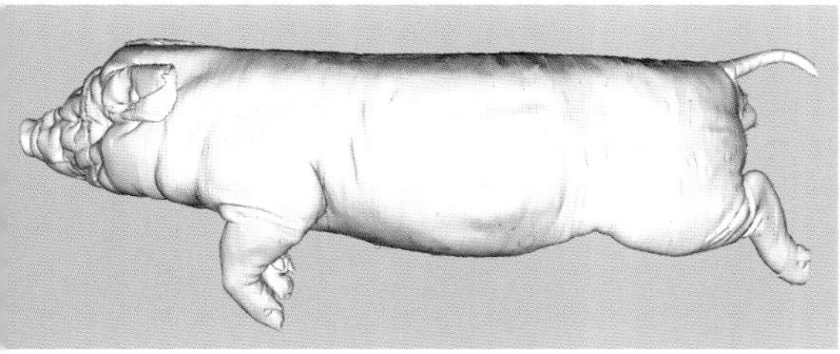

荣昌猪母猪外观重建

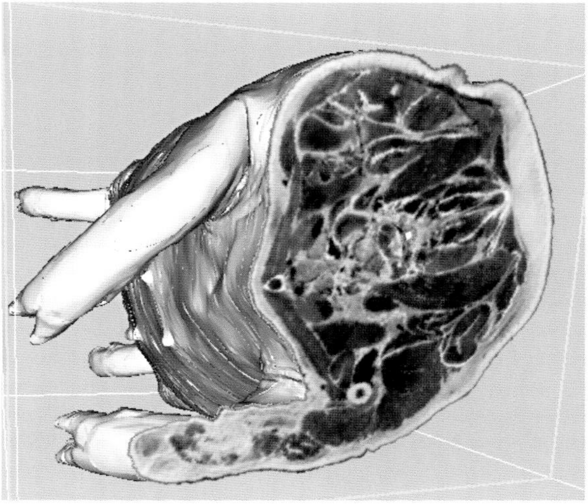

数字猪横断面

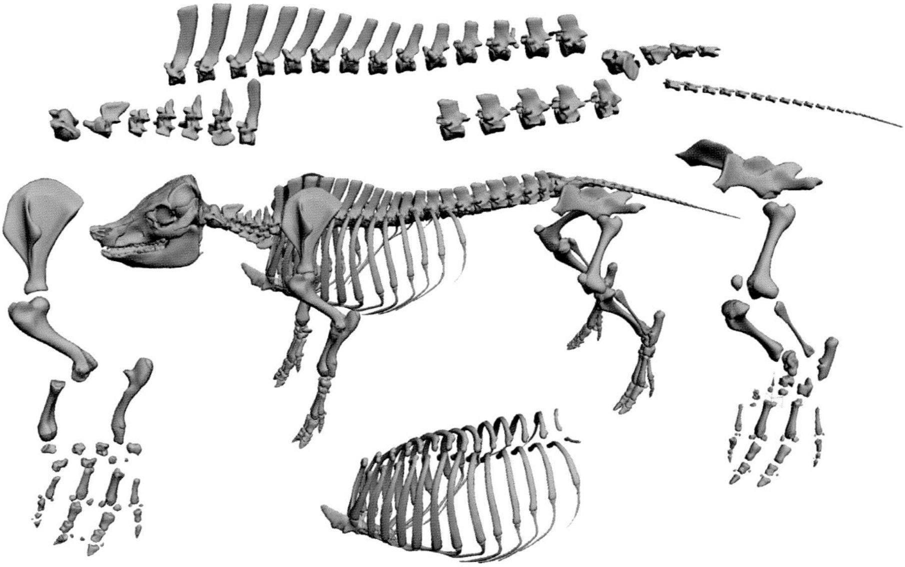

骨架分离

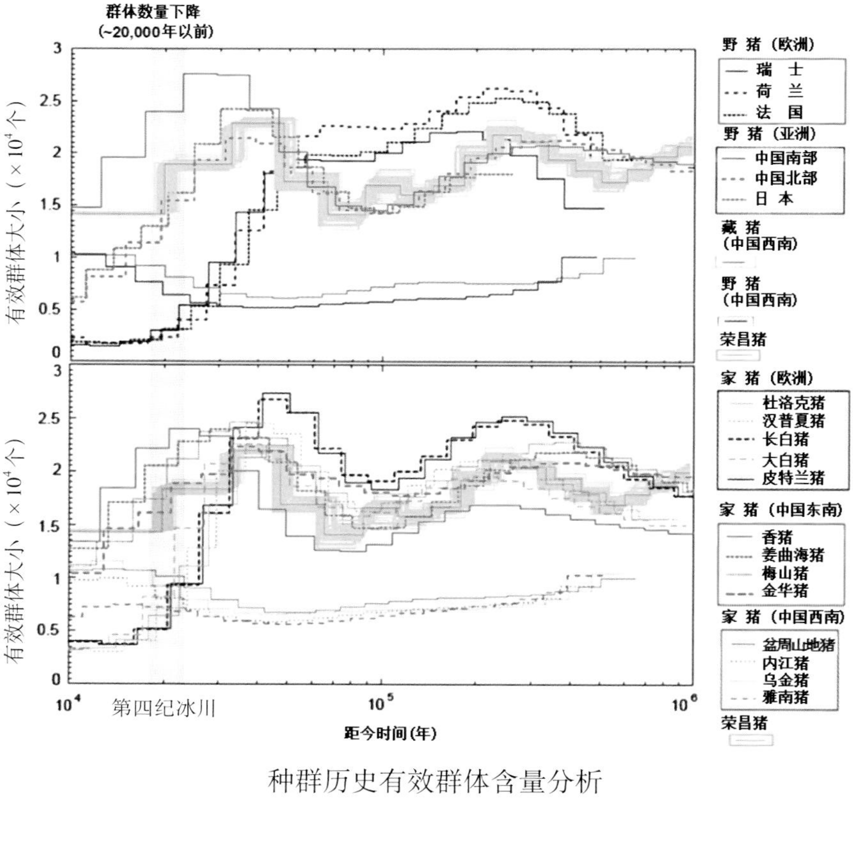

种群历史有效群体含量分析

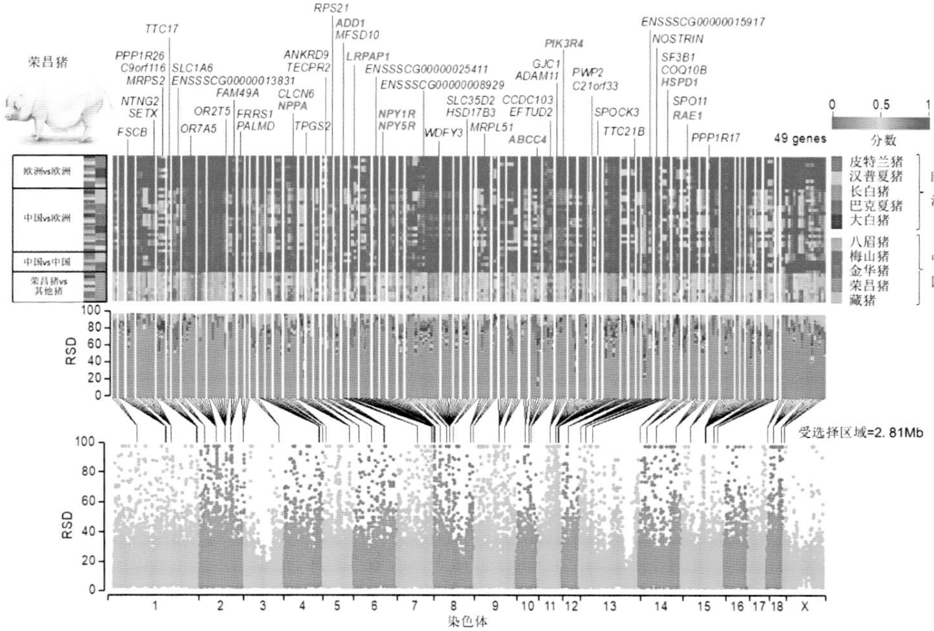

荣昌猪基因组中受到特异性选择的基因

第一部分的上半部分：每条染色体上落在受选择区域或者其附近（±5kb）的基因，按照它们在染色体上的位置排序；下半部分：10个品种两两之间受选择区域的单倍型共享度。10kb窗口中纯合SNP数目被用于一致性得分的计算。左边的盒子每一行表示猪种之间两两的比较，不同的猪种用不同的颜色表示（右边的盒子）。热图的颜色表示一致性得分。第二部分：百分比堆积柱状图展示了荣昌猪特异性受选择区域在10个猪种中的相对纯合SNP密度（RSD）值。荣昌猪相较于其他猪种展示出了更高的RSD值，表明只有荣昌猪在这些区域展示出了和参考基因组不同的SNPs。第三部分：荣昌猪每条染色体上10kb窗口中RSD值的分布。黑线表示受选择的区域[伪发现率(FDR)<0.05]。9个在荣昌猪中特异性受选择的基因与哺乳动物的脂肪沉积相关基因是直系同源关系，用红色标注。

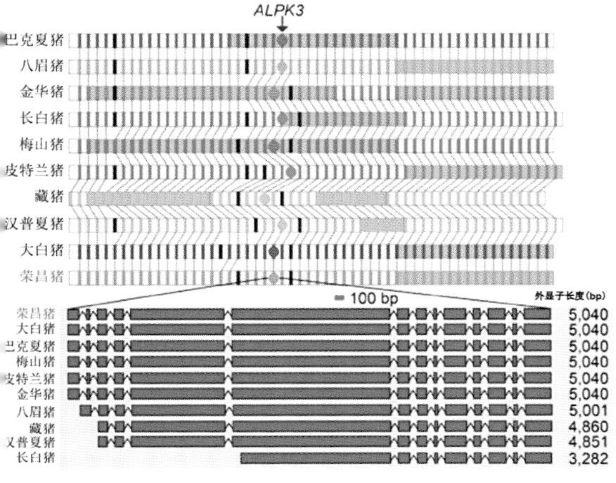

*ALPK3*基因组装细节和受选择的变异

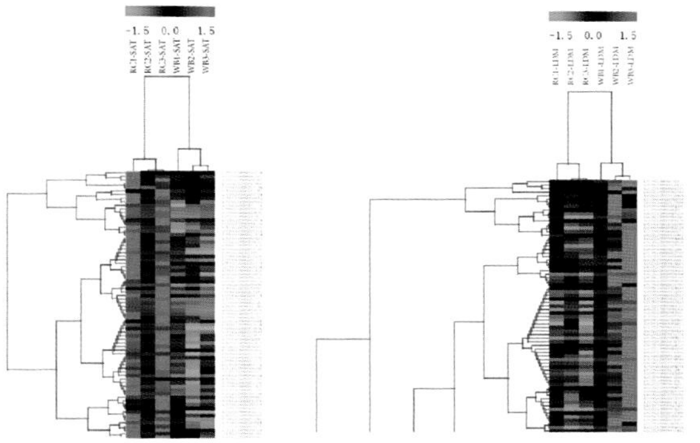

不同猪种和组织差异表达mRNA的层次聚类分析

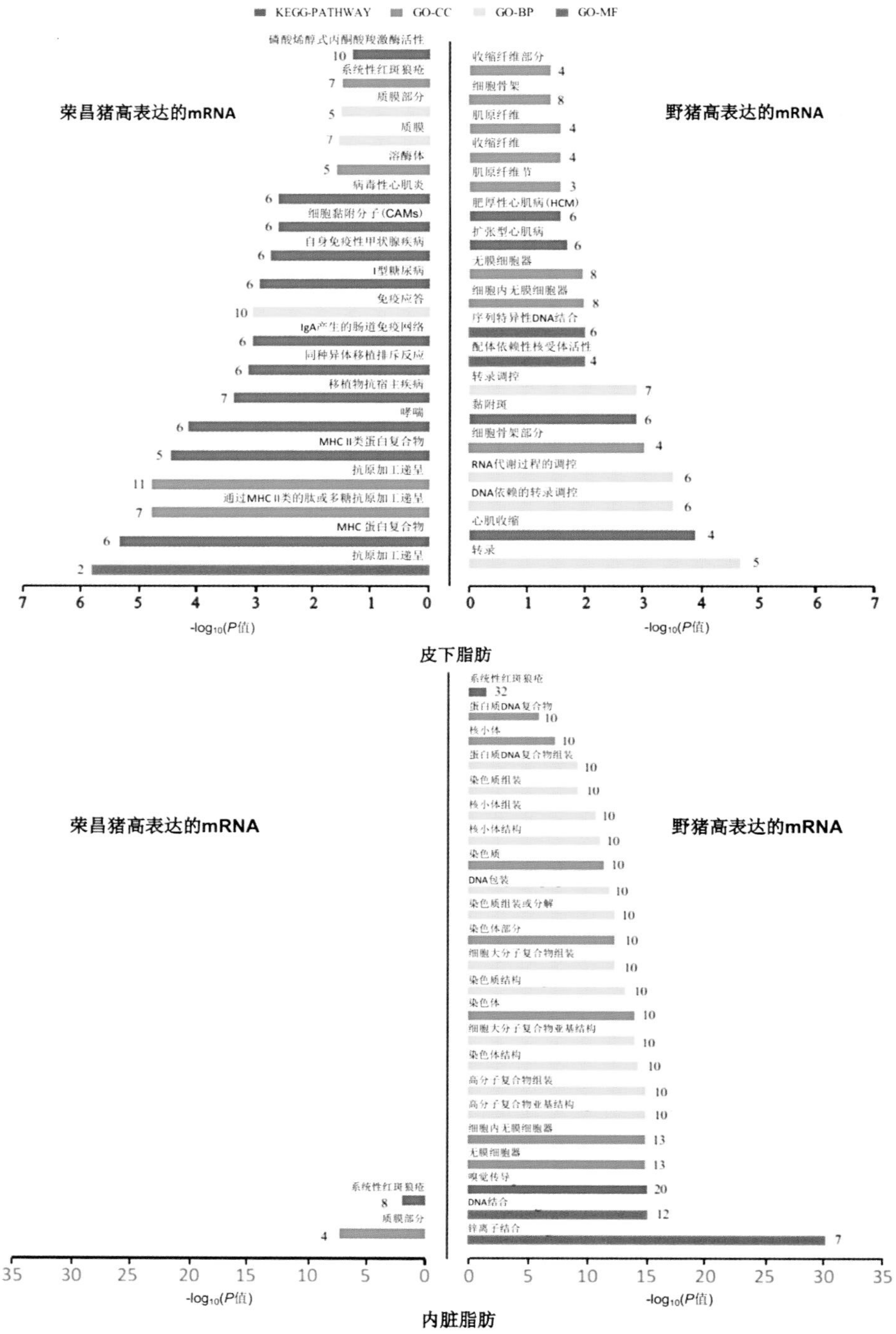

荣昌-野猪间差异表达mRNA转录本的基因本体功能富集分析

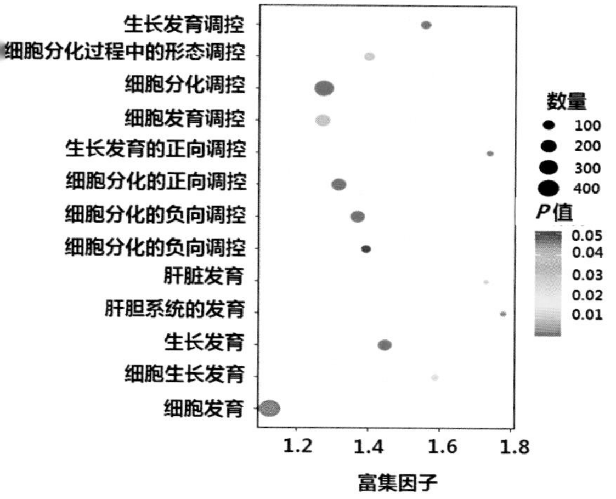

细胞分化与肝脏发育相关基因的基因本体功能富集分析

（资料来源：Shen, 2017）

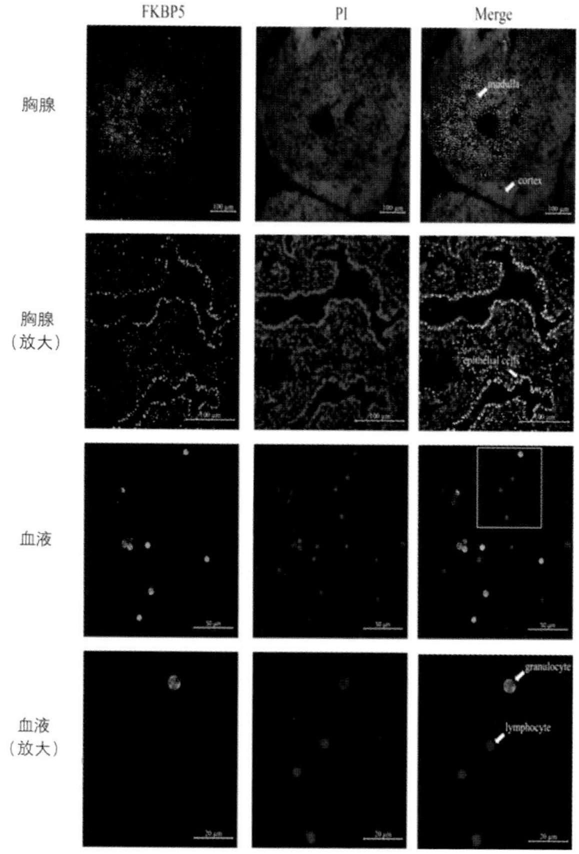

FKBP5细胞亚定位

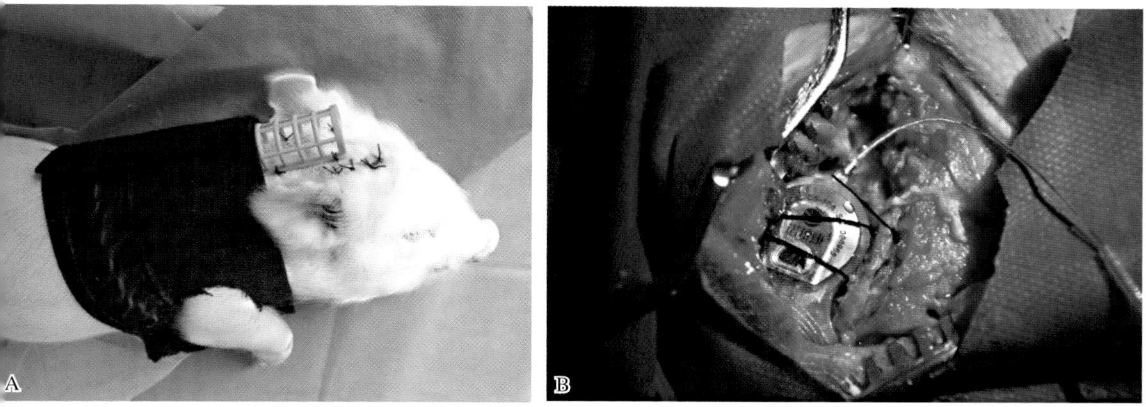

听力缺陷荣昌猪人工耳蜗植入

A. 耳蜗植入后的听力缺陷荣昌猪　B. 人工耳蜗植入体

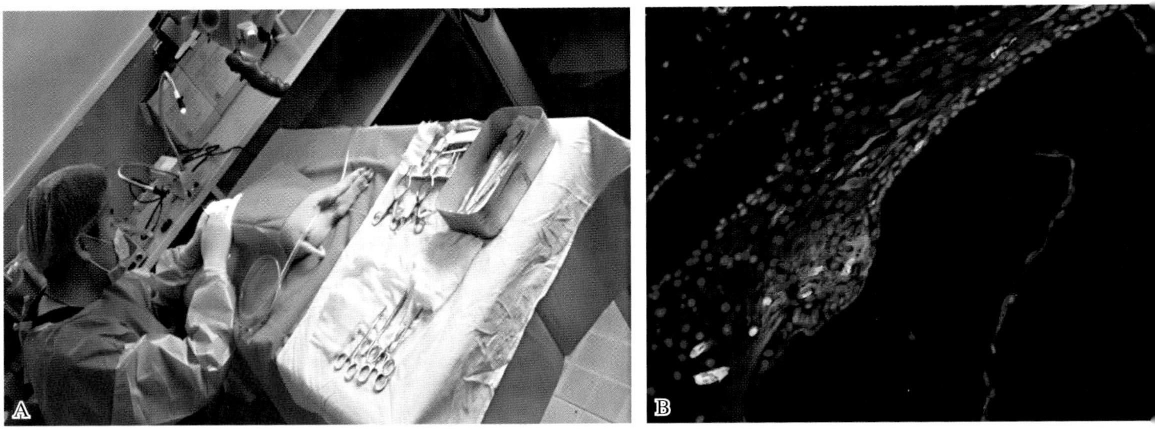

听力缺陷荣昌猪内耳干细胞移植

A.内耳干细胞注射手术　B.外源干细胞移植后能迁移到有缺陷的耳蜗血管纹中

母猪舍

砖砌的仔猪保育栏

农户饲养的配种公猪1

农户饲养的配种公猪2